"十四五"高等职业教育智能制造系列规划教材

智能制造应用技术与实践

蒋道霞　符学龙　嵇正波◎主　编
林　伟　陈宁宁◎副主编
武　涛　张　驰　于云峰◎参　编
杜　萍◎主　审

Application Technology and Practice of Intelligent Manufacturing

中国铁道出版社有限公司
CHINA RAILWAY PUBLISHING HOUSE CO., LTD.

内 容 简 介

本书以江苏省现代模具智能制造与虚拟仿真实训平台为基础，以产品全生命周期（PLM）为主线，以自动化传送带、AGV 小车、上下料机械手等物流设施为载体，贯穿产品设计、工艺、制造等阶段，将虚拟技术与加工制造相结合，整合智能制造各类要素，主要包括智能制造综合产线、虚拟仿真实训模块、工业机器人技术、增材制造技术、微型机床的创新加工、大数据应用技术和物联网技术等内容，理念新颖，具有较强的科学性和实用性。

本书突出特色，抓住重点，强化应用。围绕“技术素养＋管理能力”人才培养目标，以工程应用为特色，通过理论与工程实际相结合，构建应用型职业教育系列教材特色。本书编写遵循新技术、新工艺、新规范的发展要求，顺应智能制造发展趋势和特点，缩短学生专业技术技能与生产一线要求的距离，具有鲜明的高等职业技术人才培养特色。

本书属于智能制造科普类教材，适合作为高等职业院校机电一体化技术、电气自动化技术、数控技术、企业管理、财务管理、金融管理等专业的教材，有助于拓展学生的知识面，培养跨学科交叉融合水平，提升综合能力，也可作为智能制造技术人员的参考或培训用书。

图书在版编目（CIP）数据

智能制造应用技术与实践 / 蒋道霞，符学龙，嵇正波主编．—北京：中国铁道出版社有限公司，2021.7（2025.1 重印）
“十四五”高等职业教育智能制造系列规划教材
ISBN 978-7-113-28072-7

Ⅰ.①智… Ⅱ.①蒋… ②符… ③嵇… Ⅲ.①智能制造系统－高等职业教育－教材 Ⅳ.① TH166

中国版本图书馆 CIP 数据核字（2021）第 114427 号

书　　名：智能制造应用技术与实践
作　　者：蒋道霞　符学龙　嵇正波

策　　划：张围伟　　**编辑部电话：**（010）63560043
责任编辑：何红艳　绳　超
封面设计：刘　莎
责任校对：焦桂荣
责任印制：赵星辰

出版发行：中国铁道出版社有限公司（100054，北京市西城区右安门西街 8 号）
网　　址：https://www.tdpress.com/51eds
印　　刷：北京盛通印刷股份有限公司
版　　次：2021 年 7 月第 1 版　2025 年 1 月第 8 次印刷
开　　本：787 mm×1 092 mm　1/16　**印张：**14.25　**字数：**380 千
书　　号：ISBN　978-7-113-28072-7
定　　价：49.80 元

前言

党的二十大报告中指出，“高质量发展是全面建设社会主义现代化国家的首要任务。”“建设现代化产业体系。坚持把发展经济的着力点放在实体经济上，推进新型工业化，加快建设制造强国、质量强国、航天强国、交通强国、网络强国、数字中国。实施产业基础再造工程和重大技术装备攻关工程，支持专精特新企业发展，推动制造业高端化、智能化、绿色化发展。”随着我国从制造大国向制造强国的不断深入推进，智能制造已成为企业升级改造、谋求发展的必经之路。

伴随着科技进步与产业变革加速，新时代高等职业教育面临诸多挑战，亟须突破原有框架体系形成新理念、新思维、新模式、新知识、新技术，改革是高等职业教育持续发展的永恒话题。新形势下，传统专业交叉融合加速，多学科交叉融合的教育形式已逐步显现，以智能制造、工业机器人、增材制造、物联网技术、企业管理等专业为基础的新工科建设成为我国高等职业教育的改革方向。传统职业教育需要遵循国家发展战略，进行跨界、整合以及重构，实现职业教育协同育人的内在驱动，助推区域经济与产业发展。

本书有以下几个特性：

（1）理论指引，内涵驱动。以习近平新时代中国特色社会主义思想为指导，坚持立德树人、内涵发展、学生为本的指导思想，适应智能时代行业产业发展要求，遵循教育规律和人才成长规律。

（2）突破藩篱，融会贯通。基于“工科＋商科”的人才培养理念，优化“专业牵动、能力驱动、校企联动”的人才培养机制，突破专业壁垒与专业藩篱，加快培养兼具技术素养和管理能力的复合型技术技能人才，而这与教育教学体系架构、教学模式、人才培养体系、实践教学、教学质量等因素密切相关。构建“技术素养＋管理能力”人才培养体系，走出一条特色、结构、质量、效益协调与可持续发展的科学办学新路。

（3）工管融合，标新立异。突破传统专业界限，将工程应用与管理科学有机融合，培养商科学生的工科素养，培养工科学生的管理素养。教学实施充分考虑跨专业交叉融合的特点，兼顾实训教学设计的专业性与兼容性，建设相匹配的实训教学模块，开发教学内容与教学资源，建立起教、学、管三者协同配合的实践教育体系和完善的实践教育质量保证体系。

（4）理实一体，彰显特色。构建“课程模块化、教学现场化”，强调实践现场对理论课程与课堂教学的融入性，推进课程内容与教学实践有机结合，实现教育教学与生产实践的衔接性。遵循职业教育技术技能人才的成长规律，完善“技术素养＋管理能力”创新型人才培养模式，使其成为江苏财经职业技术学院“十四五”期间教育教学改革的一面旗帜。

本书力求反映“技术素养＋管理能力”人才培养理念和专业教学改革的特点，注重理论密切联系实际，加强实用性，突出实践性，确保授课内容有理论深度和实践基础。本书遴选一批既具有工程实践经验，又具有丰富教学实践经验的教师负责编写，以确保教材质量。本书的出版，对我国技术技能型人才培养质量的提高必将产生积极影响，为我国经济建设和社会发展做出一定的贡献。

本书由江苏财经职业技术学院智能制造综合实训中心蒋道霞、符学龙、嵇正波任主编，林伟、陈宁宁任副主编，全书由江苏财经职业技术学院副校长杜萍教授主审。参加编写工作的还有智能制造综合实训中心武涛、张驰、于云峰。具体编写分工如下：项目一由嵇正波编写、项目二由武涛编写、项目三由林伟编写、项目四由符学龙编写、项目五由于云峰编写、项目六由蒋道霞编写、项目七由张驰编写、项目八由陈宁宁编写。

最后，特别感谢中国铁道出版社有限公司的领导和编辑们对本书出版的支持。由于编写时间紧，相互协调难度大等原因，本书难免存在一些不足，恳请使用本书的教师和学生批评指正，以便本书不断改进和完善。

编　者

2023 年 6 月

目 录

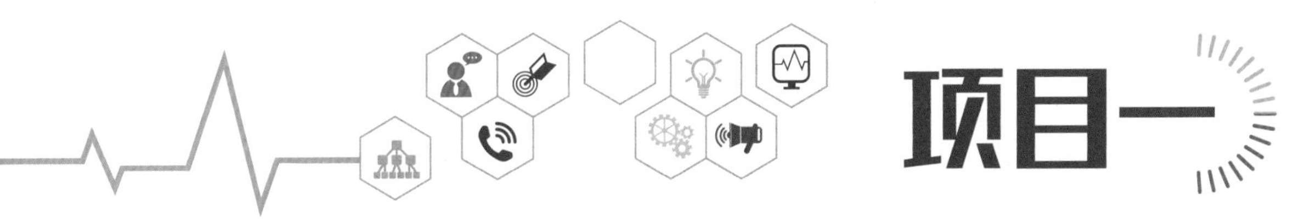

项目一

智能制造综合产线

智能制造是将智能技术、网络技术和制造技术等应用于产品管理和服务的全过程，并能在产品的制造过程中分析、推理和感知，满足产品动态要求的一种制造模式。它将改变制造业的生产方式、人机关系和商业模式，因此智能制造不是简单的技术突破，也不是简单的传统产业改造，而是通信技术与制造业的深度融合、创新集成。

本项目基于智能制造的认知与学习，要求学生具备一定的智能制造视野，了解并熟悉当前主流智能制造工厂的硬件、软件系统。

任务一　智能制造的认知

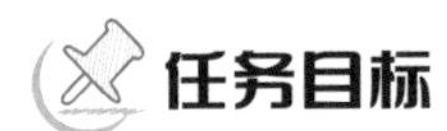

任务目标

1. 思政元素

“工匠精神”的内涵在于精益求精、严谨、耐心、专注、坚持、专业、敬业。加快制造业转型升级，实现制造大国向制造强国转变，需要培养大批拥有工匠精神的技能人才。

2. 知识目标

① 熟悉智能制造的概念；

② 了解智能制造的特征、关键技术及发展现状。

3. 能力目标

能够描述智能制造概念；跟踪国内外智能制造领域技术进步，具备国际视野，并能够吸收新的知识并加以应用。

4. 素质目标

培养学生精益求精的品质、团队协作能力、操作规范性和良好的组织纪律性。

任务描述

本任务通过文字、图片、视频等形式展示了智能制造的特点。为达到更好的学习效果，建议组织学生参观相关智能制造产线。

任务实现

一、智能制造的概念

所谓智能制造，就是面向产品全生命周期，实现泛在感知条件下的信息化制造。智能制造技术是在现代传感技术、网络技术、自动化技术、拟人化智能技术等先进技术的基础上，通过智能化的感知、人机交互、决策和执行技术，实现设计过程、制造过程和制造装备智能化，是信息技术、智能技术与装备制造技术的深度融合与集成，是信息化与工业化深度融合的大趋势。智能制造包括软件和硬件系统，软件以 MES（制造执行系统）为主，硬件以各类自动化生产加工设备为主。智能制造框架结构图如图 1-1 所示。

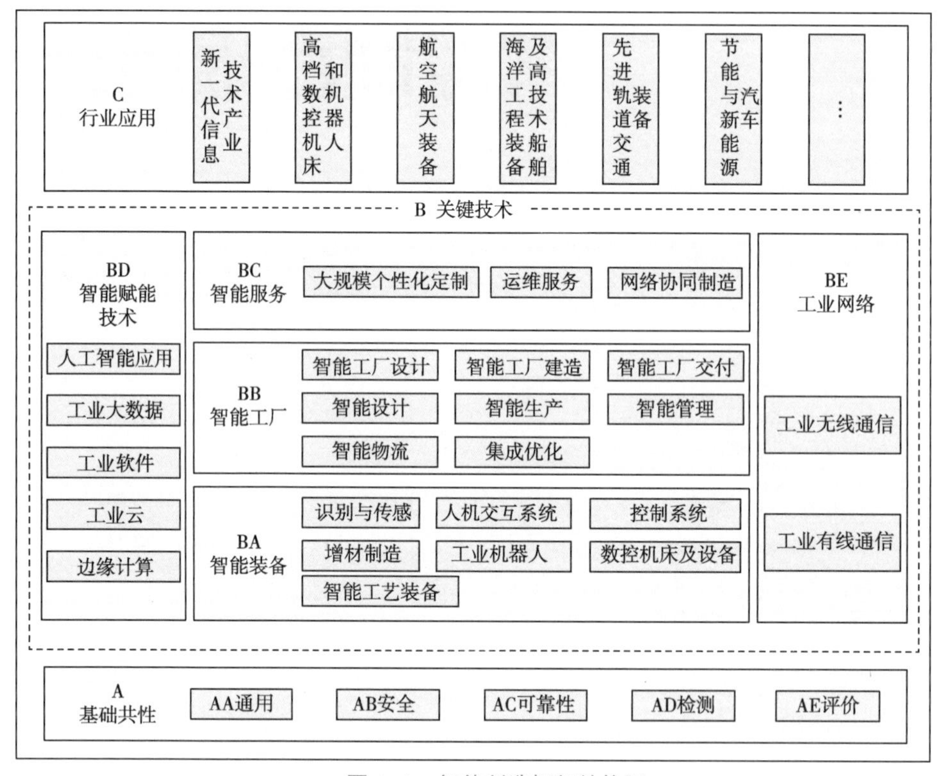

图 1-1　智能制造框架结构图

智能制造系统是一种由智能机器和人类专家共同组成的人机一体化智能系统，它在制造过程中能以一种高度柔性与集成不高的方式，借助计算机模拟人类专家的智能活动进行分析、推理、判断、构思和决策等，从而取代或者延伸制造环境中人的部分脑力劳动。同时，收集、存储、完善、共享、集成和发展人类专家的智能。

二、智能制造的特征及关键技术

智能制造是新一代信息技术与先进制造技术的深度融合，贯穿于产品、制造、服务产品全生命周期的各个环节及相应系统的优化集成，实现制造的数字化、网络化、智能化，并不断提升企业的产品质量、效益、服务水平，推动制造业创新、绿色、协调、开放、共享发展。

产品智能化：产品可追溯、可识别、可定位、可管理。

装备智能化：智能工厂，设备全面联网和通信。

生产方式智能化：个性化定制、极少量生产、服务型制造以及云制造。

服务智能化：用户需求高效、准确、及时挖掘、识别和满足。

管理智能化：企业内无信息孤岛，企业间实时互联，企业、人、设备、产品实时互联，如图 1-2 所示。

三、工业 4.0 与制造强国

从 20 世纪 80 年代日本提出“智能制造系统（IMS）”，到美国提出“信息物理系统（CPS）”，德国提出“工业 4.0”，再到中国提出“制造强国”，智能制造广泛影响着世界主要国家的工业转型战略。“制造强国”与德国“工业 4.0”都是在新一轮科技革命和产业变革背景下针对制造业发展提出的一个重要战略举措。

1. 工业 4.0

“工业 4.0”（见图 1–3）是德国政府提出的一个高科技战略计划。该项目由德国联邦教育局及研究部和联邦经济技术部联合资助，投资预计达 2 亿欧元。

图 1–2　智能制造的特征

图 1–3　德国工业 4.0

“工业 4.0”项目主要分为三大主题：

一是“智能工厂”，重点研究智能化生产系统及过程，以及网络化分布式生产设施的实现。

二是“智能生产”，主要涉及整个企业的生产物流管理、人机互动以及 3D 技术在工业生产过程中的应用等。该计划将特别注重吸引中小企业参与，力图使中小企业成为新一代智能化生产技术的使用者和受益者，同时也成为先进工业生产技术的创造者和供应者。

三是“智能物流”，主要通过互联网、物联网、物流网，整合物流资源，充分发挥现有物流资源供应方的效率，而需求方则能够快速获得服务匹配，得到物流支持。

2. 制造强国

目前，中国已经迈入制造强国行列，基本实现工业化，制造业大国地位进一步巩固，制造业信息化水平大幅提升。掌握一批重点领域关键核心技术，优势领域竞争力进一步增强，产品质量有较大提高。制造业数字化、网络化、智能化取得明显进展。重点行业单位工业增加值能耗、物耗及污染物排放明显下降。中国计划通过“三步走”实现制造强国的战略目标（见图 1–4）：

第一步：到 2025 年，制造业整体素质大幅提升，创新能力显著增强，全员劳动生产率明显提高，两化（工业化和信息化）融合迈上新台阶。重点行业单位工业增加值能耗、物耗及污染物排放达到世界先进水平。形成一批具有较强国际竞争力的跨国公司和产业集群，在全球产业分工和价值链中的地位明显提升。

第二步：到 2035 年，我国制造业整体达到世界制造强国阵营中等水平。创新能力大幅提升，重点领域发展取得重大突破，整体竞争力明显增强，优势行业形成全球创新引领能力，全面实现工业化。

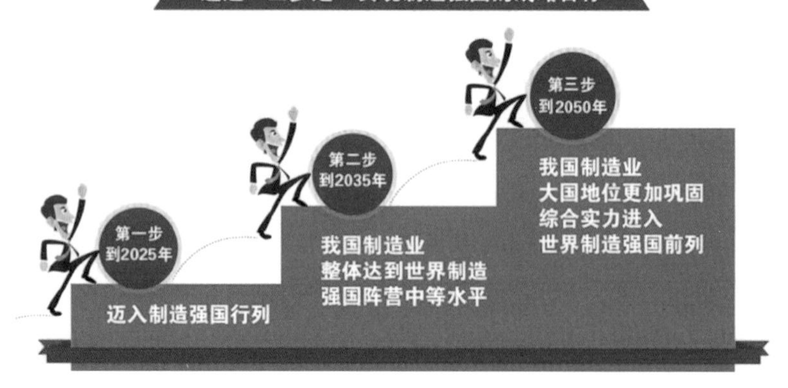

图 1–4　制造强国“三步走”

第三步：到 2050 年，制造业大国地位更加巩固，综合实力进入世界制造强国前列。制造业主要领域具有创新引领能力和明显竞争优势，建成全球领先的技术体系和产业体系。

任务二　认识智能工厂

任务目标

1. 思政元素

面对产业升级，智能制造工厂对员工的技术要求越来越高，鼓励学生做好规划，积极准备“专转本”和“专升本”，提高学历层次；同时，智能制造对软件，如 MES 等软件的开发要求也越来越高，要全面加强知识产权保护工作，激发创新活力推动构建新发展格局。

2. 知识目标

① 了解智能制造硬件系统架构；

② 熟悉智能制造软件系统。

3. 能力目标

能够掌握智能制造产线的基本组成，控制系统组成，熟练掌握智能制造产线的开关操作。

4. 素质目标

培养学生精益求精的品质、团队协作能力、操作规范性和良好的组织纪律性。

任务描述

本任务通过组织学生参观智能制造中心，让学生了解智能制造产线。能够让学生了解智能制造产线的基本组成，控制系统组成，掌握智能制造产线的开关操作。

任务实现

智能工厂是构成工业 4.0 的核心元素。在智能工厂内不仅要求单体设备是智能的，而且要求工厂内的所有设施、设备与资源（机器、物流器具、原材料、产品等）实现互通互联，以满足智能生产和智能物流的要求。通过互联网等通信网络，使工厂内外的万物互联，形成全新的业务模式。

本任务实施载体为江苏财经职业技术学院智能制造实训中心智能制造产线设备。通过教师讲解和学生观摩，掌握智能制造产线软硬件系统组成。

本智能制造中心是围绕着智能设备和技术应用进行设计和开发的。结合企业的实际生产案例，以零件 RFID 编码为信息流的载体，从零件出库到最终入库传递各工作站任务。集成工业机器人、车铣复合、加工中心、三坐标测量、智能立体库、RFID 设备、AGV 小车、传送带等智能设备。采用先进的 MES 软件，从产线的搭建、仿真、实际生产以及使用的 SCADA 数据采集技术，充分体现出数字双胞胎的概念，拥有多种排程方式和混流生产的模式。

一、智能制造实训中心硬件系统

智能制造实训中心产线分为几个模块，包含智能装配区、智能制造国赛实训区、产教融合生产区、智能立体仓库区、模具零件加工区如图 1–5 所示，设备名称及分布如图 1–6 所示。

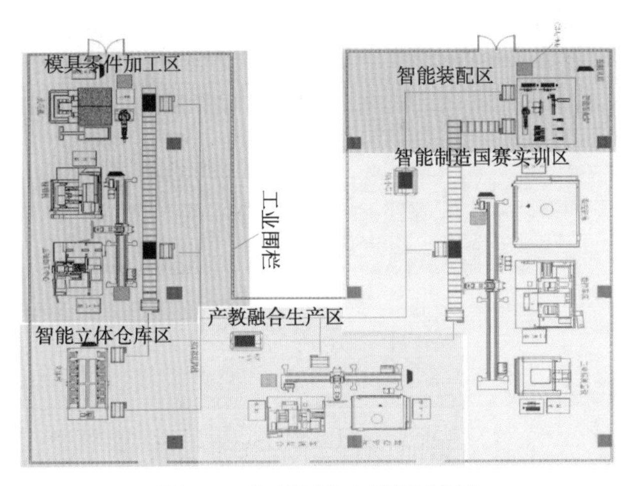

图 1–5　智能制造产线区域划分

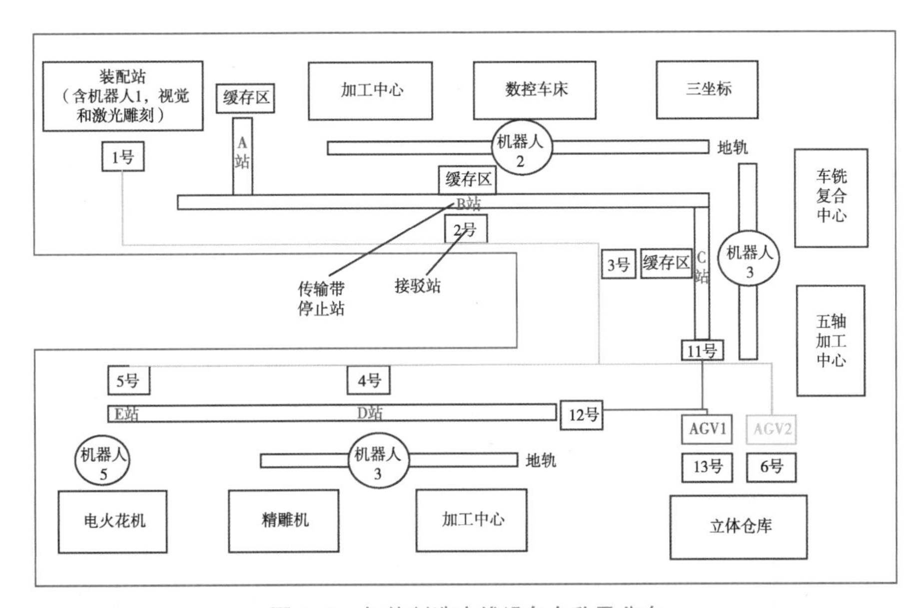

图 1–6　智能制造产线设备名称及分布

采用离散型、模块化、加工岛的形式，设备分布式布局，集中式管理控制，产线通过 MES

系统控制整体运行，也可以通过每个工作站的从控系统单独控制每个加工单元。硬件设备涵盖智能制造主流设备，包含立体仓库、数控加工中心、车铣复合中心、工业机器人、电火花机、RFID、视觉系统、激光雕刻系统、传送带、AGV 等。

1. 工作区 1——智能装配区

组成：装配工作台 + 工业机器人（含夹具）+ 鲁班锁装配工装 + 摇摆气缸装配工装 + 视觉系统 + 激光雕刻 + 从站控制系统 + 终端计算机，如图 1–7 所示。图 1–8、图 1–9 所示为鲁班锁和摇摆气缸。

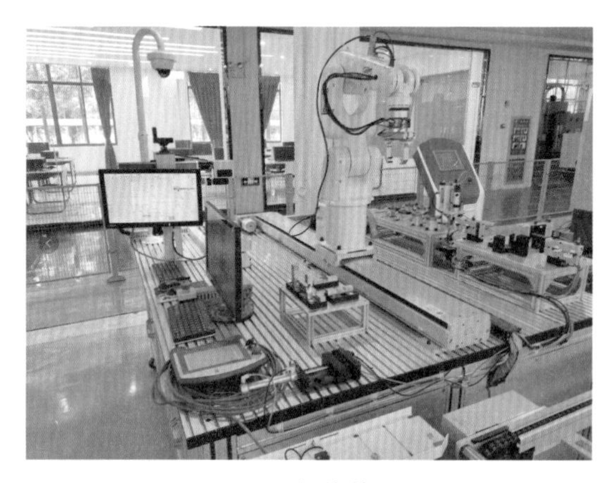

图 1–7 智能装配区

图 1–8 鲁班锁

图 1–9 摇摆气缸

2. 工作区 2——智能制造国赛实训区

组成：数控车床（含夹具）+ 加工中心（含夹具）+ 工业机器人（含夹爪）+ 夹爪库 + 第七轴地轨 + 在线测量 + 三坐标测量仪 + 计算机 + 从控系统，如图 1–10 所示。

图 1–10 智能制造国赛实训区

3. 工作区 3——产教融合生产区

组成：车铣复合中心（含夹具）+ 五轴加工中心（含夹具）+ 第七轴地轨 + 工业机器人（含夹爪）+ 夹爪库 + 从控系统，如图 1–11 所示。加工的产品为主轴箱和对应的主轴，如图 1–12 所示。

图 1–11　产教融合生产区

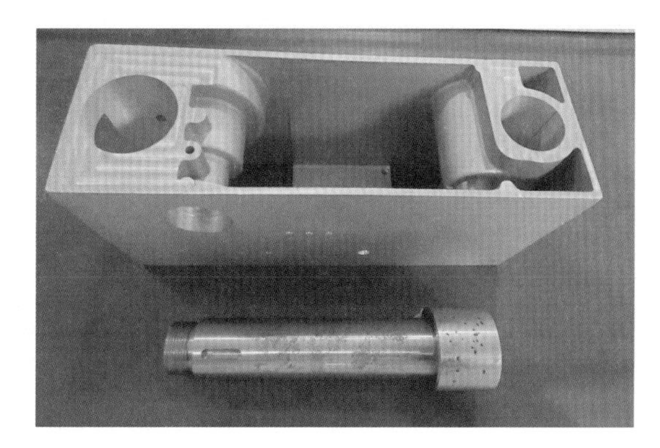

图 1–12　主轴箱和对应的主轴

4. 工作区 4——智能立体仓库区

组成：触摸屏 + 立体货架 + 三轴机械手 +AGV 小车 + 从控系统，功能分区有毛坯零件库、半成品库、成品库、从控系统，如图 1–13 所示。

图 1–13　智能立体仓库区

5. 工作区 5——模具零件加工区

组成：工业机器人（含夹爪）+ 加工中心（含夹具）+ 精雕机（含工装）+ 数控电火花机 + 第七轴地轨 + 机器人夹爪库 + 从控系统，如图 1–14 所示。

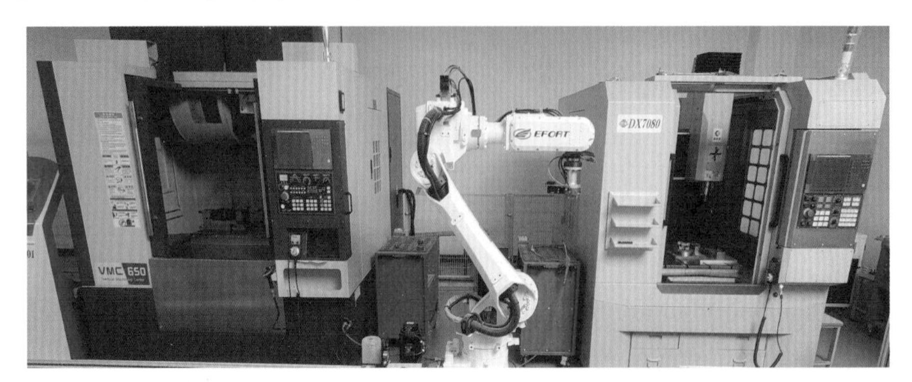

图 1–14 模具零件加工区

6. 工作区 6——模具电火花生产区

组成：工业机器人（含夹爪）+ 数控电火花机 + 第七轴地轨 + 夹爪库 + 安全光栅 + 从控系统，如图 1–15 所示。

7. 自动传输系统

组成：传送带 + 停止站（含 RFID）+AGV 小车 +AGV 接驳台，如图 1–16 所示。

图 1–15 模具电火花生产区

图 1–16 自动传输系统

二、中心软件系统架构

1. MES 制造执行系统

整个系统由 SMES 智能制造产线管理系统（MES 制造执行系统的一种）控制。SMES 对接上层 ERP 数据，依据 ERP 数据、其他 MES 数据以及自定义的数据生成数据库，SMES 根据数据库信息，对生产进行智能调度、排布，通过 OPC/UA 协议下发给主控系统，主控 PLC 系统再下发指令给从站 PLC，从站 PLC 驱动底层设备加工与运行。同时，将设备上的信息采集至 SMES

系统，系统根据设备信息进行生产优化。

SMES 系统采用 OPC 协议从 DATA PLC 交互数据，接口方式为 OPC 接口。系统通过 OPC 协议从 PLC 读写设备运行关键状态和数据。控制结构图如图 1–17 所示。

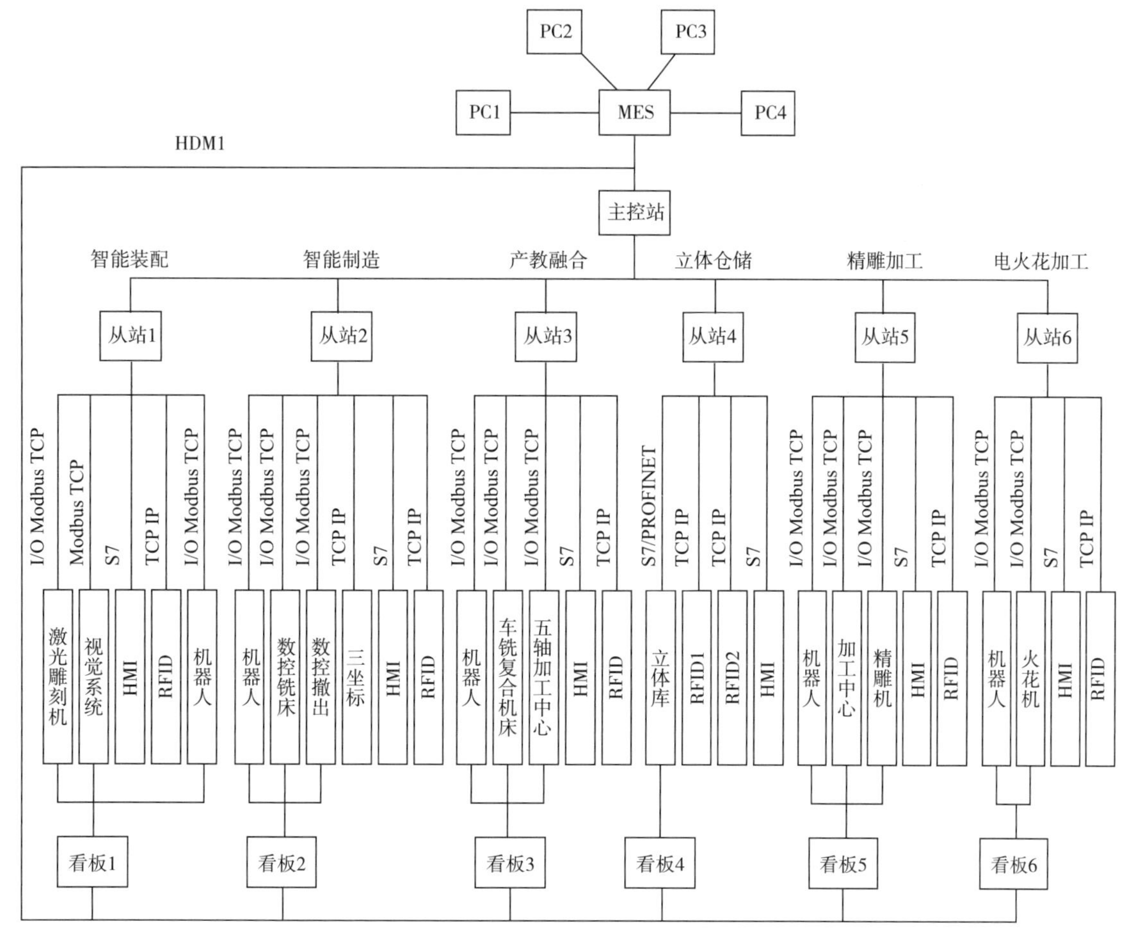

图 1–17　控制结构图

SMES 功能简介见表 1–1。

表 1–1　SMES 功能简介

序号	名　称	功能描述
1	基础信息管理	基础信息包含托盘信息管理、物料基础信息、产品 BOM 管理、供应商信息管理、客户信息管理
2	仓库配置管理	显示当前产线上的所有仓库库位和仓库信息
3	设备信息管理	显示当前产线上的所有加工设备，以及各个设备的加工程序、加工脚本、加工成本和加工时间
4	工艺配置管理	定义生产产品的制作工艺、工序和工步
5	生产订单管理	用户可根据需要修改生产订单的内容，实现定制化生产
6	生产排程管理	分为订单排程信息和排程策略配置管理两部分。订单排程根据生产订单使用默认算法指定，包括优先级、先进先出、最短作业、批量优先、交期优先；排程策略根据设备权重及默认算法指定，包括优先级、先进先出、最短作业、批量优先、交期优先和权重

续表

序号	名　称	功能描述
7	生产监控管理	用于模拟运行和实际运行生产产线的启动，并显示实时运行甘特图
8	运行结果分析	显示当前系统的产品总数量、生产总时长、加工总成本、产品合格、机器人的运行数据、PLC 通信、运行效率以及加工成本占比
9	资源管理	用于显示机器人实时数据展示、铣床刀补数据显示、车床刀补数据展示
10	系统管理	角色管理中，角色和功能菜单可做对应关系，用户则可关联角色，形成一个权限系统。另外，人员可建立人员基础档案信息。用户管理可以实现增加、删除、修改用户
11	能源管理	根据每台设备的空载功率和额定功率模拟生产任务的电耗数据，显示生产任务执行过程单个设备的电耗量、整线的电耗量，并进行单次任务电耗量、单位产品电耗分析
12	演示管理	CNC 和机器人的动态运行数据的显示

2. PLM 产品全生命周期

PLM 是管理产品全生命周期状态信息和过程信息的技术。PLM 以数据库的数据管理能力和网络通信能力为基础，利用本身的数据控制能力，实现产品从功能需求、概念设计、方案分析、结构设计、分析计算、工艺规划、制造、检验、装配、销售、售后服务等整个产品生命周期的信息管理、工作流控制和项目进展协调控制。其目的是保证产品数据在整个产品生命周期内的完整性、一致性、及时更新性和安全性，争取做到有限的数据共享、人员工作协同、过程优化、缓解企业信息难以集成共享的瓶颈等。

智能制造一方面强调生产过程的智能化，每一个制造环节都具备自动化或智能化的特征，可以被监控，能够大大防止不良的产品从上一道工序流到下一道工序，同时可以以智慧生产的模式高效率、高质量地生产产品。智能制造的另一方面是强调研发生产出智能化的产品。因此，在智能制造时代，PLM 需要支撑的产品研发和制造过程将发生极大的改变，并对 PLM 技术本身带来新的变革。

生产过程的智能化，有赖于智能工厂和智能产品。其中，智能产品就是依靠 PLM 开发出来的：一部分由研发人员设计，另外一部分由用户自行设计。设计软件的基础都是 PLM。

在工业 4.0 的工厂中，智能产品的虚拟部分，首先是由 PLM 设计出来的，然后再经过 ERP 将其与生产计划和具体部件挂钩，以便在智能工厂中由新一代的 MES 智能化生产出来。

三、知识拓展

恒大恒驰汽车

2020 年 8 月 3 日，恒大汽车集团在上海、广州同步举行发布会，同时推出了六款线条流畅、动感十足、科技时尚的新能源汽车，覆盖从 A 到 D 所有级别，包括轿车、轿跑、SUV、MPV、跨界车等细分市场。

六款恒驰汽车（见图 1-18）的集体惊艳亮相，让业界沸腾，让国民沸腾！这意味着我国高端新能源车的现状，被彻底改观，恒大造车将“中国制造”推上了一个新的高度。

图 1–18　恒驰汽车

图 1–19　智能装配产线

恒大汽车在上海、广州的两大生产基地已经全线进入设备调试安装阶段，两大生产基地都是按照工业 4.0 标准建设，装配了 2 545 台智能机器人，采用世界最先进的装备、世界最先进的工艺，实现世界最先进的智能制造，全面达产后每分钟生产 1 辆汽车，24 h 全自动作业，年产能达 100 万辆。

两个生产基地各配有车身、冲压、涂装、装配四大车间，完成一辆新车从零部件到组装为成车下线的生产全程。其中，车身车间采用德国库卡和日本发那科装备，运用数字化双胞胎技术，在行业首创生产数据跨车间协同，是世界最先进的高端智能“黑灯工厂”，各生产线的智能机器人协同工作，轻松完成白车身的焊接、定型等工序；冲压车间采用德国舒勒的冲压装备，拥有 MMS 智能自诊断系统，是世界领先的全自动冲压生产线；涂装车间引进世界最先进的德国杜尔生产线，实现全自动喷漆、涂胶，并引入横置烘炉、快速换色等先进技术，实现智能、环保、定制化涂装；装配车间采用德国杜尔装配线，全球首创虚拟匹配系统，是世界上自动化率最高的汽车装配线。

任务三　体验智能生产

任务目标

1. 思政元素

通过智能生产过程，鼓励学生要技能成才、技能报国；健全技能人才培养、使用、评价、激励制度，大力发展技工教育，大规模开展职业技能培训；同时，依托大众创业、万众创新，促进新动能成长壮大和就业增加。

2. 知识目标

① 熟悉工业产品的智能生产；

② 熟悉鲁班锁的智能生产与装配；

③ 熟悉摇摆气缸的智能生产与装配；

④ 熟悉书签的个性化定制生产；

⑤ 熟悉模具类产品的智能生产。

3. 能力目标

能够掌握智能制造产线的生产流程，对模具类产品、鲁班锁的智能生产与装配以及摇摆气缸的智能生产与装配进行操作。

4. 素质目标

培养学生精益求精的品质、团队协作能力、操作规范性和良好的组织纪律性。

任务描述

熟悉工业产品的智能生产、鲁班锁的智能生产与装配、摇摆气缸的智能生产与装配、书签的个性化定制生产以及模具类产品的智能生产。

任务实现

由教师组织学生到实训中心参观，教师讲解智能制造产线软硬件系统运行，学生观摩现场。本任务实施载体为智能制造实训中心智能制造产线设备。

一、主轴箱的智能生产

所谓智能制造，就是面向产品全生命周期，实现泛在感知条件下的信息化制造。智能制造技术是在现代传感技术、网络技术、自动化技术、拟人化智能技术等先进技术的基础上，通过智能化的感知、人机交互、决策和执行技术，实现设计过程、制造过程和制造装备智能化，是信息技术、智能技术与装备制造技术的深度融合与集成。智能制造是信息化与工业化深度融合的大趋势。

智能制造系统是一种由智能机器和人类专家共同组成的人机一体化智能系统，它在制造过程中能以一种高度柔性与集成不高的方式，借助计算机模拟人类专家的智能活动进行分析、推理、判断、构思和决策等，从而取代或者延伸制造环境中人的部分脑力劳动。同时，收集、存储、完善、共享、集成和发展人类专家的智能。

特征：自组织能力；自律能力；自学习和自维护能力；整个制造环境中智能继承。智能制造系统包括软件和硬件系统，软件以MES制造执行系统为主，硬件以各类自动化生产加工设备为主。

智能制造系统中，智能元素第一个是智能的生产，在生产部分用智能化手段替代人，效率更高，比如黑灯生产、无人工厂；第二个是智能的产品，在产品里面加入数据采集、传输、分析模块，可以为更多新的应用提供基础支撑。这样就应对工业智能在智能制造当中两个主要应用阶段：一个是生产制造环节，另一个是售后服务环节。

下面以一些典型产品上典型零件来描述智能生产，并把图纸设计到制造流程合理衔接，让读者体验智能生产的过程。

1. 零件图纸设计

工业上机械零件的设计软件分为两大类型：二维设计软件和三维设计软件。常用的二维设计软件有 AUTOCAD、CAXA 等用于平面图形的设计，常用的三维设计软件有 Solidworks、UG、

Pro/E、CATIA、Inventor 等用于结构和外形的设计。图 1–20 所示为智能制造产线上生产的主轴箱，主轴箱三维图是由 Invertor 软件设计的，主轴箱工程图是由 Auto CAD 软件设计的。

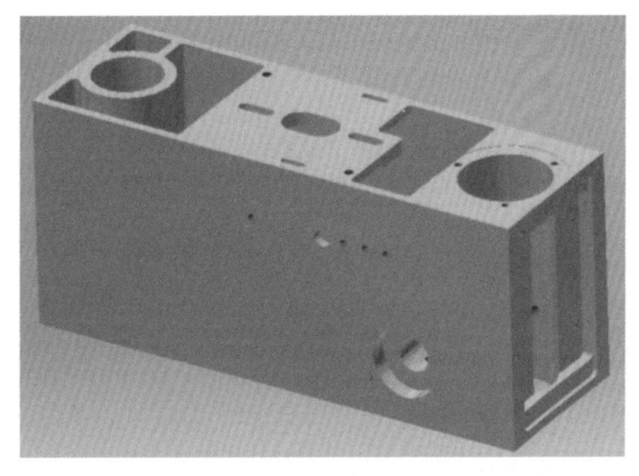

图 1–20　主轴箱三维图

2. 零件的加工工艺设计

一个零件设计好之后，在生产加工出来之前需要进行工艺设计，一般工艺设计里面包含用什么设备进行生产、材料是什么、用什么加工刀具、用什么工装夹具、机床切削参数、测量方法等，然后根据设计的工艺应用 CAM 软件编制零件加工程序。目前市场上数控编程软件有 UG、CATIA、EDGECAM、MASTERCAM、CIMTRON、HYPERMILL、POWERMILL 等。

①“主轴箱”生产是在智能制造产线中五轴加工中心设备中生产的，其加工工艺见表 1–2。

表 1–2　主轴箱加工工艺

上海英应机器人科技有限公司	主轴箱加工工艺			
	零件图号	ZJ950600	文件编号	
	零件名称	主轴箱	共 1 页	第 1 页
	车间	工序号	工序名称	材料牌号
	智能车间	003	铣削加工	铸铝
	毛坯种类	毛坯尺寸	毛坯件数	每台件数
	B	228 × 74 × 100	1	1
	设备名称	设备型号	设备编号	同时加工件数
	五轴加工中心	MVC850	M005	1
	夹具编号	夹爪编号	夹具名称	切削液
	JM03		气动平口钳	乳化液
	程序编号	O0008		

工步号	工步内容	工艺装备	主轴转速 /(r/min)	切削速度 /(m/min)	进给量 /(mm/min)	吃刀量 /mm	工时 /min	
							准结	单件
1	铣削开粗	D16R0.8 铣刀（2 号刀具）	2 000		1 000	0.35		
2	铣削加工	D4 立铣刀（3 号刀具）	3 000		500	0.25		
3	铣削攻丝	M6 丝锥（12 号刀具）	3 500		350	0.1		
4	铣削精加工	D10 立铣刀（6 号刀具）	2 000		500	0.2		

② 主轴箱加工程序。其加工程序是用 CAM 软件 UG 编制的。

```
M90                                  机床正在加工中的信号
M10                                  机床第四轴锁定打开
M20                                  机床第五轴锁定打开
M94                                  关门
G40 G17 G49 G80 G90                 （程序抬头主要是让机床恢复初始状态）
G0 G90 G99 G54 A-90. C0. F3000       A 轴 C 轴旋转定位
M01
N1 T02 M06                           换 2 号刀具
(NAME :D16R0.8 )
(D：16.00 )
(R： 0.80 )
G91 G28 Z0.0
G01 G90 G54P5  X0.0 Y0.0 F8000
G00 X159.004 Y-23.722 S2000 M03
G43 Z115. H02                        2 号刀具长度补偿
…
…
I0.0 J2.
X-174.005 Y-27.938 R2
X-173.284 Y-26.722 R1
G01 X-173.531 Y-25.753
G40 X-173.655 Y-25.268
Z-26.
G00 Z115
M09                                  关切削液
M05                                  关主轴
G91 G28 Z0.0                         YZ 三轴回零
G28  Y0.0
G1 G90 G54 A0. F3000                 参考机械坐标 A 轴回零
G1 G90 G54 X410. C90. F3000          参考机械坐标 C 轴 X 轴回到上料位置
M91                                  发送结束信号
M93                                  开门
M30                                  结束程序且回到程序开始位置
(TIME :17.55)
```

3. 智能制造生产工艺设计

智能制造产线上生产加工的零件，除了需要编制它在生产机床上的加工工艺，还要编制它在整个智能制造产线上的智能制造生产工艺。工艺内容包含坯料的取放地点、物流路线、自动上下料的机器人程序以及机器人用什么夹爪去抓取零件等。

①“主轴箱”零件在智能制造产线中的工艺流程，见表 1–3。

表 1-3　“主轴箱”在智能制造产线中的工艺流程

上海英应机器人科技有限公司	智能制造加工工艺流程卡

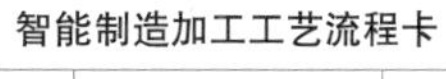

部件名称	部件编号
主轴箱	ZJ9506.02
零件名称	零件图号
主轴箱体	ZJ9506.02-01
加工数量	材质
1	铝 6061
RFID 编号	坯料编号
A21	ZJ9506.02-01A

工序一	工序名称	设备编号	工步	参数	工装夹具号	程序号
	五轴加工中心加工	M005	GET	ASRS	JR12	GM005ZJ
	工序完成零件编号	托盘编号	DO	M005	JMS1	00051
	ZJ9506.02-01B	A21	PUT	C001	JR12	PM005ZJ
工序二	工序名称	设备编号	工步	参数	工装夹具号	程序号
	三坐标检测	C001	GET			GC001ZJ
	工序完成零件编号	托盘编号	DO	M001	JC51	CP051
	ZJ9506.02-01C	A21	PUT	ASRS	JR10	PC001ZJ
工序三	工序名称	设备编号	工步	参数	工装夹具号	程序号
			GET			
	工序完成零件编号	托盘编号	DO			
			PUT			
工序四	工序名称	设备编号	工步	参数	工装夹具号	程序号
			GET			
	工序完成零件编号	托盘编号	DO			
			PUT			

② 机器人上下料程序。样例程序解析：

Put_CNC	程序名称
CALL On_cnc_Clamp()	调用“开五轴加工中心夹具”程序
CALL On_cnc_door()	调用“开五轴加工中心门”程序
PTP(X1)	放料安全点 1
PTP(X2,，ovl)	放料安全点 2，圆滑过渡

```
PTP(X3,,ovl)               放料安全点3，圆滑过渡
WaitIsFinished()           等待上述指令执行完成
kong := X_zhuzhouxiang     X_zhuzhouxiang数据赋值到kong
WaitIsFinished()           等待上述指令执行完成
kong.z := kong.z + 150     kong.z方向+150赋值到kong.z
WaitIsFinished()           等待上述指令执行完成
Lin(kong,,ovl)             kong.z方向+150点位，圆滑过渡
WaitIsFinished()           等待上述指令执行完成
kong.z := kong.z -120      kong.z方向-120赋值到kong.z
WaitIsFinished()           等待上述指令执行完成
Lin(kong,,ovl)             kong.z方向-120点位，圆滑过渡
WaitIsFinished()           等待上述指令执行完成
kong.z := kong.z -30       kong，z方向-30赋值到kong.z
WaitIsFinished()           等待上述指令执行完成
Lin(kong,dyn)              kong.z方向-30点位，放慢速度
WaitIsFinished()           等待上述指令执行完成
WaitTime(1000)             等待1 s
CALL On_Clamp()            调用“开机器人夹具”程序
WaitTime(1000)             等待1 s
WaitIsFinished()           等待上述指令执行完成
kong.y := kong.y -30       kong.y方向-30赋值到kong.y
WaitIsFinished()           等待上述指令执行完成
Lin(kong,dyn)              kong.y方向-30点位，放慢速度
kong.y := kong.y -120      kong.y方向-120赋值到kong.y
WaitIsFinished()           等待上述指令执行完成
Lin(kong,,ovl)             kong.y方向-120点位，圆滑过渡
WaitIsFinished()           等待上述指令执行完成
PTP(X3,,ovl)               放料安全点3，圆滑过渡
PTP(X2,,ovl)               放料安全点2，圆滑过渡
PTP(X1)                    放料安全点1
CALL Off_cnc_door()        调用“关五轴加工中心门”程序
CALL Off_cnc_Clamp()       调用“关五轴加工中心夹具”程序
```

4. 智能制造生产流程

① 图1–21中实线部分为智能制造产线中工业生产设备的组成，立体库、AGV小车、AGV接驳站、传送带、RFID、缓存区、带地轨的工业机器人、五轴加工中心和车铣复合中心等组成。

② 主轴和主轴箱的生产流程，如图1–22所示。

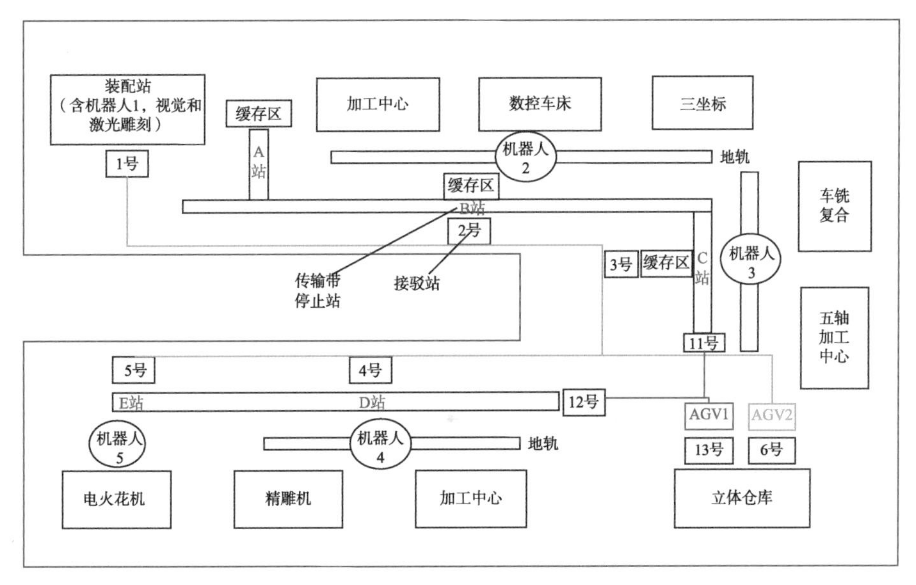

图 1–21　智能制造产线设备分布图

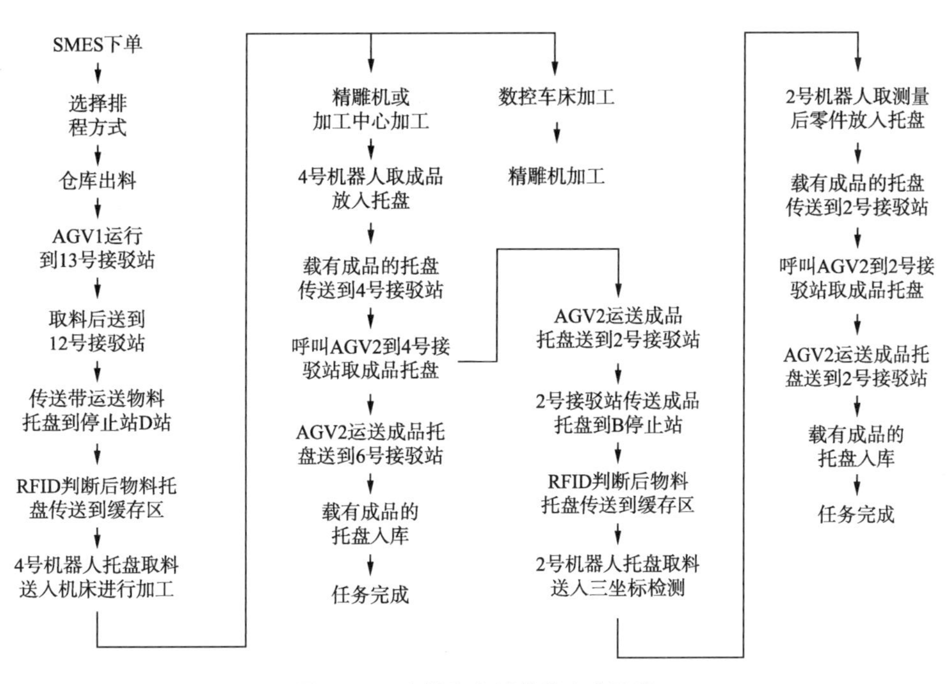

图 1–22　主轴和主轴箱的生产流程

二、鲁班锁的智能生产与装配

鲁班锁起源于中国古代建筑的榫卯结构。这种三维的拼插器具内部的凹凸部分（即榫卯结构）啮合，十分巧妙。原创为木质结构，外观看是严丝合缝的十字立方体。鲁班锁又称孔明锁，相传是三国时期诸葛亮根据八卦玄学的原理发明的一种玩具，曾广泛流传于民间，逐渐得到人们的重视。它对放松身心、开发大脑、灵活手指均有好处，是老少皆宜的休闲玩具。孔明锁看上去简单，其实内中奥妙无穷，若不得要领，很难完成拼合。

这只是传说之一。另外一种传说是：春秋时代鲁国工匠鲁班为了测试儿子是否聪明，用六根木条制作一件可拼可拆的玩具，让儿子拆开。儿子忙碌了一夜，终于拆开了。这种玩具后人就称为鲁班锁。

为了体现智能生产的复杂性，现在以鲁班锁装配为例，以及把鲁班锁从图纸到装配流程衔接起来，让读者体验鲁班锁智能生产的过程。

1. 鲁班锁装配夹具的设计

鲁班锁的三维模型和装配夹具设计如图 1–23、图 1–24 所示。

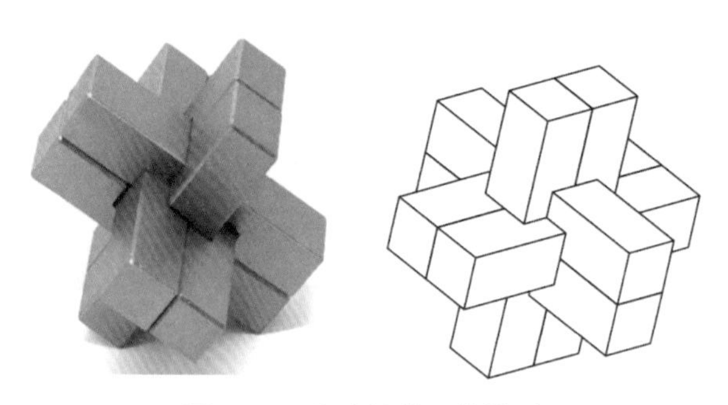

图 1–23　鲁班锁的三维模型

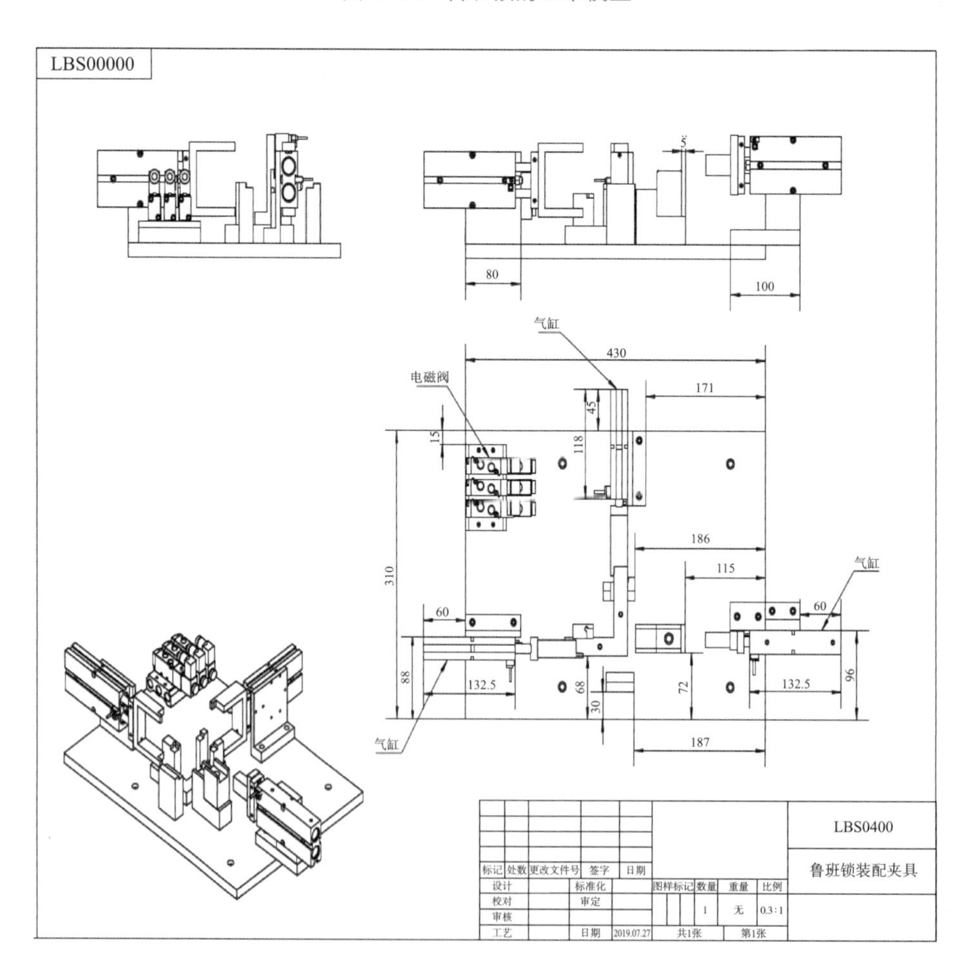

图 1–24　鲁班锁装配夹具设计

2. 鲁班锁的装配工艺设计（见表 1–4）

表 1–4　鲁班锁的装配工艺设计

鲁班锁装配	工序号	操 作 内 容	工具和设备
	101	使用机器人夹爪将鲁班锁 1（L1）从缓存托盘的位置放置到装配夹具 M1 的位置	六轴机器人
	102	使用机器人夹爪将鲁班锁 2（L2）从缓存托盘的位置放置到装配夹具 M2 的位置	六轴机器人
	103	使用机器人夹爪将鲁班锁 3（L3）从缓存托盘的位置放置到装配夹具 Q3 的手指的位置，通过 Q3 气缸将 L3 推送到 M3 的位置，并退回气缸（推送时速度不能过快）	六轴机器人、双杆气缸
	104	使用机器人夹爪将鲁班锁 4（L4）从缓存托盘的位置放置到装配夹具 Q2 的手指的位置，通过 Q2 气缸将 L4 推送到 M4 的位置，且保持推出状态（推送时速度不能过快）	六轴机器人、双杆气缸
	105	使用机器人夹爪将鲁班锁 5（L5）从缓存托盘的位置放置到装配夹具 M5 的位置，且收回气缸 2（Q2）	六轴机器人
	106	使用机器人夹爪将鲁班锁 6（L6）从缓存托盘的位置放置到装配夹具 Q1 的手指的位置，通过 Q1 气缸将 L6 推送到 M6 的位置，并退回气缸（推送时速度不能过快）	六轴机器人、双杆气缸

项目	数量	零件编号	零件名称	分组号
1	1	LBS00100	鲁班锁 1	
2	1	LBS00200	鲁班锁 2	
3	1	LBS00300	鲁班锁 3	
4	1	LBS00400	鲁班锁 4	
5	1	LBS00500	鲁班锁 5	
6	1	LBS00600	鲁班锁 6	

3. 鲁班锁智能生产工艺流程卡（见表 1–5）

表 1–5　鲁班锁智能生产工艺流程卡

上海英应机器人科技有限公司	鲁班锁智能生产工艺流程卡	
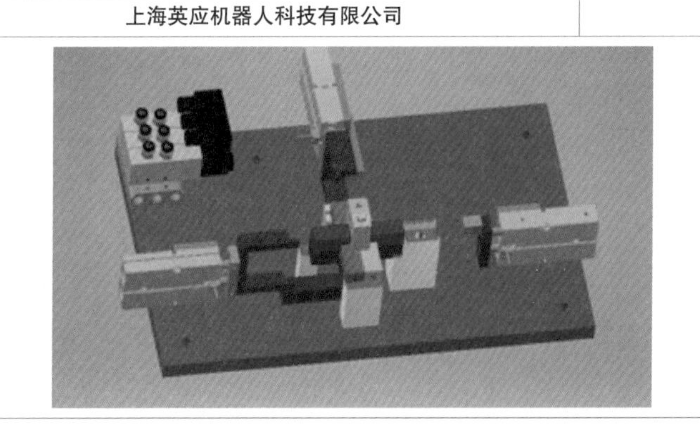	部件名称	部件编号
	鲁班锁夹具	LBS00000
	加工数量	材质
	1	
	RFID 编号	坯料编号

	工序名称	设备编号	工步	参数	工装夹具号	程序号
工序一	鲁班锁装配	A001	GET			
	设备名称	托盘编号	DO	S005	JR08	N18_G04_RA01_1
	装配台		DO	S005	JR08	N19_G04_RA01_2
			DO	S005	JR08	N20_G04_RA01_3
			DO	S005	JR08	N21_G04_RA01_4
			DO	S005	JR08	N22_G04_RA01_5
			DO	S005	JR08	N23_G04_RA01_6
			PUT		JR08	N35_P05_RA01
工序二	工序名称	设备编号	工步	参数	工装夹具号	程序号
	激光雕刻	M001	GET	T013	JR08	N35_P05_RA01
	设备名称	托盘编号	DO			
	激光雕刻机		DO			
工序三	工序名称	设备编号	工步	参数	工装夹具号	程序号
	质量检测	C001	GET	T013	JR08	N39_P05_RA01
	设备名称	托盘编号	DO			
	视觉相机		PUT			

4. 智能制造生产流程

完成鲁班锁智能装配的设备组成为机器人、夹具、视觉系统和本地仓库等，如图 1–25 所示。

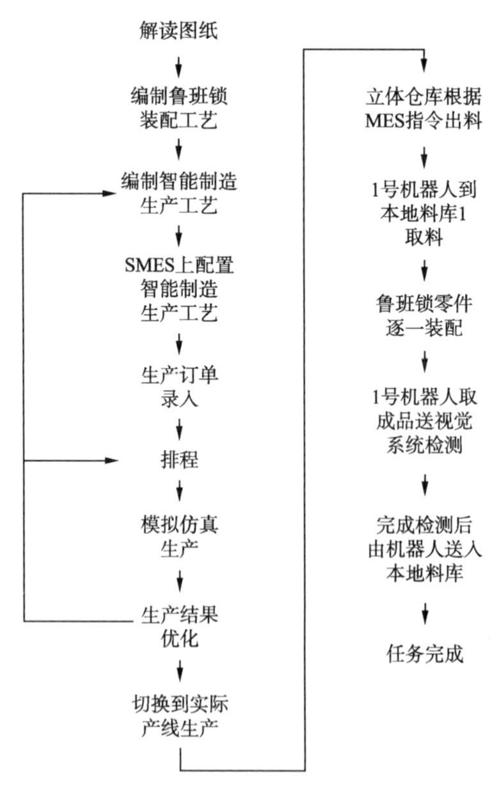

图 1–25　智能制造生产流程

三、摇摆气缸智能生产与装配

随着智能制造理念被客户不断接受，被忽视的工装夹具在工艺准备中的重要性和作为生产资料的连接介质，被提到工艺优化的日程当中。自动化以及智能制造的对象始终是我们要制造的工件。整个工艺流程设置的核心也是工件在不同设备的流转，其流转的安排仍然是工艺安排作为核心。

现代工装夹具的发展方向：柔性、精密、标准、智能。传统的工装夹具适于人工上下料，不能满足机器人自动化的要求。简单的机器人上下料能够完成基本的工件预定位，但最后的精确定位还需要夹具完成。因此，夹具本身具有的自动化程度、柔性，调整时间（加工辅助时间）的长短极大影响了整个制造环节的效能。

零点快换夹具、随行工装、工序集成、机床夹具与机械手的复合，已经在多工序、大批量制造的发动机领域得到大量应用。零点夹持系统为加工、搬运、清洗、压装、测量提供了标准的夹持接口。同时，在 3C 行业，工序集中的大批量制造中，得以充分验证其有效性。对于风电行业的大型齿轮，箱体工件的车、铣、磨削等，零点快换夹具结合随行工装也被大量采用。

下面以复杂的摇摆气缸发动机模型的生产与装配的过程，让读者体验智能生产过程中多夹爪和工装的应用。

1. 摇摆气缸的装配夹具设计

图 1-26、图 1-27 分别为摇摆气缸的三维图和装配夹具设计。

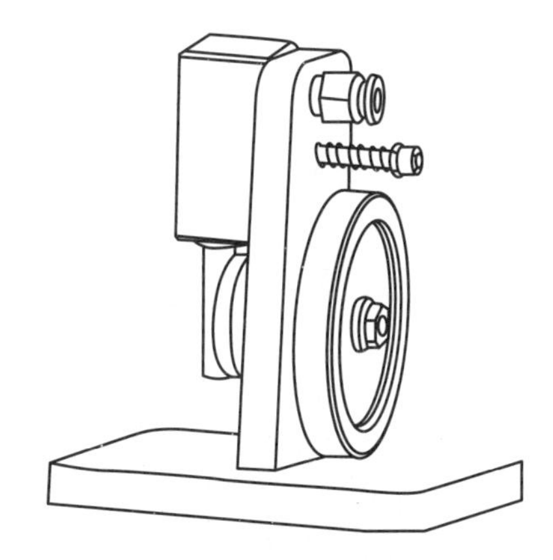

图 1-26　摇摆气缸的三维图

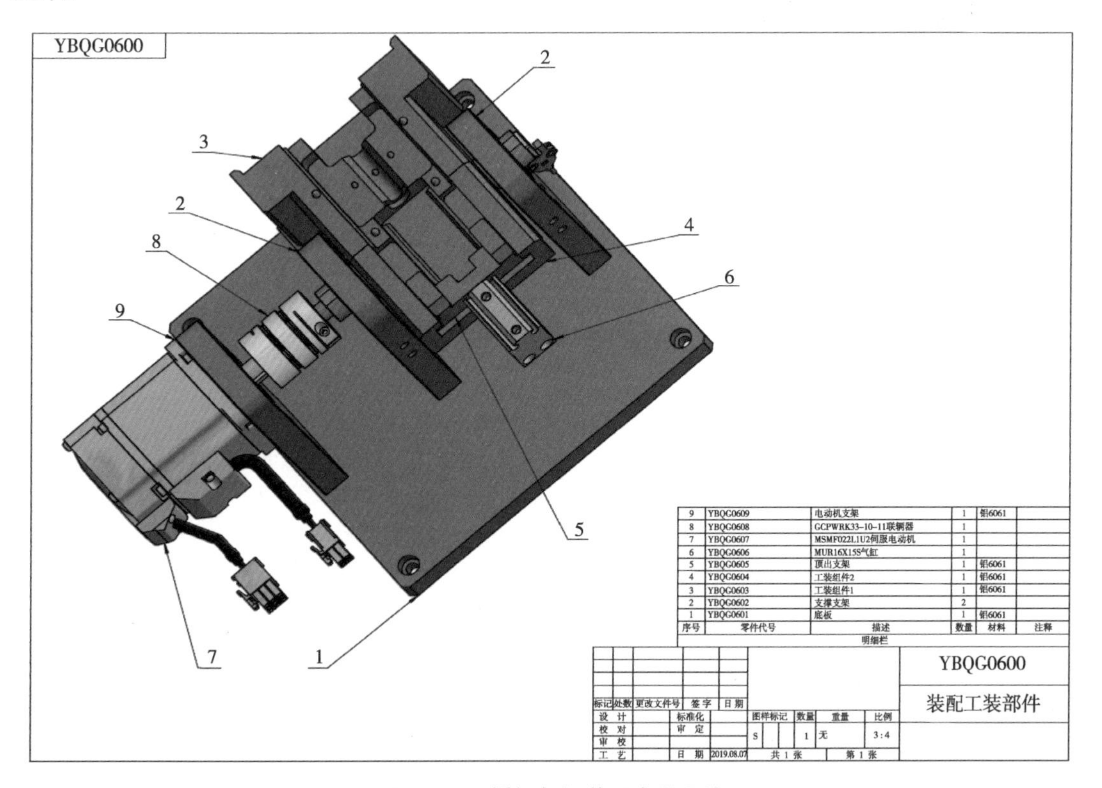

9	YBQG0609	电动机支架	1	铝6061	
8	YBQG0608	GCPWRK33-10-11联辆器	1		
7	YBQG0607	MSMF022L1U2伺服电动机	1		
6	YBQG0606	MUR16X15S气缸	1		
5	YBQG0605	顶出支架	1	铝6061	
4	YBQG0604	工装组件2	1	铝6061	
3	YBQG0603	工装组件1	1	铝6061	
2	YBQG0602	支撑支架	2		
1	YBQG0601	底板	1	铝6061	
序号	零件代号	描述	数量	材料	注释
明细栏					

图 1-27　摇摆气缸装配夹具设计

2. 摇摆气缸的装配工艺设计（见表1–6）

表1–6 摇摆气缸的装配工艺设计

摇摆气缸装配

零件缓存托盘
Y10
Y5
Y3
Y1
Y2
Y7
Y6
Y11
Y9
Y8
Y4
夹爪库
J1
J2
J3
J4
J5
J6
J7
装配工装

工序号	操作内容	工具和设备
201	六轴机器人通过快换装置进入夹爪库换取J6夹爪，将缓存托盘里的Y1零件抓取，放置到装配工装Y1的零件位置	六轴机器人、夹爪
202	使用201工序中的夹爪抓取Y2零件，放置到装配工装内的Y2零件位置，完成后将夹爪放回夹爪库	六轴机器人、夹爪
203	夹爪库内换取J2夹爪将Y3（飞轮2）放置到装配工装的指定位置，完成后将该夹爪放回夹爪库	六轴机器人、夹爪
204	换取夹爪库内的J7气动螺丝刀，移动到托盘吸取Y8（M5×16螺钉），将该螺钉把Y3（飞轮2）固定	六轴机器人、气动螺丝刀
205	换取夹爪库内的J3夹爪，夹取缓存托盘内的Y5（支撑板）零件，将其放置到工装内的指定位置，此时工装内的固定气缸突出，压住该零件，完成后放回该夹爪	六轴机器人、夹爪
206	夹爪库换取J1夹爪，将Y6（飞轮1）零件放置到工装的指定位置，完成后放回该夹爪	六轴机器人、夹爪
207	换取夹爪库内的J5夹爪，将缓存托盘内的Y7(过渡轴)放置到装配工装上的Y6的轴心位置，完成后将该夹爪放回夹爪库	六轴机器人、夹爪
208	换取J7气动螺丝刀吸取Y4（M5×25内六角螺钉）将刚放置的过渡轴锁紧	六轴机器人、气动螺丝刀
	共1页　第1页	

项目	数量	零件编号	零件名称	分组号
1	1	YBQG0100	活塞杆	Y1
2	1	YBQG0200	缸体	Y2
3	1	YBQG0300	飞轮2	Y3
4	1	YBQGM525	M5×25螺钉	Y4
5	1	YBQG0500	支撑板	Y5
6	1	YBQG0600	飞轮1	Y6
7	1	YBQG0700	过渡轴	Y7
8	1	YBM51630	M5×16螺钉	Y8
9	1		M5×30螺钉	Y9
10	1	YBQG1000	底板	Y10
11	2	YBQGM512	M5×12螺钉	Y11

3. 摇摆气缸的智能制造生产工艺流程卡（见表 1–7）

表 1–7 摇摆气缸的智能制造生产工艺流程卡

上海英应机器人科技有限公司				摇摆气缸智能制造生产工艺流程卡		
					部件名称	部件编号
					摇摆气缸夹具	YBQG01
工序一	工序名称	设备编号	工步	参数	工装夹具号	程序号
	摇摆气缸装配	A001	GET			
	设备名称	托盘编号	DO	S004	JR01	N24_G04_RA02_1
	装配台		DO	S004	JR01	N25_G04_RA02_2
			DO	S004	JR05	N26_G04_RA02_3
			DO	S004	JR07	N27_G04_RA02_4
			DO	S004	JR03	N28_G04_RA02_5
			DO	S004	JR02	N29_G04_RA02_6
			DO	S004	JR06	N30_G04_RA02_7
			DO	S004	JR07	N31_G04_RA02_8
			DO	S004	JR03	N32_G04_RA02_9
			DO	S004	JR07	N33_G04_RA02_10
			PUT		JR04	N36_P05_RA02
工序二	工序名称	设备编号	工步	参数	工装夹具号	程序号
	激光雕刻	M001	GET	T013	JR04	N36_P05_RA02
	设备名称	托盘编号	DO			
	激光雕刻机		DO			
工序三	工序名称	设备编号	工步	参数	工装夹具号	程序号
	质量检测	C001	GET	T013	JR04	N40_P05_RA02
	设备名称	托盘编号	DO			
	视觉相机		PUT			

4. 智能制造生产流程

完成摇摆气缸智能装配的设备组成为机器人、夹具、视觉系统和本地仓库等，如图 1–28 所示。

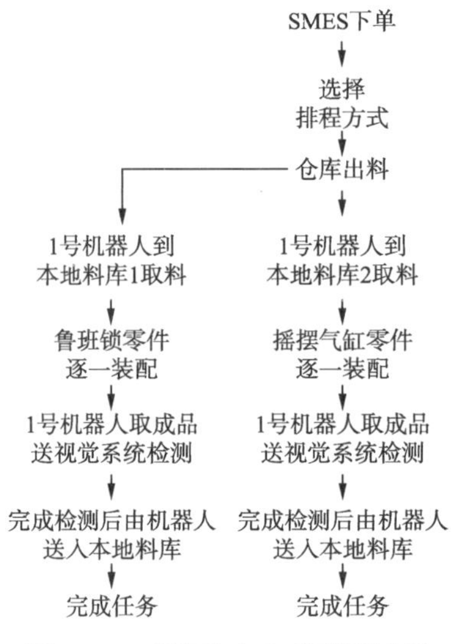

图 1–28　摇摆气缸智能装配流程

四、书签个性化定制生产

智能制造是新一代信息技术与制造业的深度融合。随着像大数据、云计算、物联网、3D 打印等新兴 IT 技术的出现和交叉使用，制造业正在发生巨大的变化，可以这么说，现代的制造业正在发展成为某种意义上的信息产业。制造业企业正在从传统的生产型制造向服务型制造转变，从卖产品、卖制造向卖服务转变，始终保持以客户为中心。

过去，企业强调规模，强调大而全的生产组织模式，什么事情都想自己做；现在，随着市场和客户的需求变化越来越快，越来越多样化，企业的分工越来越细，专业化程度越来越高，传统的组织模式已经跟不上节奏，如何转变制造模式已经成为智能制造时代企业面临的重要问题。

下面以书签的个性化定制生产，让读者体验智能生产的柔性定制化生产。

1．书签智能制造生产工艺设计流程卡（见表 1–8）

表 1–8　书签智能制造生产工艺

上海英应机器人科技有限公司	书签智能制造生产工艺流程卡	
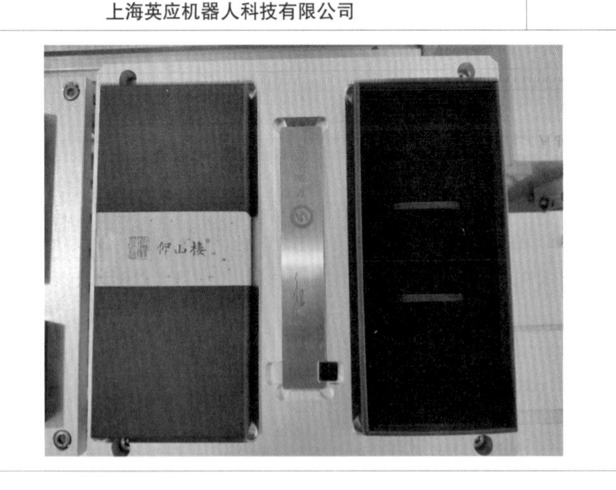	部件名称	部件编号
	书签	DZXK00
	零件名称	零件图号
	加工数量	材质
	1	
	RFID 编号	坯料编号
	A11、A13	

工序一	工序名称	设备编号	工步	参数	工装夹具号	程序号
	书签	A001	GET	S001	JR09	N45_G02_RA03_1
	设备名称	托盘编号	DO	A001		
	装配台	A33	PUT	A001		
工序二	工序名称	设备编号	工步	参数	工装夹具号	程序号
	签字激光雕刻	M001	GET	A001	JR09	N46_P05_RA03
	设备名称	托盘编号	DO	M001		
	激光雕刻机		PUT			
工序三	工序名称	设备编号	工步	参数	工装夹具号	程序号
	书签装配	A001	GET	M001	JR09	N47_P01_RA03
	设备名称	托盘编号	DO	A001		
	装配台		PUT			

2. 智能制造生产流程

完成定制书签的智能生产的设备组成为自动立体仓库、传送带、AGV 小车、RFID 读写器、铣床加工中心、激光雕刻机、装配夹具、视觉检测系统和移动终端等，如图 1–29 所示。

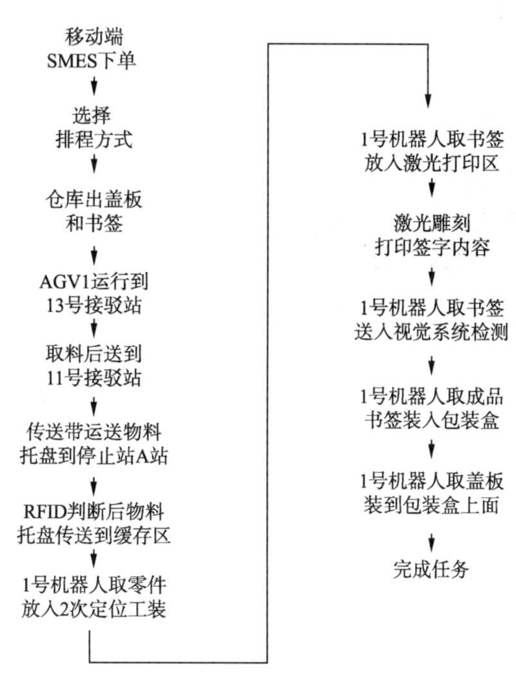

图 1–29 书签智能制造生产流程

五、冲压零件的智能生产

模具，素有“工业之母”的称号，它是能生产出具有一定形状和尺寸要求的零件的一种生产工具。也就是通常人们说的模子，比如电视机、电话机的外壳、塑料桶等商品，是把塑料加热后注进模具冷却成型生产出来的。蒸饭锅也是由金属平板用模具压成这样的形状。任何商品都是用模具制造出来的。可以说没有模具就没有产品的生产。那么模具又是怎样做出来的呢？首先它由模具设计人员根据产品（零件）的使用要求，把模具结构设计出来，绘出图纸再由技术工人按图纸要求通过各种机械的加工（如车床、刨床、铣床、磨床、电火花、线切割）做好模具上的每个零件，然后组装调试，直到能生产出合格的产品，所以模具工需要掌握很全面的知识和技能，模具做得好，产品质量好，模具结构合理，生产效率高。模具一般为单件，小批生产。

模具种类很多，根据加工对象和加工工艺可分为：

① 加工金属的模具。

② 加工非金属和粉末冶金的模具。包括塑料模（如双色模具、压塑模和挤塑模等）、橡胶模和粉末冶金模等。根据结构特点，模具又可分为平面的冲裁模和具有空间的型腔模。

下面具体到以下典型零件的模具设计，并把从零件的需求开始到模具生产出来合理衔接，让读者体验模具的智能生产。

1. 冲压模下模芯智能制造生产工艺设计

冲压模部分零件为外购件，其中下模芯、放电电极等在智能制造产线上生产，利用生产好的模具零件和成品零件在装配台上手动完成冲压模的装配。冲压模下模芯智能制造加工工艺流程卡见表 1–9。

表 1–9　冲压模下模芯智能制造加工工艺流程卡

上海英应机器人科技有限公司					智能制造加工工艺流程卡	
					部件名称	部件编号
					模芯 B	MJ000200
					零件名称	零件图号
					模芯 B	MJ000200
					加工数量	材质
					1	45#
					RFID 编号	坯料编号
					A27	MJ000201
工序一	工序名称	设备编号	工步	参数	工装夹具号	程序号
	电火花放电加工	M008	GET	S003	JR17	GM008MJ_03
	工序完成零件编号	托盘编号	DO		JM08	O0017
	MJ000212		PUT	S003	JR17	PM008MJ_03
工序二	工序名称	设备编号	工步	参数	工装夹具号	程序号
	电火花放电加工	M008	GET	S003	JR17	GM008MJ_03
	工序完成零件编号	托盘编号	DO		JM08	O0018
	YYMJ0001C		PUT	S003	JR17	PM008MJ_03
工序三	工序名称	设备编号	工步	参数	工装夹具号	程序号
	电火花放电加工	M008	GET	S003	JR17	GM008MJ_03
	工序完成零件编号	托盘编号	DO		JM08	O0019
	YYMJ0001D		PUT	S003	JR17	PM008MJ_03
工序四	工序名称	设备编号	工步	参数	工装夹具号	程序号
	电火花放电加工	M008	GET	S003	JR17	GM008MJ_03
	工序完成零件编号	托盘编号	DO		JM08	O0020
	YYMJ0001E		PUT	S003	JR17	PM008MJ_03

2 智能制造生产流程

① 图 1–30 实线部分为智能制造产线中模具生产设备的组成，由立体仓库、AGV 小车、AGV 接驳站、传送带、RFID、缓存区、带地轨的工业机器人、铣床加工中心、精雕机、电火花机、本地仓库和冲压床等组成。

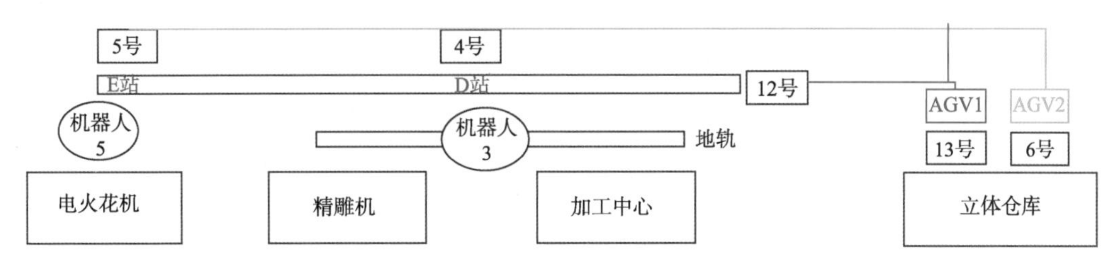

图 1–30 智能制造生产线模具生产设备的组成（实线部分）

② 模芯智能生产流程，如图 1-31 所示。

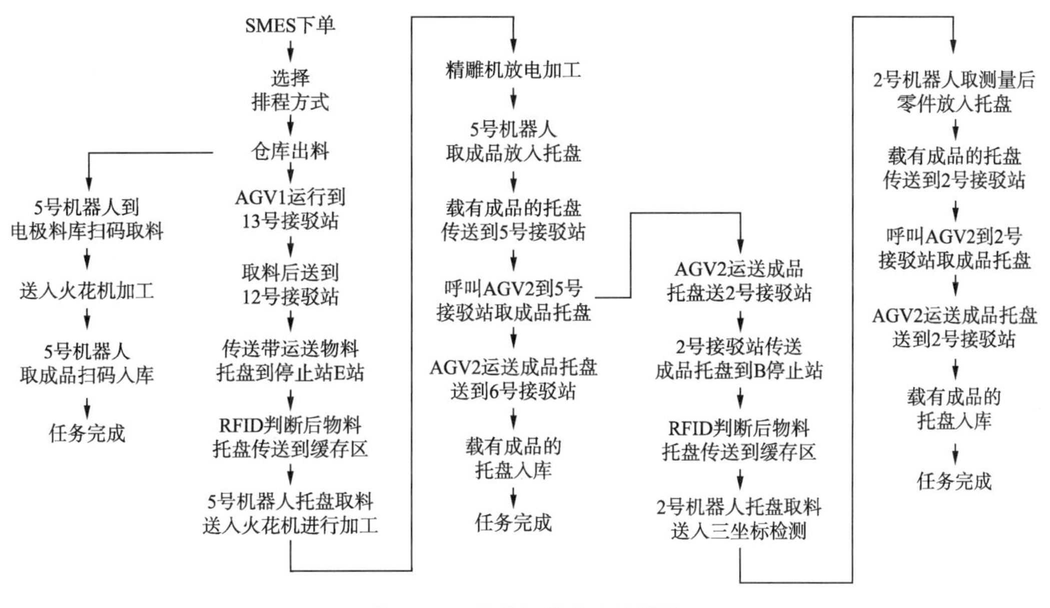

图 1–31 模芯智能生产流程图

任务四 智能制造产线产品的成本核算

任务目标

1. 思政元素

在产品成本核算的教学中，激发学生形成良好的诚实守信和道德责任意识，为打造“技术素养 + 管理能力”工管融合人才培养体系提供强有力支撑，同时为坚持立德树人，重构教育教学体系和构建“三全育人”新格局奠定坚实基础。

2. 知识目标

① 认知产品在生产过程中涉及的制造成本构成。

② 认知智能制造产线生产模式下产品制造成本的构成。

③ 进行制造成本的初步核算。

3. 能力目标

能够对智能制造产线上生产的产品进行合理的成本核算。

4. 素质目标

① 结合成本核算的相关知识，培养“技术素养＋管理能力”复合型技术技能。

② 培养严谨、诚信的职业品质和良好的职业道德。

任务描述

本任务是针对产品全部成本中的制造成本部分进行核算。

核算对象以主轴箱为例。假设在不同的生产方式下（即传统的人工操作模式和智能制造产线生产模式），将制造成本的变化加以对比。

任务实现

一、成本的构成

1. 产品成本的构成

成本是商品经济的价值范畴，是商品价值的组成部分。人们要进行生产经营活动或达到一定的目的，就必须耗费一定的资源，其所费资源的货币表现及其对象化称为成本。

制造型企业的成本主要有两个概念，即制造成本和完全成本。

制造成本（production cost）又称生产成本，是指生产活动的成本，即企业为生产产品而发生的成本。生产成本是生产过程中各种资源利用情况的货币表示，是衡量企业技术和管理水平的重要指标。包括直接材料费、直接人工费及制造费用三个部分。完全成本则是制造成本加上各种费用（如销售费用、管理费用、财务费用等）构成的全部成本。

2. 制造成本的构成

制造成本构成的三个部分具体如下：

① 直接材料费：指在生产过程中的劳动对象，通过加工使之成为半成品或成品，它们的使用价值随之变成了另一种使用价值。

② 直接人工费：指生产过程中所耗费的人力资源，可用工资额和福利费等计算。

③ 制造费用：指生产过程中使用的厂房、机器、车辆及设备等设施及机物料和辅料，它们的耗用一部分是通过折旧方式计入成本，另一部分是通过维修、定额费用、机物料耗用和辅料耗用等方式计入成本。

本任务只针对制造成本核算的概念展开，不涉及具体账务科目处理的内容。

3. 制造型企业通常的架构

企业就是一个组织，组织就必须有架构，就是一种决策权的划分体系以及各部门的分工协作体系。组织架构需要根据企业总目标，把企业管理要素配置在一定方位上，确定其活动条件，规定其活动范围，形成相对稳定的科学的管理体系。

没有组织架构的企业将是一盘散沙。组织架构不合理会严重阻碍企业的正常运作，甚至导致企业经营的彻底失败。相反，适宜、高效的组织架构能够最大限度地释放企业的能量，使组织更好发挥协同效应，达到“1+1>2”的合理运营状态。

企业根据自身的特点，可以制定不同的架构。但万变不离其宗，只要能够让企业高效、有序，并能够持续改善的架构就是合适的。

下面是一个相对典型的制造型企业的架构，如图 1–32 所示。

由图 1–32 可以看到，财务部是直属总经理管理的，足以体现财务部门在企业的重要性。

财务人员需要获得大量经营过程中的数据，所以很重要的工作之一是如何获得其他部门提供的数据。

以制造成本核算为例，直接材料费、直接人工费、制造费用均来自于其他部分的数据（报表）。上述架构的企业，直接材料费的数据将来自于“供应部”，直接人工费的数据将来自于“人力资源部门”，制造费用的数据将来自于“统计室”。这里所说的来自于哪个部门只是笼统描述，因为这还会涉及具体的岗位分工，原始数据和加工后的数据等。

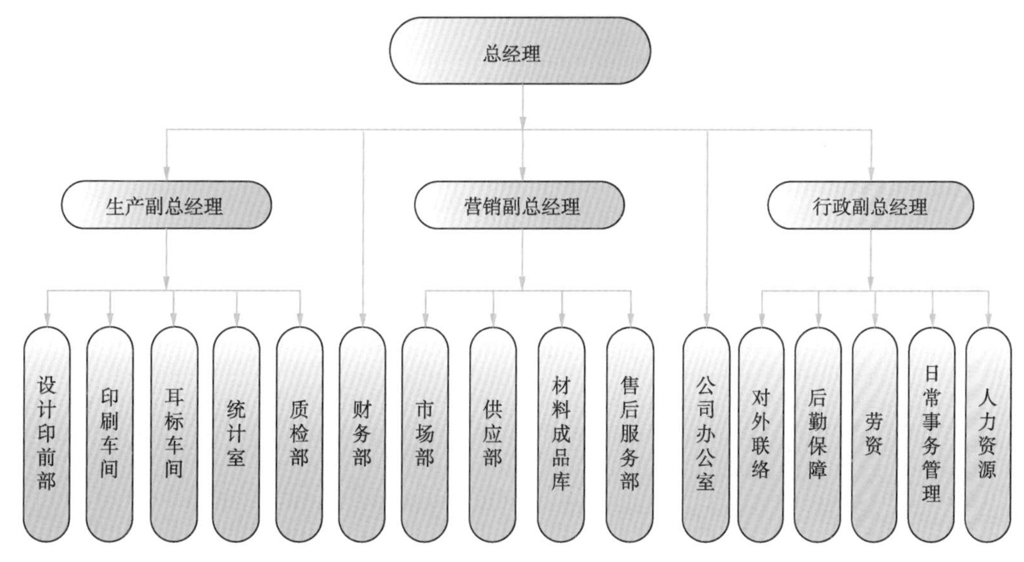

图 1–32　制造型企业的架构

真实的企业运营时，数据量是非常庞大的，并且来源错综复杂，在此就不再展开了。但是要记住：财务人员是数据的加工者，不是数据的生产者，所以要学会科学地、有效地获取相关数据，这也是一门学问。这就要求能够制定规则，把规则转化为流程，并懂得交叉印证数据是否真实等。

二、主轴箱的制造成本核算

作为财务会计人员，并非只是坐在办公室里算账，而是要了解工厂运行的几乎所有过程，这样才能更客观、真实地反映出经营成果。

1. 主轴箱的生产过程

第一步：通过智能制造产线的 SMES 下单，并形成生产订单下达给智能制造产线系统。

第二步：智能制造产线系统接收到 SMES 的生产指令以后，会自动生成可执行的具体操作指令（指令的依据是下列工艺流程卡），然后下达到设备。

第三步：各台相关设备，接收到系统指令，进行对应操作。具体的操作内容即下面的工艺流程卡。

该工艺流程卡包括以下几个工序（总共 28 分钟）：

① 立体仓库毛坯料出库；

② AGV 送至 650 三轴加工中心接货平台；

③ 工业机器人上下料；

④ 650 三轴加工中心主轴箱端面、螺孔加工；

⑤ AGV 送至精雕机接货平台；

⑥ 工业机器人上下料；

⑦ 精雕机主轴箱背端面加工；

⑧ AGV 送至五轴加工中心接货平台；

⑨ 工业机器人上下料。

根据上述工艺流程进行成本核算。

第四步：完成上述工序后，通过物流设备将完工产品送入成品仓库。由此完成了整个生产过程。

为了能够全面举例计算主轴箱的制造成本，下面将假设一些条件。这些条件再分为传统人工生产以及智能制造产线的生产方式。目的是对比两种生产方式在成本上出现的差异，并就此进行分析，以期更清晰地理解各自优劣。

假设有两个车间，生产同样产品，即主轴箱。而且订单量无限，即所有产能都可以销售出去。其中，一个车间采用传统人工生产方式，另一个车间采用智能制造产线生产方式。其中一些设定的条件见表 1–10。

表 1–10　主轴箱加工明细表

成本分类	项　　目	传统人工生产方式	智能制造产线生产方式
材料价格	主轴箱原材料价格	28.0 元 / 个	28.0 元 / 个
工人工资	车间主任	1 名，工资 10 000 元 / 月	1 名，工资 15 000 元 / 月
	设备维护维修人员	1 名，工资 5 000 元 / 月	1 名，工资 8 000 元 / 月
	编程预生产人员	0	1 名，工资 8 000 元 / 月
	生产操作工	1 名，工资 8 000 元 / 月	0
工时定额	主轴箱加工（假定相同）	28 min	28 min
	设备功率（假定传统是智能的三分之二）	9 kW	6 kW
制造费用	设备总投资额	10 万元	25 万元
	能源损耗	1.2 元 /（kW・h）	1.2 元 /（kW・h）
	按 5 年设备折旧费	1 500 元 / 月	3 750 元 / 月
	刀具物料耗用	1 000 元 / 月	2 000 元 / 月
	其他制造费用（包装运输）	1 500 元 / 月	3 000 元 / 月

2. 主轴箱的成本核算

（1）直接材料费数据的获取

通常情况下，企业采用的是“产品材料消耗定额统计表”（见表 1–11）来完成的。这张表格将经过几个部门填制后才能完善。

表 1–11　产品材料消耗定额统计表

产品名称及规格：　　　　　　　　　　预算期间：　　　　　　　　　　单位：元

材料名称	计量单位	理论消耗量	损耗率 /%	实际消耗量	材料单价	消耗定额	每件产品消耗定额

审批：　　　　　　　　　　　　　　　　　　　　制表人：

技术部门在产品研发的时候，会确定产品所需的材料名称、规格、计量单位、消耗量、损耗率等数据。

材料单价来自于供应部。

其余数据由计划部门进行核算生成。

涉及的主轴箱的直接材料费，应该是这样的：在假设中，已经给出了原材料的价格：每个 28.00 元，生产过程无损耗。所以，直接材料费均是 28.00 元 / 个。

（2）直接人工费数据的获取

通常情况下是按月度来结算人工费用的，即一个月发一次工资。在这一个月里面，一个工人可能做了各种不同的工作，或者生产不同的产品，所以仅仅是按月度工资来结算不同产品的直接人工费，显然是不现实的。

所以，要找出不同产品的直接人工费，就必须借助于一个重要的指标——时间。把完成一个产品或者是一道工序，甚至于一个工步的时间，称为“工时”。

那么，由于人员的素质差异，设备的优劣差异，要完成相同任务的时间会不一样。于是就有了“工时定额”的概念。

“工时定额”是指在一定的技术状态和生产组织模式下，按照产品工序加工完成一个合格产品所需要的工作时间、准备时间、休息时间与生理时间的总和。时间定额是完成一个工序所需的时间，它是劳动生产率指标。

同时，根据时间定额可以安排生产计划，进行成本核算，确定设备数量和人员编制，规划生产面积。因此，时间定额是工艺规程中的重要组成部分。

一般情况下，企业采用“平均先进水平”确定“工时定额”。根据本企业的生产技术条件，使大多数工人经过努力都能达到，部分先进工人可以超出，少数工人经过努力可以达到或接近该水平。通常会在“工序卡片”上标明工件的额定工时，如图 1–33 所示。

	机械加工工序卡片	产品型号		零件图号			
		产品名称		零件名称		共 页	第 页

车间	工序号	工序名	材料牌号
毛坯种类	毛坯外形尺寸	每坯可制件数	每台件数
设备名称	设备型号	设备编号	同时加工件数

夹具编号	夹具名称	切削液	
工位器具编号	工位器具名称	工序工时	
		准终	单件

	工步号	工 步 内 容	工 艺 装 备	主轴转速 r/min	切削速度 m/min	进给量 mm/r	背吃刀量 mm	进给次数	工步工时	
描图									机动	辅助
描校										
底图号										

										设计	审核	标准化	会签	
	标记	处数	更改文件号	签字	日期	标记	处数	更改文件号	签字	日期				

图 1-33 工序卡片

一个工人，他的实际完成工时和“工时定额”的差异，就能体现出他的工作业绩，也就决定了他的个人收入。

这样，一个产品、一道工序，根据“工时定额”就可以转化为相应的直接人工成本。

以主轴箱为例，根据假设，这道工序人工操作也需要 28 min。目前法定工作时间每天 8 h，去除一些个人原因耗费的时间，按照每天有效工作时间为 7 h。

$$7\times 60\div 28=15（个）$$

那么，这个工人每天可以完成 15 个。

假设一个工人来操作该工序，在目前双休日下，每个月实际平均工作日为 21.75 天（这也是法定计算的时间），则每个月他能够完成：

$$15\times 21.75=326（个）$$

若他的月收入为 8 000 元，则每个的直接人工费就是

$$8\ 000\div 326=24.54（元）$$

另外，一个车间是智能制造产线。在生产过程中，没有工人直接参与，由机器人上下料、打标、包装。先算一下每个月的产能：

28 min 一个产品。由于机器人可以每天 24 h，每个月 30 天（或 28 天、31 天等，此处以 30 天为例）工作。

那么，一个月下来能生产出

$$24\times 60\div 28\times 30=1\ 542（个）$$

由于没有直接工人参与生产，故此项的直接人工费为零。

那么，在智能制造产线或者无人车间模式下，是没有直接人工费用的。那岂不很省钱？其实

也未必，只是费用转移到制造费用里面去了。因为生产线的调试、试加工等均还是有工人参与的，只不过这些成本将以制造费用的形式结算，而非直接人工。

（3）制造费用的归集

制造费用指企业为生产产品和提供劳务而发生的各项间接费用，包括企业生产部门（如生产车间）发生的水电费、固定资产折旧、无形资产摊销、管理人员的职工薪酬、劳动保护费、国家规定的有关环保费用、季节性和修理期间的停工损失等。

制造费用明细表见表 1–12。

表 1–12　制造费用明细表

年　　月

项　目	上年实际数	本年计划数	本月实际	本年累计	备　注
工资费用					
职工福利费					
折旧费用					
修理费用					
办公费用					
水电费用					
物料消耗					
摊销费用					
运输费用					
保险费用					
设计制图费					
试验检验费					
租赁费用					
劳保用品费					
在产品盘亏					
其他费用					
制造费用合计					

下面介绍其中部分内容。

① 工资费用。这里涉及的工资是指车间二线人员（通常把直接操作设备的工人称为一线工人），比如车间主任、调度员、计划员、统计员等管理人员；施工员、车间工艺员等技术人员；设备维护、调试、试生产人员以及辅助人员，比如搬运工、清洁工等。

他们的工资无法跟某个产品或者工序直接挂钩，所以通常情况下，按照工资总额除以所有工序的工时定额总额，再分摊到各个产品中去。

回到这个案例，对比一下工资费用的数字。

传统人工生产方式，需要两个人，他们的工资总和是 15 000 元 / 月，分摊到产品上

$$15\,000 \div 326=46.01（元/个）$$

智能制造产线生产方式，需要三个人，工资总额是 31 000 元 / 月，分摊到产品上

$$31\,000 \div 1\,542=20.1（元/个）$$

② 折旧费用。这里主要是指车间的设备折旧。办公设备的折旧不属于制造成本，而是属于管理费用范畴。设备的折旧，在中国会计准则下，是按“时间法”进行折旧的。哪怕是设备闲置，

折旧费用依然会产生。

与工资费用的原理相同，通常情况下，无法把某一台设备跟某一道工序直接关联起来核算。所以，也是将全部设备折旧进行归集后，按工时定额分摊到各个产品或者工序。

回到这个案例，对比一下折旧费用的数字。

传统人工生产方式，每月设备折旧费是 1 500 元，分摊到产品上

$$1\,500 \div 326 = 4.6（元/个）$$

智能制造产线生产方式，每月设备折旧费是 3 750 元，分摊到产品上

$$3\,750 \div 1\,542 = 2.43（元/个）$$

智能制造产线由于采用了更具智能化的设备，以及智能控制系统，总的设备投资会比普通设备的高很多。会导致每个月折旧费用也会高出很多，制造成本当然也就高了。不过看到的好处是省下了直接人工费用，可以 24 h 工作，质量更稳定。

如果在十年以前，劳动力成本还是偏低的情况下，采购配置高端智能设备带来的节省直接人工费，其实是不划算的。但是，最近几年的人力成本上升很快，同时设备的价格并未有大幅度上升，这就为“机器换人”带来了可行性。

这些都是需要找到平衡点，要计算好投入产出比。这里讲的不单单是事后的核算，而是通过事后的核算，总结出规律，对未来进行预测。这是财务人员非常重要的工作之一，即提供更优化的预测方案，供企业领导层决策。

③ 物料消耗。加工生产过程中会消耗辅料，比如工装夹具、刀具、助焊剂、冷却液等，这些也是制造成本的一部分。价格高、消耗快的辅料，可以单独直接核算到某个工序里面，但是通常情况下也是进行全部归集再分摊到产品或者工序。

回到这个案例，对比一下物料消耗费用的数字。

传统人工生产方式，每月物料消耗用费是 1 000 元，分摊到产品上

$$1\,000 \div 9\,135 = 0.109（元/个）$$

智能制造产线生产方式，每月物料消耗用费是 2 000 元，分摊到产品上

$$2\,000 \div 43\,200 = 0.046（元/个）$$

④ 其他费用。

基本上按照归拢再分摊的方式进行操作。除非特殊产品或者工艺情况下进行单独列支。比如铝的冶炼，需要大量电力，是成本构成的主要部分，就需要单独直接核算。

回到这个案例，对比一下刀具物料耗用费的数字。

传统人工生产方式，每月刀具物料耗用费是 1 000 元，分摊到产品上

$$1\,000 \div 326 = 3.07（元/个）$$

智能制造产线生产方式，每月刀具物料耗用费是 2 000 元，分摊到产品上

$$2\,000 \div 1\,542 = 1.30（元/个）$$

电费：智能制造设备较人工生产设备多，设备功率大。假定人工生产设备总功率是智能制造设备总功率的三分之二。

传统人工生产方式，设备的额定功率是 6 kW，生产单个主轴箱时间为 28 min，如果电费按照工业电费 1.2 元 /（kW • h），那么生产单个成本是：

$$28 \div 60 \times 1.2 \times 6 = 3.36（元/个）$$

智能制造产线生产方式，设备的额定功率是 9 kW，生产单个主轴箱时间为 28 min，如果电费按照工业电费 1.2 元 /（kW • h），那么生产单个成本是：

$$28 \div 60 \times 1.2 \times 8=4.48$$（元 / 个）

对比一下其他制造费用的数字。

传统人工生产方式，每月其他制造费用是 1 500 元，分摊到产品上

$$1\,500 \div 326 = 4.60$$（元 / 个）

智能制造产线生产方式，每月其他制造费用是 3 000 元，分摊到产品上

$$3\,000 \div 1\,542 = 1.95$$（元 / 个）

（4）汇总及总结

将上述的三个部分费用相加，就能得出不同生产方式下，每个主轴箱的制造成本，见表 1–13。

表 1–13　不同生产方式的费用对比

成本分类	项　目	传统人工生产方式	智能制造产线生产方式
直接材料	原材料价格	28.0 元	28.0 元
直接人工	耗费人工	24.54 元	0 元
制造费用	工资费用	46.01 元	20.1 元
	折旧费用	4.6 元	2.43 元
	刀具物料耗用费	3.07 元	1.30 元
	电费	3.36 元	4.48 元
	其他制造费用	4.6 元	1.95 元
制造成本小计		114.18 元	58.26 元
月度产量		326 个	1 542 个
预计销售价格		150 元	150 元
每月营业毛利		326 ×（150-114.18）= 11 677.32（元）	1 542 × (150 – 58.26) = 141 463.08（元）

从最后的数字看，两种生产方式的毛利差别巨大。如果采用智能制造产线生产方式的工厂，把价格定在 60 元 / 个，那么人工生产模式的工厂将出现亏损。很可能在市场竞争中被淘汰掉。商场如战场，一点不假。拥有更先进的生产设备和先进管理理念，将决定一个企业的生存或死亡。

当然，实际的工厂核算要远远比这个复杂得多，这里只是基于智能制造产线罗列了一些成本核算的概念。

巩固与练习

一、填空题

1. 智能制造是将制造技术与________、________、网络技术的集成应用于设计、生产、管理和服务的全生命周期。

2. 工业 4.0 又称________。

3. 智能化制造是________、传感技术、控制技术、________等的不断发展与在制造中的深入应用。

二、选择题

1. 计算机集成制造简称（　　）。

A. CAD　　B. CAM　　C. CIMS　　D. PLM

2. PLM 的全称是（　　）。

A. 产品全生命周期　　B. 计算机集成制造

C. 计算机辅助制造　　D. 数字化管理

3. 智能制造发展历程中，以下（　　）与智能制造相关。

A. 柔性制造、敏捷制造　　B. 数字化制造

C. 计算机集成制造　　D. 以上都是

三、查阅资料

1. 简述“制造强国”和“德国工业 4.0”、“美国工业互联网”的区别。

2. 人工智能在日常生活中的应用举例。

3. 智能制造由哪些知识支撑？

4. 简述智能制造产线的软件和硬件组成。

5. 简述智能制造对社会发展、大学生就业的影响，个人如何了解和掌握最新的知识。

6. 基于对上述成本及其他一些内容的学习，试分析：

① 根据上述的表格，计算一下，直接人工费在不同模式下，分别占到制造成本的多大比例？

② 除了成本以外，还有哪些因素可导致“机器换人”的推进？

③ 中国是否已经到了全面推行智能制造的阶段？

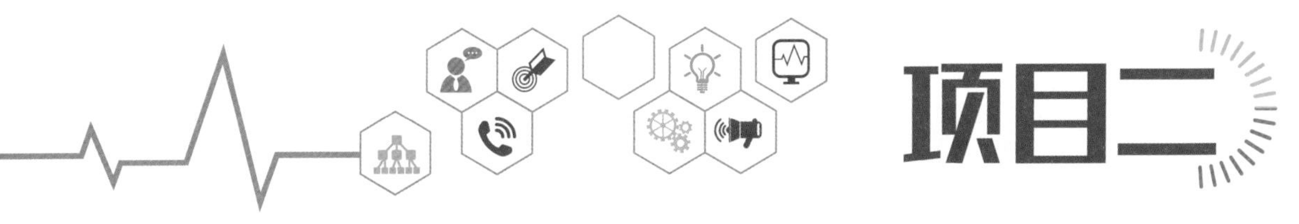

项目二

虚拟仿真实训模块

虚拟仿真 (virtual reality) 技术，或称为模拟技术，就是用一个系统模仿另一个真实系统的技术。虚拟仿真实际上是一种可创建和体验虚拟世界 (virtual world) 的计算机系统。此种虚拟世界由计算机生成，可以是现实世界的再现，亦可以是构想中的世界，用户可借助视觉、听觉及触觉等多种传感通道与虚拟世界进行自然交互。

当今世界工业已经发生了巨大的变化，大规模人海战术早已不再适应工业的发展，先进科学技术的应用显现出巨大的威力，特别是虚拟现实技术的应用正对工业进行着一场前所未有的革命。虚拟现实已经被世界上一些大型企业广泛地应用到工业的各个环节，对企业提高开发效率，加强数据采集、分析、处理能力，减少决策失误，降低企业风险起到了重要的作用。工业仿真系统不是简单的场景漫游，是真正意义上用于指导生产的仿真系统。它结合用户业务层功能和数据库数据组建一套完全的仿真系统，可组建 B/S、C/S 两种架构的应用，可与企业 ERP、MIS 系统无缝对接，支持 SqlServer、Oracle、MySql 等主流数据库，从而实现企业利用虚拟平台，实时管理工厂的目的。工业仿真所涵盖的范围很广，从简单的单台工作站上的机械装配模拟与多人在线协同演练系统，到利用虚拟环境管理与控制工厂生产与设备运行都属于其范畴。

任务一　认知 MES 系统及数字孪生

任务目标

1. 思政元素

通过了解“中国航天之父”“中国自动化控制之父”钱学森的事迹，引导学生弘扬其刻苦勤奋的学习精神、攻坚克难精神、创新精神以及报效祖国的爱国精神，激励学生自觉融入实现中华民族伟大复兴中国梦的进程中去，实现自己的人生价值。

2. 知识目标

① 理解 MES 系统的功能结构和软件的组成；

② 熟悉数字孪生技术。

3. 能力目标

熟悉 MES 的体系结构，能叙述 MES 的主要功能，了解 MES 的软件组成与部署方式，知道如何通过数字孪生来实现车间生产对象和生产过程的虚拟化。

4. 素质目标

了解先进制造理念，培养学生精益求精的品质、团队协作能力、操作规范性和良好的组织纪律性。

任务描述

本任务通过文字、图片、实物等形式展示了 SMES 软件。在机房实训室中，学生可以通过离线安装的数字孪生 SMES 软件体验智能车间的设备组态、生产流程管理、生产数据管理、仿真生产等。

任务实现

一、制造执行系统和数字孪生技术概述

如今我们每个人都受益于互联网带来的便利——网上购物、社交、支付及娱乐等。可以说，中国互联网的应用普及率和服务先进性均处于世界前列，与我们的生活密不可分的互联网可通俗地称为“消费互联网”。但是，消费并非人类的所有活动，人类的另一半活动是生产，那么在生产侧（或者称为供给侧）是否也能利用互联网，让生产活动变得和消费活动一样便捷和高效呢？能！这就是“工业互联网”。

工业互联网通过构建连接机器、物料、人和信息系统的基础网络，实现工业数据的全面感知、动态传输、实时分析，形成科学决策与智能控制，提高制造资源配置效率。如果说消费互联网是通过信息共享将人与人联系在一起，那么工业互联网则是通过数据将生产要素连接在一起，这些要素主要是“人、机、料”等生产主体和对象，以及生产过程。那么，如何将生产要素融入工业互联网呢？首先需要将实体对象、生产活动和管理活动进行数字化，而实施制造执行系统 (manufacturing execution system，MES) 是最重要的数字化环节之一。

作为智能工厂的日常生产管理系统，MES 已经经过 30 多年的发展，理论、标准和应用方面已经相当成熟。随着智能制造和工业互联网的兴起，MES 被重新认识并被赋予了新的重要地位——工业管控软件的中心。工业管控软件在企业活动中的分布如图 2-1 所示。

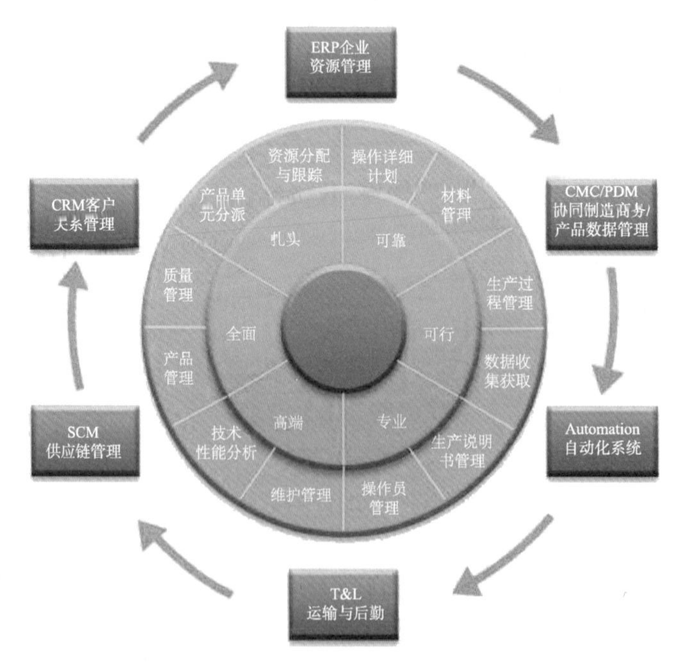

图 2-1　工业管控软件在企业活动中的分布

数字孪生（digital twin）是指以数字化方式复制一个物理对象、流程、人、地方、系统和设备等，它将人工智能、机器学习和软件分析与空间网络图相集成以创建数字仿真模型。这些模型随着其物理对应物的变化而更新和变化。数字孪生技术在工业生产、智能制造等多个领域都有广泛的应用前景。

二、认识 MES 系统

1. MES 软件的功能结构

MES 在 1990 年由 AMR 组织提出并使用，是将制造业管理系统（如 MRP II、ERP、SCM 等）和控制系统（如 DCS、SCADA、PLC 等）集成在一起的中间层，是位于管理层与控制层之间的执行系统。根据标准化、功能组件化和模块化的原则，MESA 组织于 1997 年提出了著名的 MES 功能组件和集成模型。该模型主要包括 11 个功能模块：①生产资源分配与监控；②作业计划和排产；③工艺规格标准管理；④数据采集；⑤作业员工管理；⑥产品质量管理；⑦过程管理；⑧设备维护；⑨绩效分析；⑩生产单元调度；⑪ 产品跟踪。AMR 组织把遵照这 11 个功能模块的整体解决方案称为 MES II（manufacturing execution solution）。

MES 是一个庞大的系统，在实施过程中难度大、成本高、成功率低、没有成熟的基本理论支持。主要表现在：没有统一的管控系统集成技术术语、信息对象模型、活动模型和信息流的基本使用方法，用户、设备供应商、系统集成商三者间的需求交流困难，不同的硬件、软件系统集成困难，集成后的维护困难。针对这些问题，还需要在 MESA 功能模型，即 MES II 的基础上，研究和开发相应的 MES 应用技术标准，用于描述和标准化这类软件系统。

1997 年，美国仪表学会（Instrument Society of America，ISA）启动编制 ISA-95 标准——企业控制系统集成，于 2000 年开始发布。该标准后来被采纳为国际标准（ISO/IEC 62264），在我国被采纳为 GB/T 20720 标准。ISO/IEC 62264 定义了公认的 MES 标准基本框架，国际上主流的 MES 产品基本上遵循 ISO/IEC 62264 标准。

在 ISO/IEC 62264 标准中，制造运行管理被描述成四大范畴：生产运行管理、库存运行管理、质量运行管理和维护运行管理。四大范畴之间及其与车间外部的交互全景，构成了整个工厂的制造运行管理模型。可以看出，制造运行管理以生产运行管理为主线展开，其他三个范畴以及车间外的管理模块（如订单处理、成本核算、研究开发等）都是为生产运行管理提供支持的。

针对生产运行管理的八大活动是：生产资源管理、产品定义管理、详细生产调度、生产分派、生产执行管理、生产数据采集、生产绩效分析和生产跟踪。

① 生产资源管理：提供关于制造系统资源的一切信息，包括人员、物料、设备和过程段；向业务管理系统（如 ERP）报告当前有哪些资源可用。

② 产品定义管理：从 ERP 获取产品定义信息及关于如何生产一个产品的信息。管理与新产品相关的活动，包括一系列定义好的产品段。

③ 详细生产调度：根据业务系统下达的生产订单，基于人员、设备、物料和当前生产任务的状况，完成排产（生产顺序）和排程（生产时间），回答用什么、做什么的问题。

④ 生产分派：将生产作业计划分解成作业任务后派发给人员或设备，启动产品生产过程，并控制工作量。

⑤ 生产执行管理：保证分派的作业任务得以完成。对于全自动化设备，由生产控制系统（PCS）执行；对于人工或半自动生产过程，需要通过扫码、视觉监测等方式确认任务完成。本模块还要负责生产过程的可视化。

⑥ 生产数据采集：从 PCS 采集传感器读数、设备状态、事件等数据；通过键盘、触摸屏、

扫码枪等方式采集人工输入、操作工动作等数据。

⑦ 生产绩效分析：用产品分析、生产分析、过程分析等手段对数据进行分析，确认生产过程完成并不断优化生产过程。

⑧ 生产跟踪:跟踪生产过程，包括物料移动、过程段的启停时间等，归纳如下信息:a. 人员、设备和物料；b. 成本和绩效分析结果；c. 产品谱系，向业务系统报告做了什么和生产了什么。

2. 数字孪生技术

数字孪生充分利用物理模型、传感器更新、运行历史等数据，集成多学科、多物理量、多尺度、多概率的仿真过程，在虚拟空间中完成映射，从而反映相对应的实体装备的全生命周期过程，如图 2–2 所示。

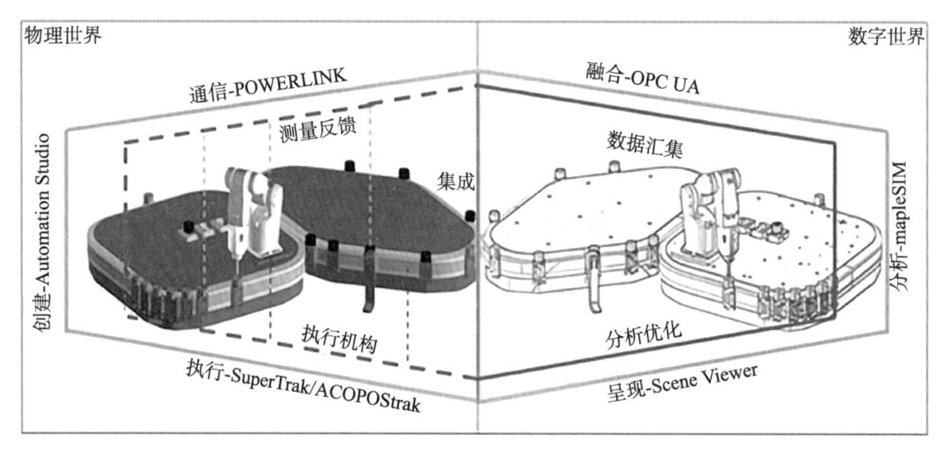

图 2–2 虚拟空间与现实空间的映射

数字孪生技术贯穿了产品生命周期中的不同阶段，它同 PLM（product lifecycle management）的理念是不谋而合的。可以说，数字孪生技术的发展将 PLM 的能力和理念，从设计阶段真正扩展到了全生命周期。

数字孪生以产品为主线，并在生命周期的不同阶段引入不同的要素，形成了不同阶段的表现形态，如图 2–3 所示。

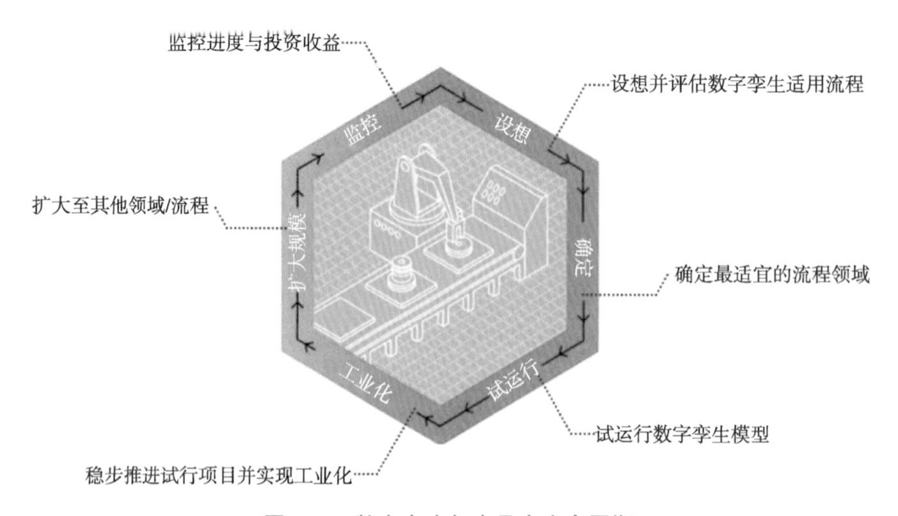

图 2–3 数字孪生与产品全生命周期

3. 产品全生命周期PLM

自从德国工业4.0和制造强国的概念被提出后，围绕着制造业的升级和改造，各种实践也层出不穷。

如何通过信息物理系统（CPS）形成一个智能网络，使得机器、工作部件、系统以及人类通过网络持续地保持数字信息的交流；如何构建一条数字化生产线、一个数字化车间、一座数字化工厂；如何在数字化工厂运行过程中采集数据，如何对海量的数据进行存储、分类、提取、分析和优化，为决策者做出决策提供有力的数据支持。

智能制造融合了大数据分析、机器人技术、虚拟仿真、工业物联网、网络安全、增材制造等核心技术。这里力图提炼出一条智能制造的通用实施路径，从产品全生命周期的角度出发，整个智能制造的实施路径分为产品设计、数字化工厂规划、生产工程、生产执行和增值服务五大环节，如图2-4所示。

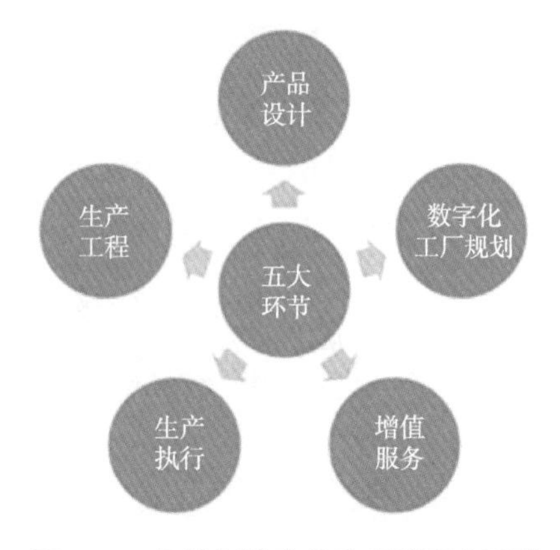

图2-4 智能制造实施路径的五大环节

智能制造实施路径的五大环节：

第一步——产品设计。

智能制造在产品设计中的重要作用之一是重新定义了产品模型和数据交换标准，使智能化产品设计在价值链上的不同部门、不同用户之间能够进行完整、精确、及时的数据交换，通过一致性的产品模型，数据集成和提取更加安全。举例说明：A工程师使用Siemens的NX PLM软件、B工程师使用达索的Catia、C工程师使用Autodesk的Inventor，各自相互很难互换使用。但随着ISO 10303的诞生，使得A、B、C三位工程师之间都能看懂相互之间的设计。值得一提的是，ISO 10303-242的基于模型的3D系统工程非常有价值，该标准广泛应用于航空航天、汽车等广泛行业中的制造商及其供应商。该标准主要内容包括产品数据管理PDM、设计准则、关联定义、2D制图、3D产品和制造信息等，如图2-5所示。参考国际通用的产品设计标准，能提高智能化产品设计过程中数据交换和使用的效率，形成一致性的产品模型，保障信息与数据的安全性。

第二步——数字化工厂规划。

当产品设计的雏形完成之后，智能制造要考虑的下一个步骤便是数字化工厂规划。所谓的数字化工厂规划就是生产者考虑如何搭建一个数字化工厂来生产第一阶段所定义的产品。参考国际标准IEC 62832，可以按部就班地搭建数字化工厂。IEC 62832标准中描述的生产系统生命周期中，数字化工厂的数据被不同的活动增加、删除、更新，所以建立数字化工厂的第一步就是要将工厂中所用到的每一个设备的属性根据 IEC 标准属性库进行数字化。第二步是要建立各个设备间的关联关系。关联关系分为组成关系和功能关系。例如 PLC 由支架、I/O 模块、CPU 等组成；伺服驱动器和伺服电动机匹配时，要检查额定电流和电压，伺服驱动器的额定电流要大于或等于伺服电动机的额定电流，伺服驱动器的输出电压要和伺服电动机的额定电压一致才可以，这是功能关系。第三步是将设备的地理位置信息添加到数字化工厂数据库，明确 IP 级别和是否为爆炸保护区。最后一步是建立产品全生命周期中工具与数据库之间的信息交换，如图 2–6 所示。数字化工厂数据库中的信息将在产品全生命周期中被各种工具所使用和交换。

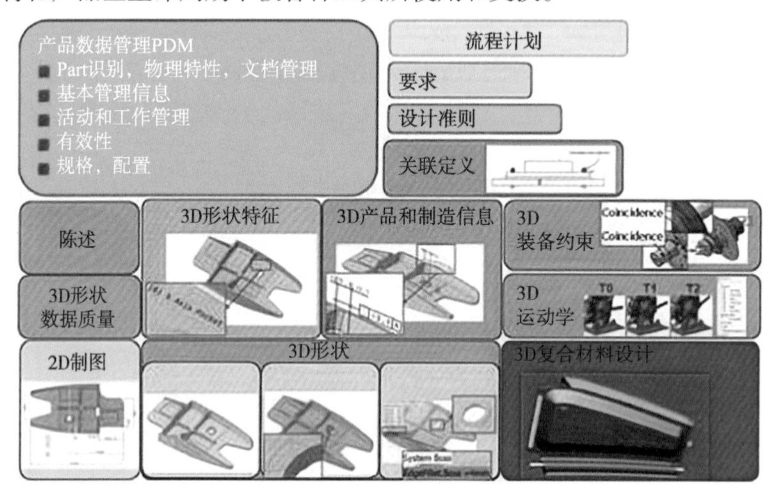

图 2–5　基于模型的 3D 系统工程的广泛应用

在数字化工厂规划的过程中，将参考德国工业 4.0 的标准，努力实现如下的转变和升级：

① 静态生产线 → 动态生产线（见图 2–7）；

② MES 功能局限 → MOM 涵盖价值链全流程；

③ 员工工种单一 → 更好的人机协作；

④ 无法满足个性化定制要求 → 满足定制化需求。

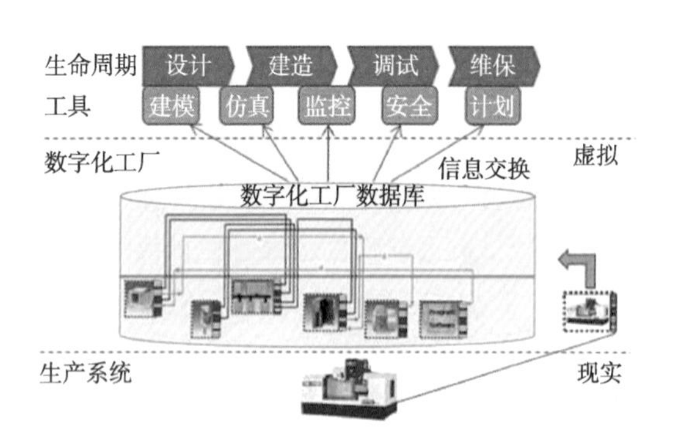

图 2–6　参考 IEC 62832 标准构建数字化工厂

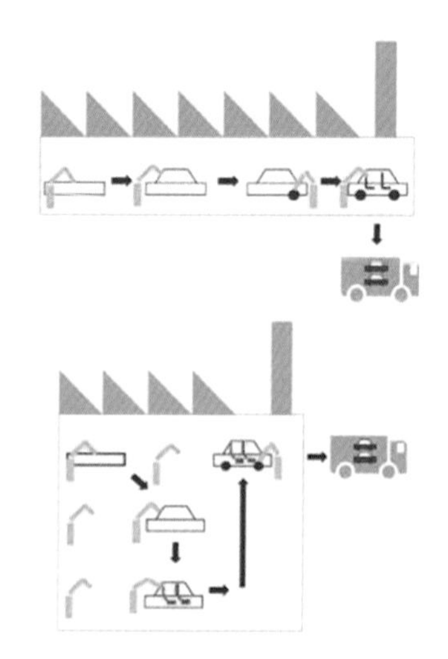

图 2–7　智能制造产线将由线性静态发展为模块化的动态生产线

第三步—— 生产工程。

当数字化工厂的规划完成之后，智能制造将进入下一个实质性的阶段——生产工程。生产过程利用自动化系统和工程定义控制架构、信息从下至上的传递方式，机器与机器、机器与上位机之间的通信方式，是将数字化工厂从规划到落地的一个关键阶段。传统的工业自动化技术与IT技术的融合形成了目前较为通用的五层企业垂直架构。在五层架构中，数据的请求或是事件驱动、循环发送，这都是响应上一级设备或软件系统的请求，下一级则总是充当服务者或响应者。例如HMI可向PLC请求发送其状态，或者向PLC下达一个新的生产配方。完成的过程是将传感器的电信号转换为数字形式，然后由PLC赋以时间戳，再把信息传送至MES IT层，以进一步提供相关服务。

随着智能制造和大数据时代的到来，新的以信息物理融合系统（CPS）为基准的自动化架构已逐显雏形，如图2–8所示。在新型架构中，多层级的严格分隔和信息流的自上而下的方法将会软化和混合。在一个智能的网络中，每个设备或者每个服务都能自动启动与其他服务的通信。各种服务（例如生产调度）自动订阅所需的实时数据，传感器数据通过OPC-UA等安全可靠的通信协议直接发送到云中。这一新型自动化架构带来的重大改变是：除了对时间有严格要求的实时控制和对安全有严格要求的功能安全仍然保留在工厂层以外，所有的制造功能都将按产品、生产制造和经营管理这三个维度虚拟化，构成全链接和全集成的智能制造生态系统。

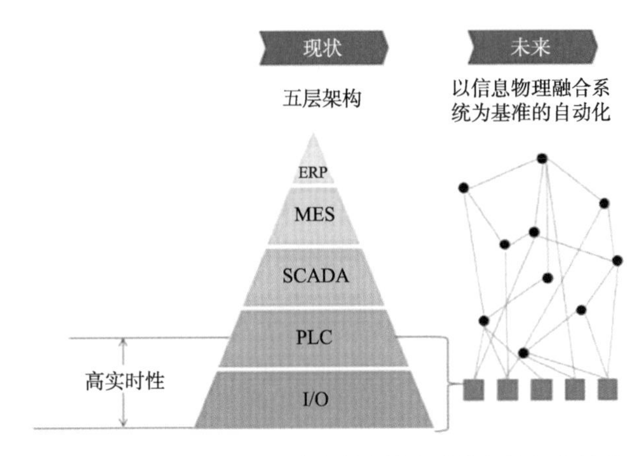

图2–8 新的以信息物理融合系统为基准的自动化架构与传统的五层架构

第四步 —— 生产执行。

当数字化工厂落地之后，智能化生产将有条不紊地生产第一阶段设计的产品。数字化工厂的落地并不意味着智能制造的结束，而是意味着智能制造从规划到落地，进入到信息收集、处理、分析、决策的新阶段，称其为生产执行阶段。在信息化等级较高的企业或工厂中，往往制造执行系统（MES）得到广泛的应用。企业利用MES系统进行生产订单管理，通过生产数据采集和分析进行质量管理、设备管理、生产追溯与物料管理，并最终生成生产统计分析及报表管理。然而随着企业制造的复杂化程度提升，从传统的、单一品种的大批量到现在的多品种、小批量，以及生命周期变得越来越短，设计变得越来越复杂，于是就催生了对更多功能软件的需求，此时MES已经不能满足客户的多种需求。

在智能制造技术的支撑下，MES系统慢慢向制造运营管理系统（manufacturing operation management，MOM）过渡。MOM不仅包括MES，也包括EAM企业资产管理、Lean精益、QMS质量管理系统、APS高级排产系统、EH&S环境卫生与安全等（见图2–9），是一个集成的软件平台，向上连接 PLM 软件，向下连接工控及自动化系统，起到了连接 PLM 与自动化系统的桥梁作用。此外，MES 是车间级的或者是工厂级的，服务于企业管理的一个“孤岛”，MOM 是延伸到上下游产业链，联用户、联外部资源商的集成的制造运营管理系统，是企业间的连接。

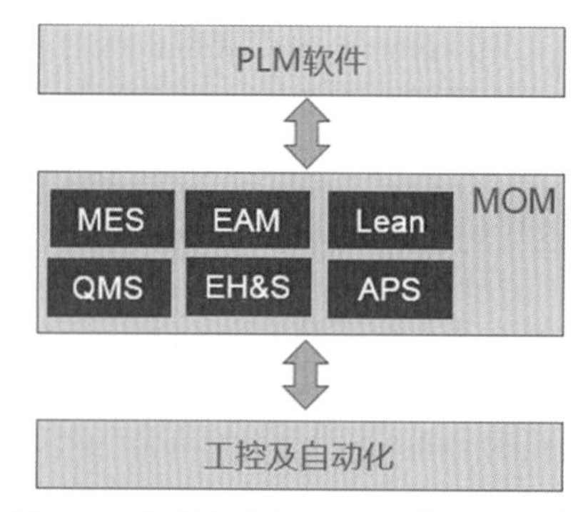

图 2-9　制造运营管理系统（MOM）的组成和作用

第五步 —— 增值服务。

当数字化工厂中的各条智能流水线已经可以正常运行，是否可以高枕无忧地宣告智能制造的工作结束了呢？答案当然是否定的。数字化工厂中的每一台设备都有着一定的生命周期，一旦某个核心设备出现故障，将面临停线停产的风险。智能制造的另一大作用体现在其最后一个环节也是智能制造的最高境界——增值服务。增值服务利用大数据和云计算技术提供基于数据的增值服务，例如预防性维护，如图 2-10 所示。工业环境中广泛会用到工业机器人，工业机器人的常见故障有：伺服焊枪断裂、电缆断裂、接线松动、减速机故障等。为了避免这些故障发生，提前监控与预判，可添加智能传感器对振动、电流等关键参数进行监控。将监测的机器人设备的数据进行采集，通过现场总线和无线通信等技术将数据收集保存在 IOT 网关，然后上传到云端，通过大数据服务器和大数据分析软件，对监控机器人的状态进行预防性维护，如有超过设定警戒值或阈值的异常现象，可通过邮件、短信和可视化界面的形式告知，从而大大减少维修资源的使用和缩短停机时间，提高设备综合效率。

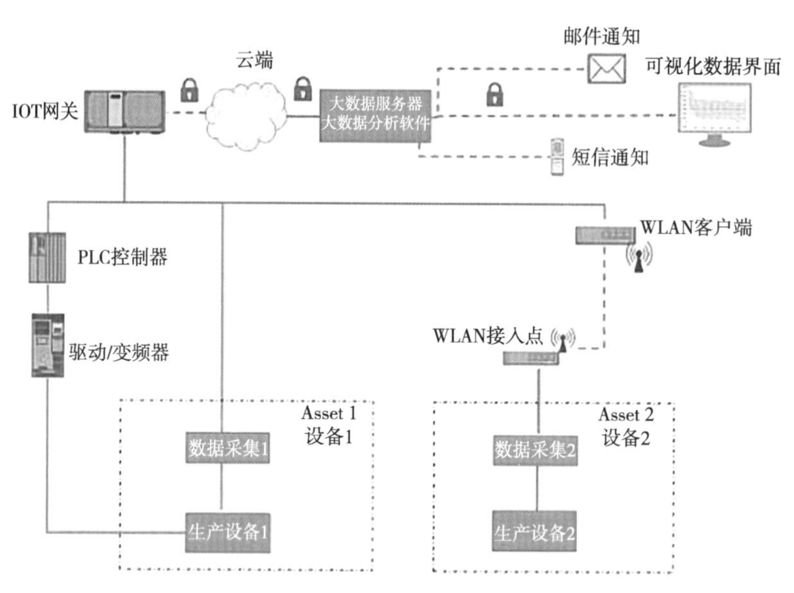

图 2-10　对生产设备进行预防性维护的系统架构

随着产品设计的标准统一、数字化工厂建设的步骤规范、设备 / 数据库的全面关联、新型自动化架构对于工厂各个层级的全面打通、MES 向运营管理系统的全面升级以及数字化技术对于新型增值服务的助推，以往制造业相对孤立的各个环节被连接起来，信息“孤岛”被消除。

理解环环相扣的智能制造实施路径和五大环节，将更好地满足企业定制化生产的需求和提高运营效率，明确各个部门的主要职责和跨部门间的合作，为广大企业提升智能制造的核心竞争力提供一条具体的实施路径。

4. 虚拟仿真制造生产线

随着数字化技术的迅猛发展，虚拟仿真技术已经在各个领域被广泛应用，特别是在制造行业中极为重要的设计环节，已经被公认为是一种不可或缺的手段，如图 2–11 所示。

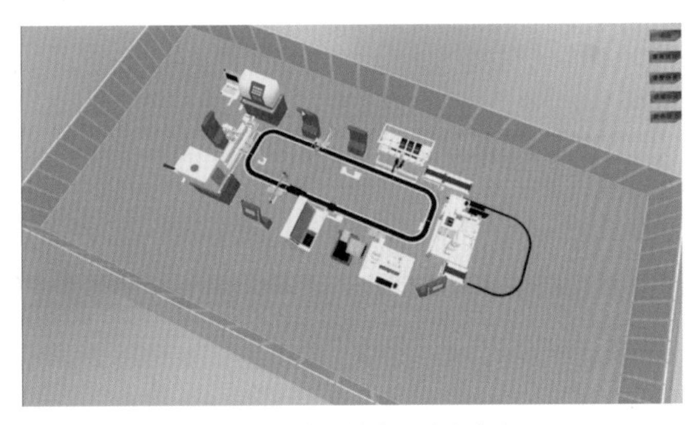

图 2–11　虚拟仿真制造生产线

传统模式运行过程中，产品的开发和系统的试运行，都会耗费大量的人力、物力，直接导致产品成本增加，缩减企业竞争力。虚拟仿真技术的引入恰恰能弥补这些不足，这也正是其被迅速接受的重要原因之一，而且随着计算机技术的发展和普及，这项技术所应用的领域正在逐渐扩大。

一个完整的制造系统通常是离散的动态系统，这个系统中有些数据是可以在系统运行之前，便可获得的，例如生产计划中的物料、人员、计划产量等；但有些数据存在极大的随机性，例如物料到达时间、设备故障率、设备维修时间等，这类数据能够准确反映系统实时状态，正是由于这类数据的存在，才导致了所有系统中共存的矛盾问题，即确定的生产任务和最终的实际完成产量间的矛盾。根据已知的生产数据，借助虚拟技术对生产线进行建模和仿真，在方法得当的前提下，可以降低系统的不确定性，从而为生产系统的分析和优化提供依据，使得设计方案更加科学、合理。

5. SMES 软件基本操作及模块认知

（1）观察 SMES 界面，单击“基础信息管理”（见图 2–12）

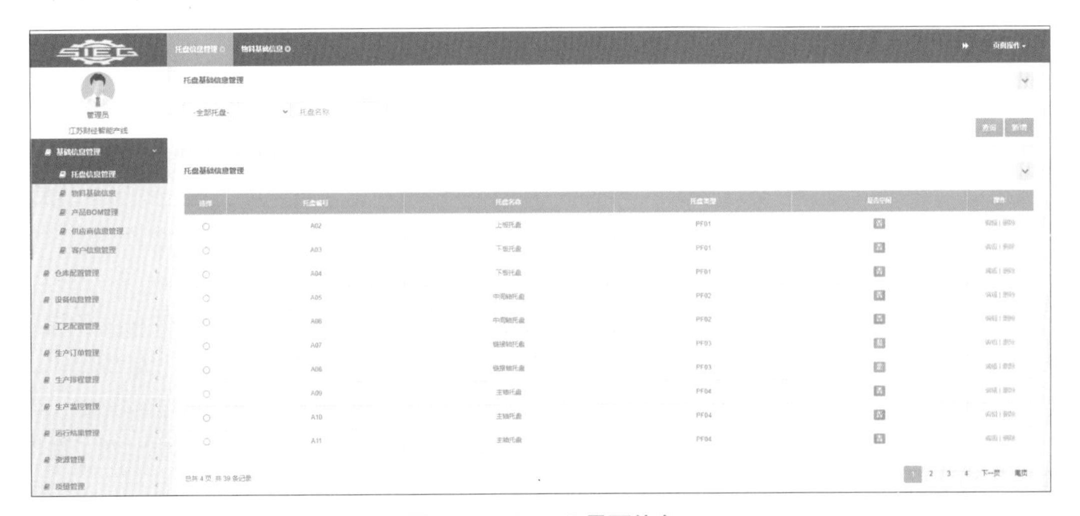

图 2–12　SMES 界面信息

在基础信息管理界面，可以看到五个小栏，如图 2-13 所示。

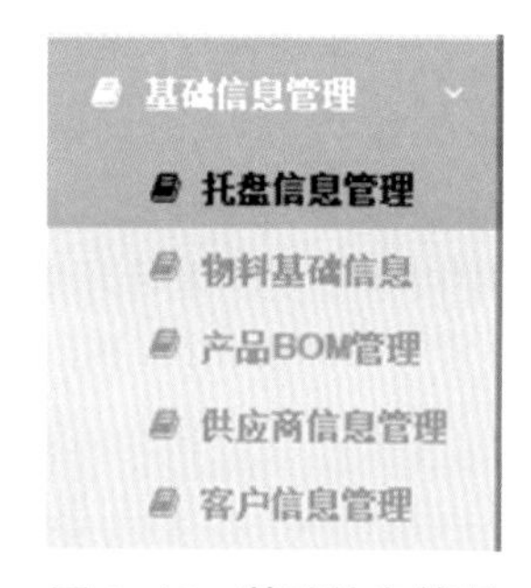

图 2-13　基础信息管理

通过此指令，可以根据需要，设置所需加工毛坯或半成品的托盘，填写所需加工工件的物料信息，如安全库存，最小起订等，管理 SMES 系统的物料清单、供应商和客户信息。

（2）单击“仓库配置管理”（见图 2-14）

通过此指令，可以根据需要，设置所需加工毛坯或半成品的托盘所对应的仓库位置和暂停区，以及查询相应的信息。

（3）单击“设备信息管理”（见图 2-15）

通过此指令，可以根据需要，查询智能制造产线中的每一个设备的信息，也可以根据需要设置每一个设备的程序，甚至是添加或删减智能制造产线中的部分设备。

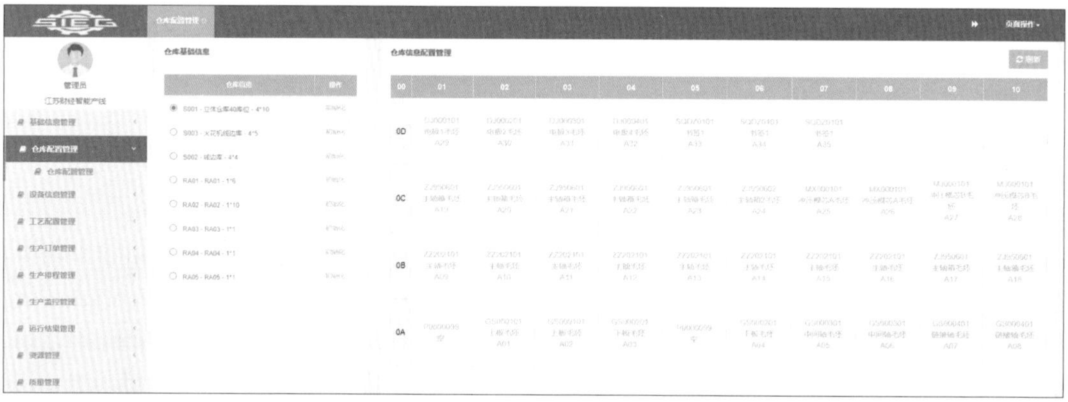

图 2-14　仓库配置管理

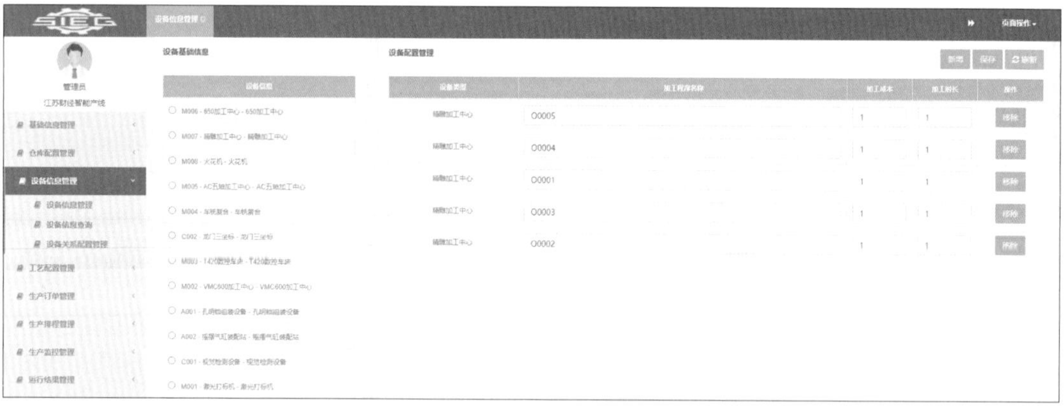

图 2-15　设备信息管理

（4）单击“工艺配置管理”（见图 2-16）

通过此指令，可以根据明确的工件加工工艺信息，设置工件的工艺路线及工件在生产线上的流转路程。同样也可以查询到每个工件对应的工艺信息。

（5）单击“生产订单管理”（见图 2-17）

通过此指令，可以根据实际生产的需要，查询或设置完成订单每种产品所需的时间、优先级等参数，为之后产品的生产排程起到决定性作用。

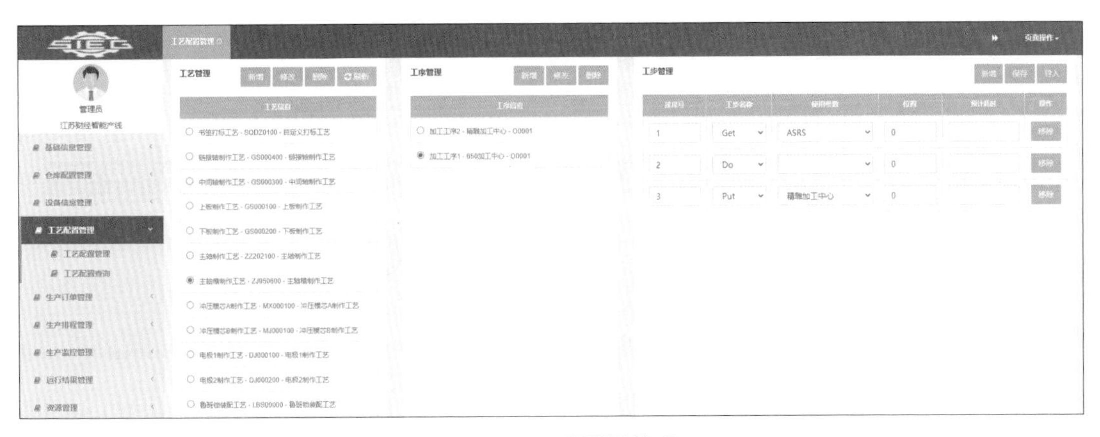

图 2–16　工艺配置管理

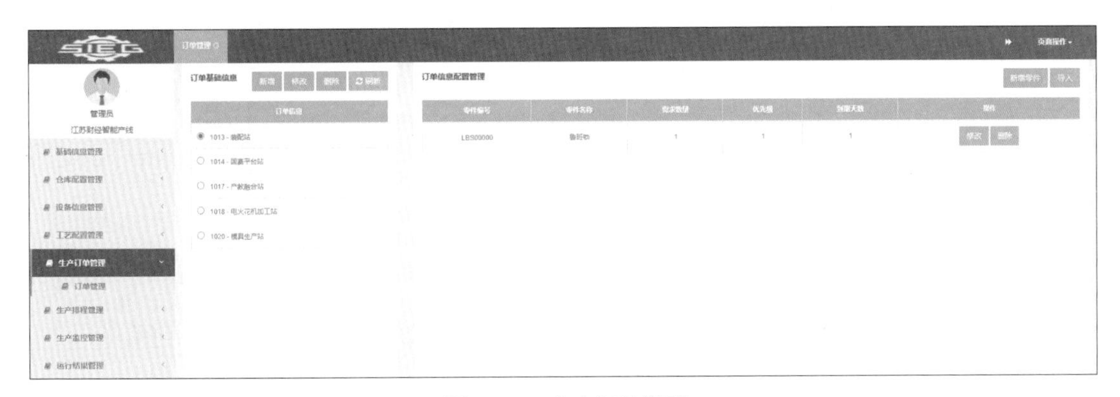

图 2–17　生产订单管理

（6）单击“生产排程管理”（见图 2–18）

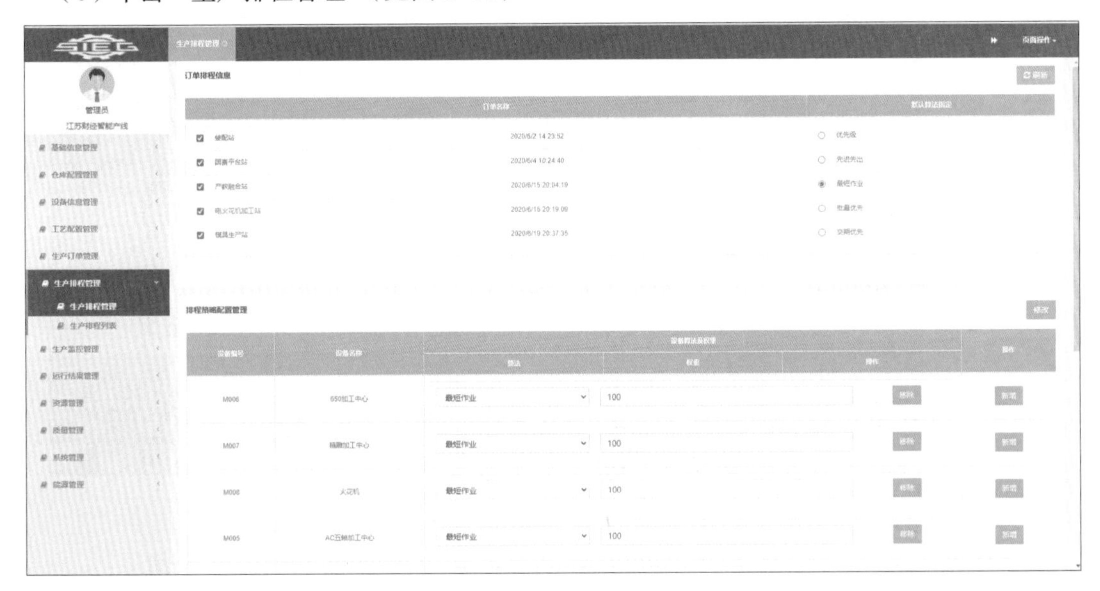

图 2–18　生产排程管理

通过此指令，可以根据需要，对之前设置好的订单信息运用算法进行排程管理，得到智能制造生产的最优解。

（7）单击“生产监控管理”（见图 2–19）

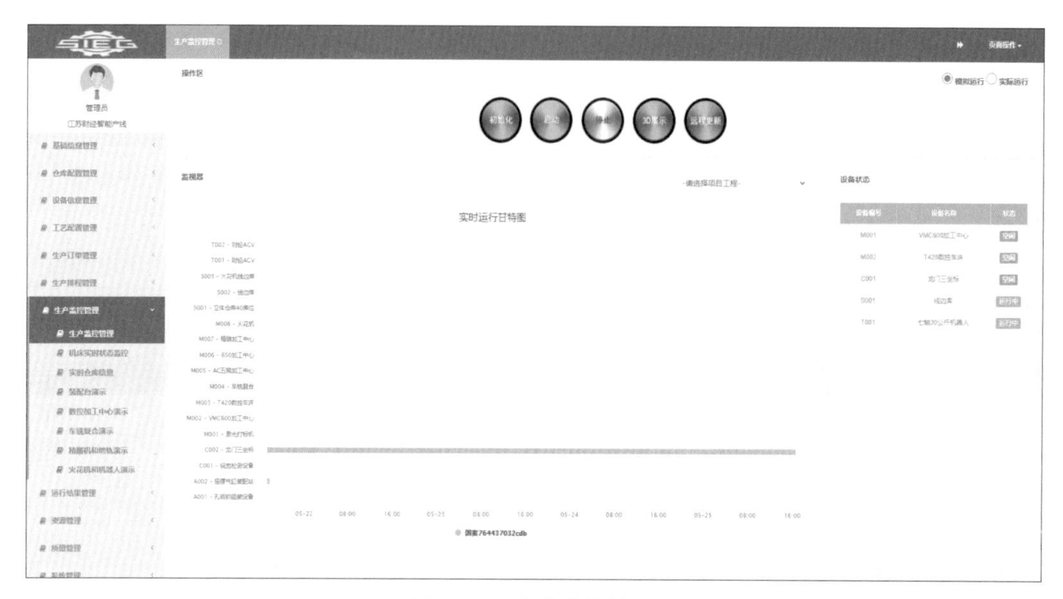

图 2–19　生产监控管理

通过此指令，可以根据需要，查询智能制造产线中生产的实时运行甘特图和实时仓库信息，也可以查看 3D 仿真加工产线的运行情况。

（8）单击“运行结果管理”（见图 2–20）

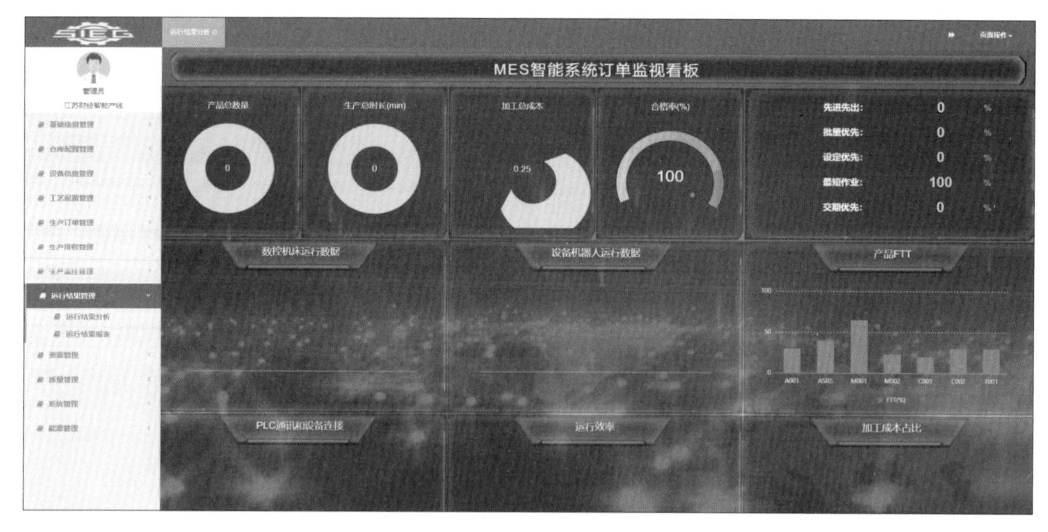

图 2–20　运行结果管理

通过此指令，可以获得运行结果的分析和报表，方便之后对系统进行调试和检查。

（9）单击“系统管理”（见图 2–21）

通过此指令，可以根据需要，添加使用者的角色管理，设置每一个用户的权限及 MES 系统的命令菜单栏排布。

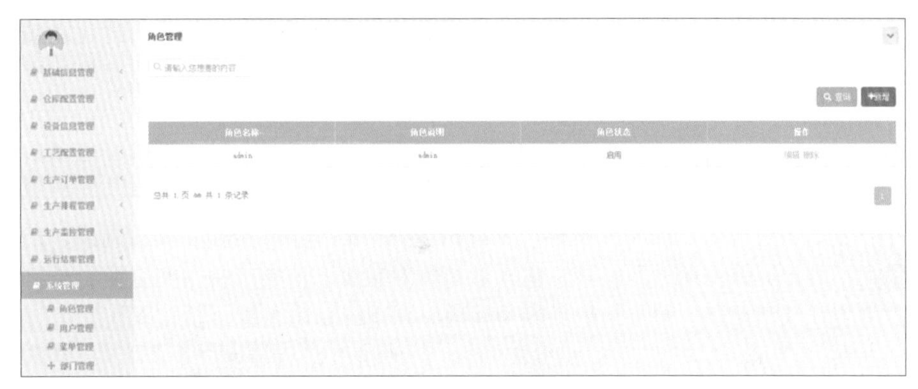

图 2-21　系统管理

任务二　智能制造产线虚拟仿真与搭建

任务目标

1．思政元素

通过数控机床、检测设备、组装机器人、立体仓库、传输设备等各生产线组成部分功能特点，使学生理解只有各组成部分各司其职，才能使整个系统具有良好的生产效率，进而引申出我们在社会大系统中工作也要做到精益求精的工匠精神和团结协作精神等。

2．知识目标

① 认识智能制造产线的组成、布局；

② 学会虚拟仿真模块的操作。

3．能力目标

理解智能制造产线的生产、规划、布局，并能够使用 SMES 软件进行智能制造产线仿真搭建。

4．素质目标

了解先进制造理念，培养学生精益求精的品质、团队协作能力、操作规范性和良好的组织纪律性。

任务描述

利用 SMES 产线虚拟仿真软件搭建数字化工厂。

任务实现

一、物流在智能工厂中的重要地位

随着产能升级，许多工厂企业都开始进行智能工厂的建设规划，通过建设数字化工厂来降低生产成本，减少能耗物资，提高产品质量，扩大生产能力，使工厂生产物流组织合理化，改变工厂环境面貌，完善生产设施和提高企业管理水平，增强企业的市场竞争力。

新建工厂首先要充分分析工厂产品工艺生产特点，确定工厂合理的物流组织方案。工厂总体布置，根据产品工艺生产要求，要充分分析工厂生产活动中的各个环节，研究物料的移动，从原材料入厂到成品出厂的整个流程系统、路线，理顺所要建设厂房、构筑物之间的关系，使工厂总体布局的功能明确合理。

目前，工厂设计中物流已成为一个重要方面，是工厂的第三利润，物流的合理化能减少运量、周转量和经济效益。因此，工厂总平面布置必须根据所建厂房建筑之间的物流流量、流向、流距进行论址研究，使工厂平面布置更趋于科学、先进、合理。

不同类型产品其生产工艺流程各不相同，对于不同类型产品的生产企业其物流组织原则也不尽相同。

对于小批量、单件笨重产品（如电梯、工程机械类产品）生产企业，其在制品、产成品的体积大、质量大不利于周转倒运，原材辅料需求数量相对较少。该类产品生产企业物流组织应以最大限度减少中转环节为重点，物流组织顺畅为辅的原则进行总体布置。

对于大批量、流水线生产企业（如汽车产品、一般机电产品等生产企业），其生产工艺环节要求紧凑，原材料供给量大，生产连续性按节拍控制，该类生产企业其物流组织应以物流组织顺畅、合理为前提，优化物流组织减少物流量，保证生产顺利进行。

对于产品有环境特殊要求企业（如制药企业、电子行业），其物流组织应以符合工艺生产的洁净度和工艺流程要求为前提，力争使物流组织顺畅，物流流程短捷，不同产品类型的生产企业必须以产品内在特殊生产工艺要求为前提，合理确定物流组织原则，进行总体方案布置。

二、产线仿真搭建及智能工厂规划的十大核心要素

1. 仿真搭建

在 MES 资源库里面选择一台加工中心、一台数控车床、一台三坐标、一台立体库、一台带第七轴的工业机器人等相关设备搭建一套智能制造国赛平台。

（1）进入 MES 虚拟搭建系统

① 双击桌面浏览器（使用 Microsoft Edge 运行相对流畅），在浏览器地址中输入“192.168.100.222”，或者在浏览器的搜索栏里面输入“localhost”然后按回车键，单击“确定”按钮进入 SEMS 系统界面。在界面中输入用户名称“admin”，输入密码“123”，单击“登录”按钮，即可进入 MES 虚拟搭建系统。“登录”之后，首先出现“选择工程项目”，如图 2-22 所示。

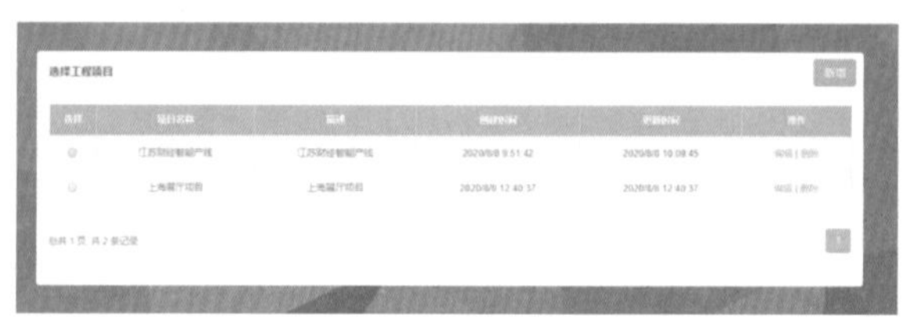

图 2-22　SMES 系统登录

② 在“选择工程项目”界面,单击“新增”按钮,项目名称为“国赛平台搭建项目”,单击“保存”按钮，如图 2-23 所示。

注:项目名称首字符为汉字或字母,名称内不可出现除“_”之外的字符,否则“产线搭建模块”无法保存。

图 2-23　新增项目

③ 单击已创建的“国赛平台搭建项目”项目名称，进入 SMES 系统，如图 2-24 所示。

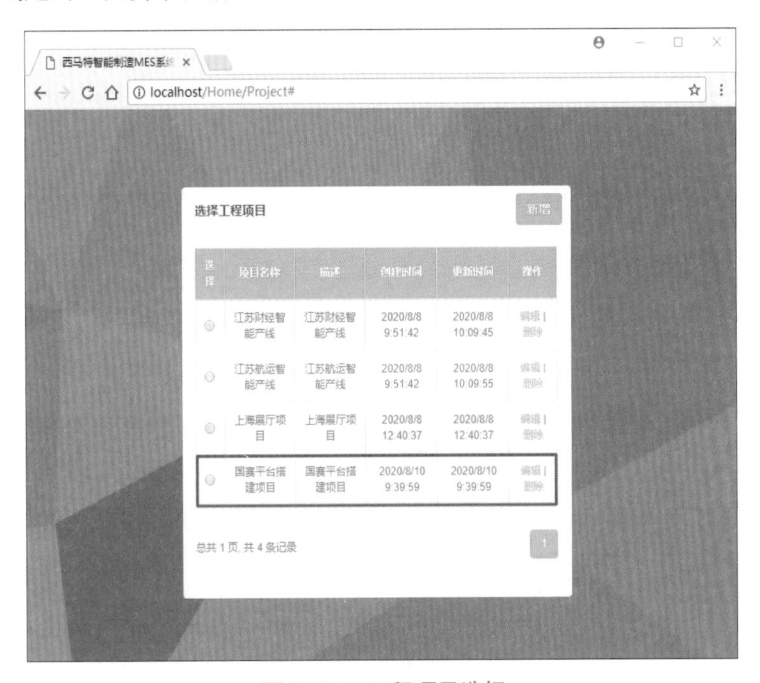

图 2-24　工程项目选择

④ 进入产线搭建模块。首先单击最左侧菜单栏中的“生产监控管理”,在下拉菜单中单击“生产监控管理”，弹出生产监控管理界面。单击“初始化”按钮，再单击“3D 展示”按钮，即可进入产线搭建模块，如图 2-25 所示。

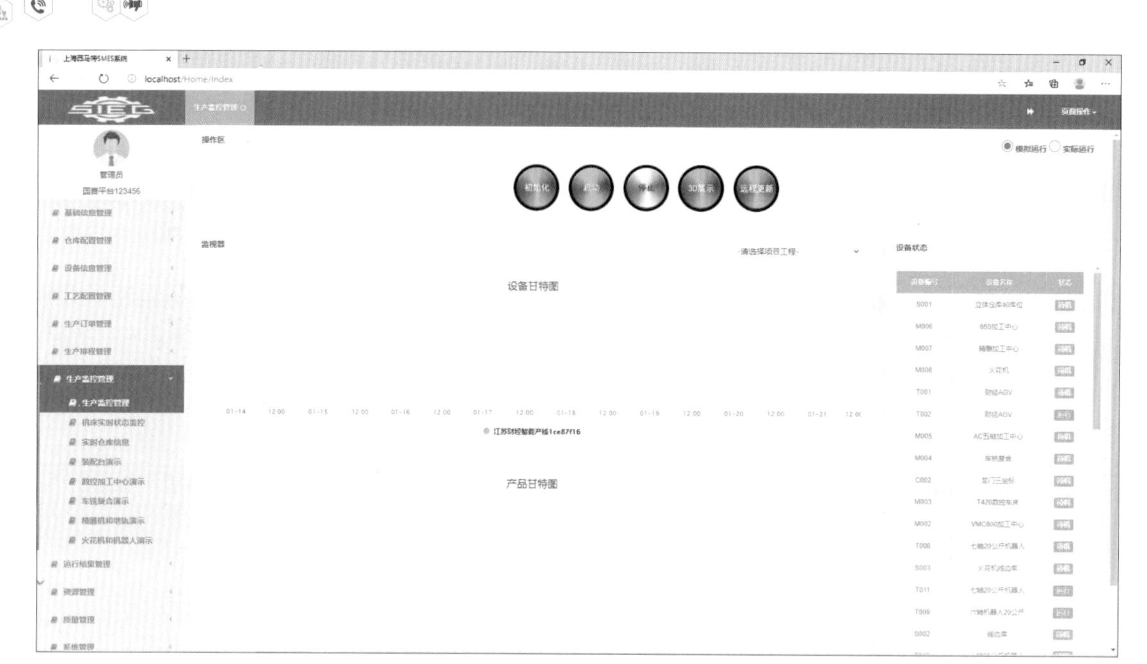

图 2–25　进入 3D 空间

⑤ 产线的编辑模式。在产线搭建模块中，右上侧按钮分别表示：

“菜单”：单击可以展开或收起下面的按钮。

“切换视角”：将视角按一定角度切换。

“退出”：指退出三维搭建界面。

“重新连接”：指没有连接到服务器的情况下，单击该按钮重新连接。

“重置场景”：指三维场景初始化。

“动画加速”：指选择动画仿真的速度，最大可以 10 倍速度运行。

“软件状态”：有搭建、模拟、实时三种模式。选择“搭建”复选框，界面左上角会弹出搭建菜单；模拟模式是指可以虚拟仿真；实时模式是指设备已与实际产线相连接，SMES 系统驱动实际产线，如图 2–26 所示。

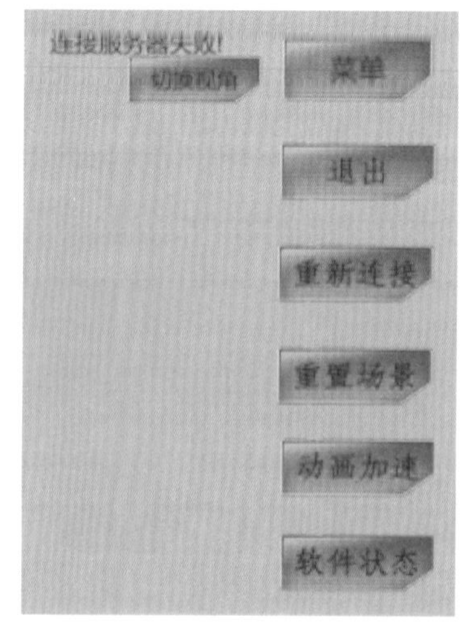

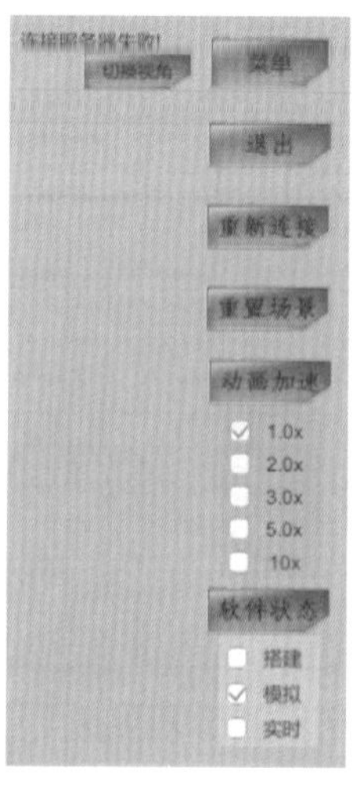

图 2–26　3D 空间操作按钮

首先单击最右侧的“软件状态”按钮，在弹出的选项中选中“搭建”复选框，切换到产线的可编辑模式，如图 2–27 所示。

图 2–27　产线的可编辑模式

单击“进入产线模型列表”进行产线模型选择。各大类中包含的设备仿真模型，在搭建产线时可以根据需要选择设备添加，如图 2–28 所示。

单击某个模型库，显示下拉菜单可找到设备模型。单击之后移动鼠标在放置地点再单击，设备就被放置到指定地点。设备放置到场地后可以鼠标左键选中设备按住不放来移动设备，在场地空白处按住鼠标左键可以拉近和移动整个场地，按住右键可以旋转场地的视角，滚动中键可以缩放场地。鼠标左键选中设备，然后单击右键跳出对话框，对设备进行编号和放置角度的调整。

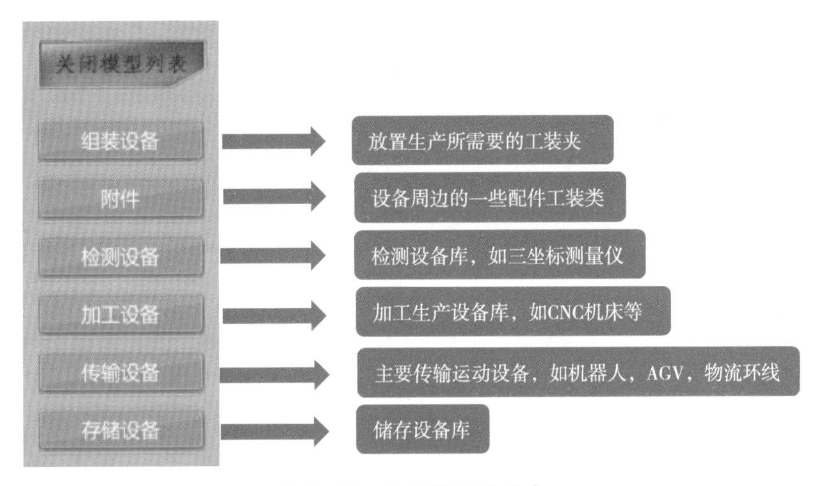

图 2–28　仿真模型库分类

（2）产线的搭建

① 在左侧模型列表中，找到“加工设备”，分别拖动“VMC600 加工中心”、“T420 数控车床”到场景中；找到“检测设备”，拖动“龙门三坐标”到场景中，如图 2–29 所示。

② 右击“VMC600 加工中心”，单击“设置配置”按钮，将设备编码设置为“M002”，设备角度设置为“270”，然后单击“保存”按钮，如图 2–30、图 2–31 所示。

注：此处角度设置是为了将设备排列整齐并面向机器人使其方便于物料流通。

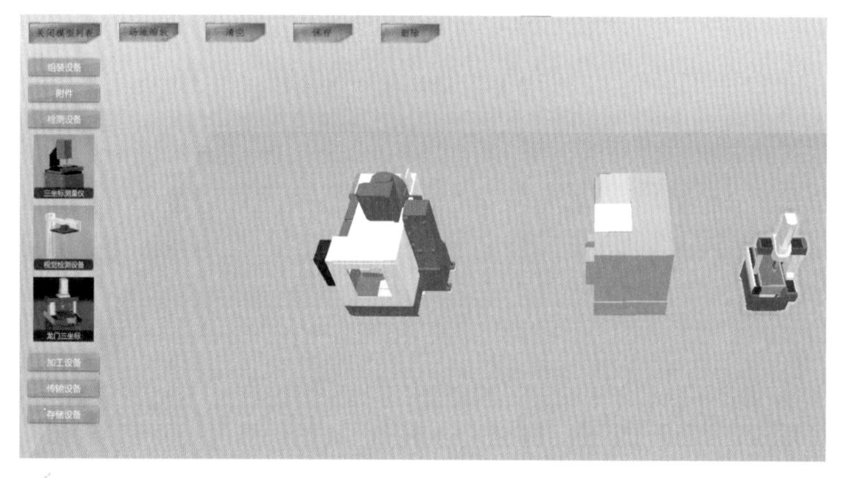

图 2-29　放置加工及检测设备

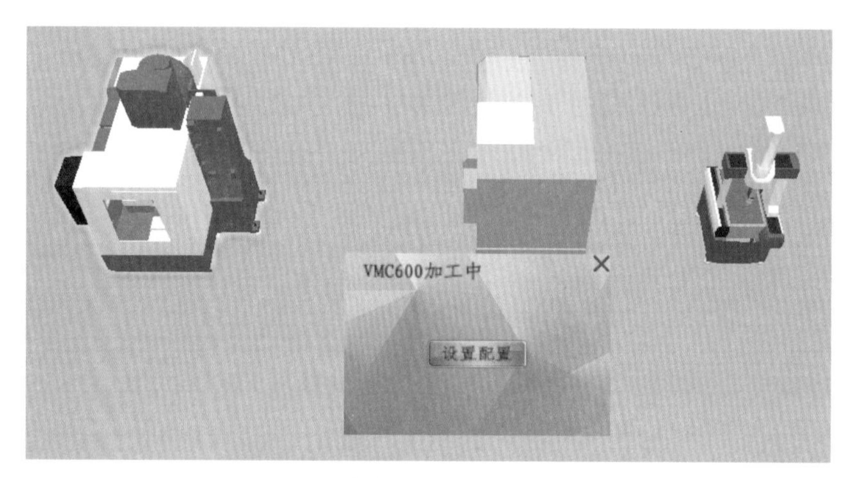

图 2-30　选定“VMC600 加工中心”

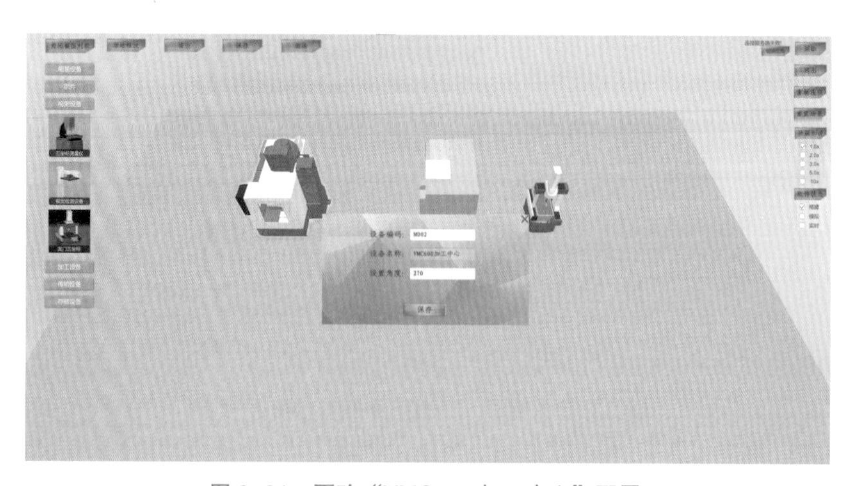

图 2-31　更改“VMC600 加工中心”配置

③ 右击“T420 数控车床”，单击“设置配置”按钮，将设备编码设置为“M003”，设备角度设置为“270”，然后单击“保存”按钮，如图 2-32 所示。

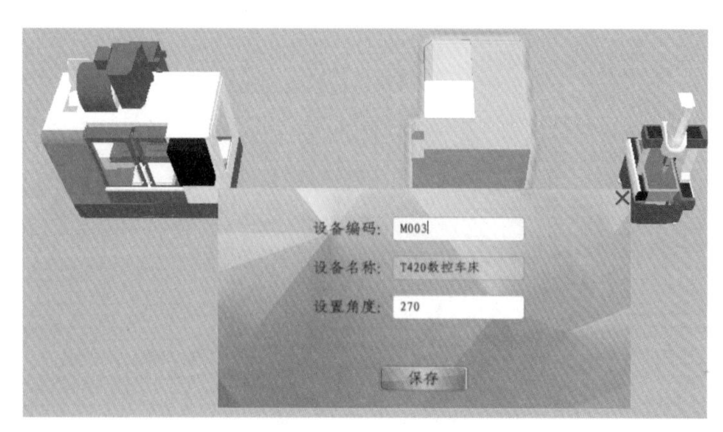

图 2-32　更改“T420 数控车床”配置

④ 右击“龙门三坐标”，单击“设置配置”按钮，将设备编码设置为“C002”，设备角度设置为“180”，然后单击“保存”按钮，如图 2-33 所示。

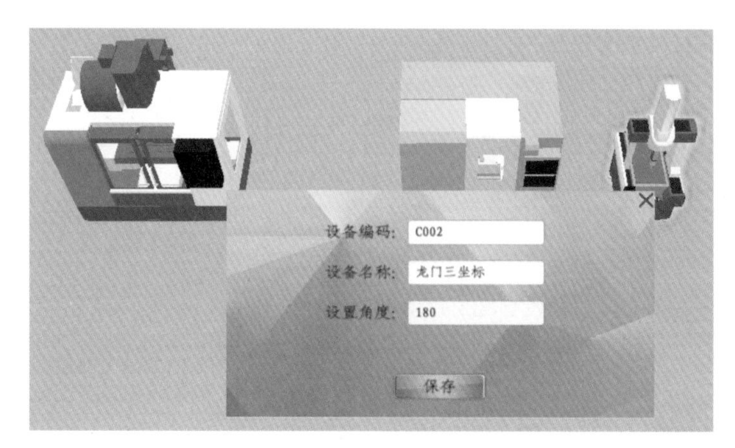

图 2-33　更改“龙门三坐标”配置

⑤ 在左侧模型列表中，找到“存储设备”，拖动“线边库”到场景中，如图 2-34 所示。

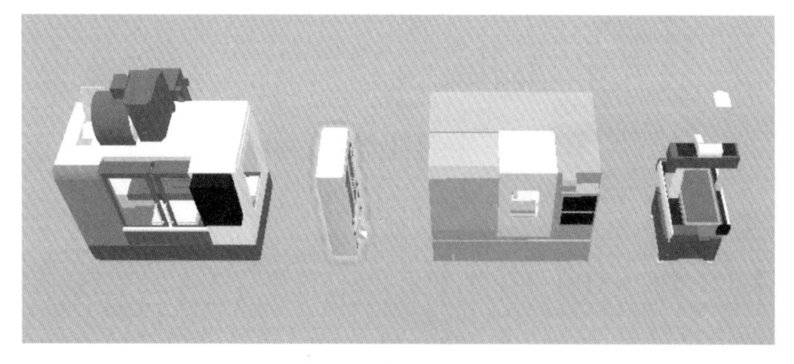

图 2-34　放置“线边库”

⑥ 右击“线边库”，单击“设置配置”按钮，将设备编码设置为“S002”，设备角度设置为“270”，然后单击“保存”按钮，如图 2-35 所示。

⑦ 在左侧模型列表中，找到“传输设备”，拖动“七轴 20 公斤机器人”到场景中，如图 2-36 所示。

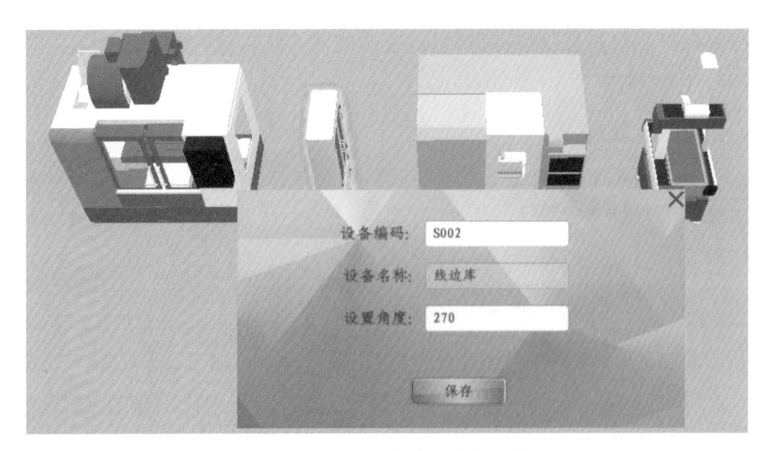

图 2-35　更改“线边库”配置

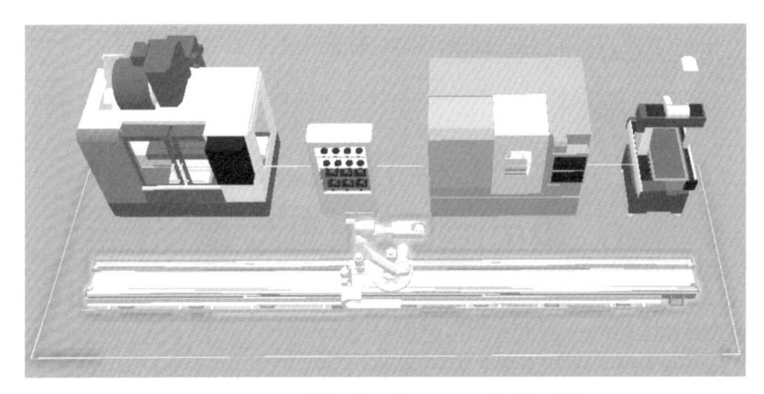

图 2-36　放置“七轴 20 公斤机器人”

⑧ 右击“七轴 20 公斤机器人”，单击“设置配置”按钮，将设备编码设置为“T013”，设备角度设置为“0”（因为其他设备是以面对机器人为基准调整角度），地轨长度设置为“6”，然后单击“保存”按钮，如图 2-37 所示。

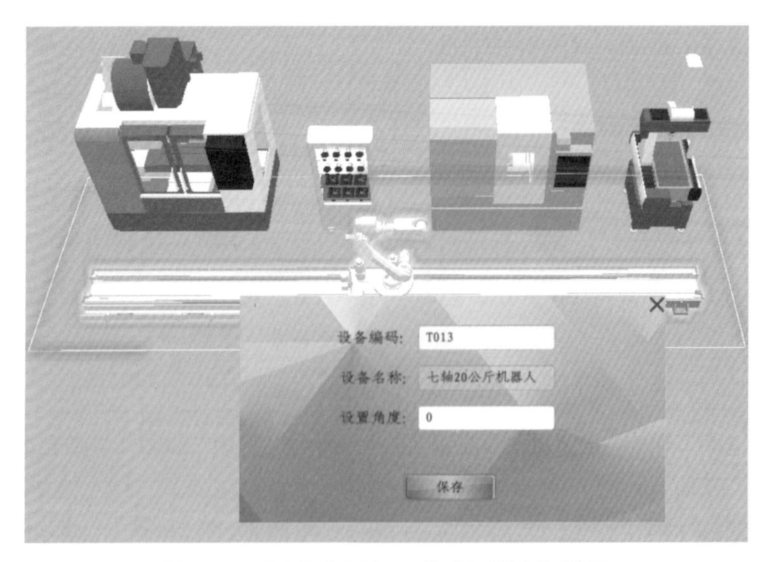

图 2-37　更改“七轴 20 公斤机器人”配置

机器人除了需要对设备进行命名和根据需要调整摆放角度外，还有一项重要的设置——设置机器同各设备的工作关系，即设备之间有物料交换。选中机器人后会出现一个方框，该方框是机器人的工作范围，同机器人工作有关联属性的设备需要移动到该方框覆盖范围内，然后在右键弹出的对话框中选择“设备关系”命令，跳出对话框，依次选中需要建立物料交换关系的设备然后保存。可以通过该对话框里出现的设备判断机器人同哪些设备产生了关联，如果还有需要关联的设备没有出现在该对话框内，需要把该设备向机器人移动，移入机器人工作区域的方框内，如图 2–38 所示。

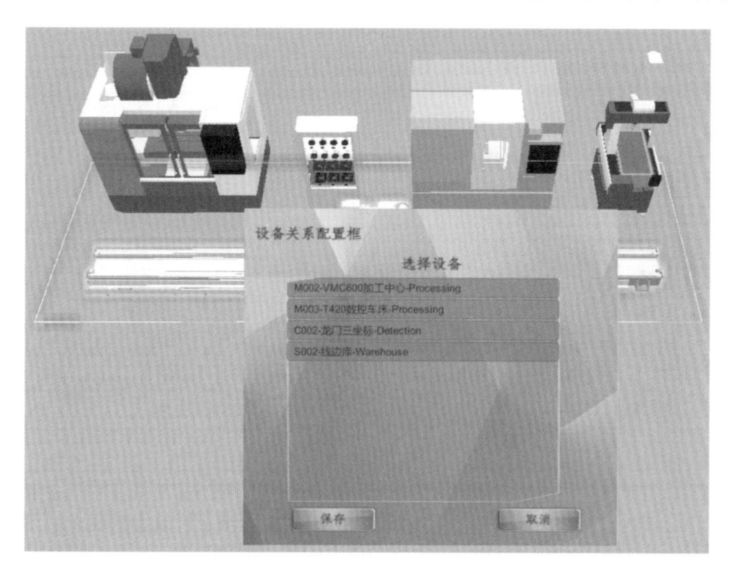

图 2–38　确定物料交换关系

⑨ 在左侧模型列表中，找到“附件”，拖动“七轴夹爪库”到场景中，如图 2–39 所示。“七轴夹爪库”是机器人在夹取不同物料时，用于更换不同夹爪的仓库。

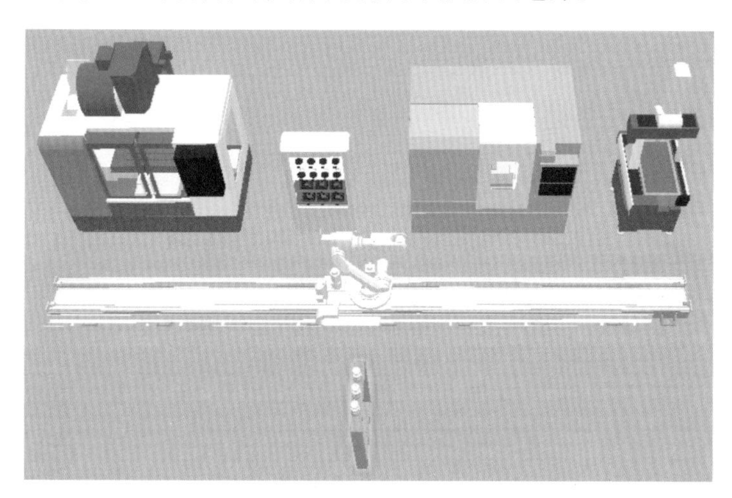

图 2–39　放置“七轴夹爪库”

⑩ 右击“机器人夹爪库”，单击“设置配置”按钮，将设备角度设置为“90”，然后单击“保存”按钮，如图 2–40 所示。

⑪ 按下鼠标左键，将“七轴夹爪库”拖动到机器人附近，松开鼠标左键，如图 2–41 所示。“七轴夹爪库”也必须放置在机器人作业范围之内。

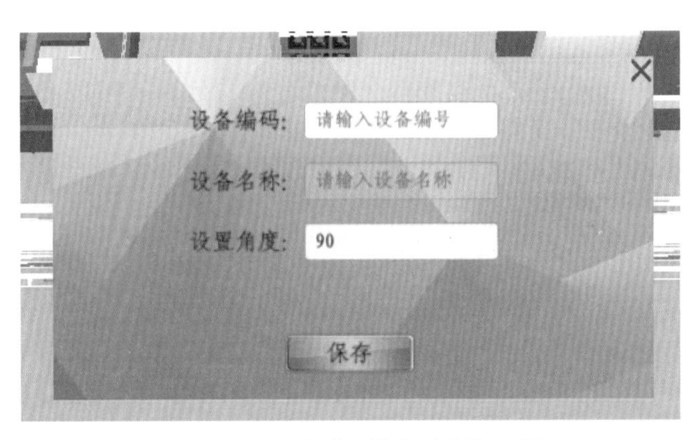

图 2-40　更改“七轴夹爪库”配置

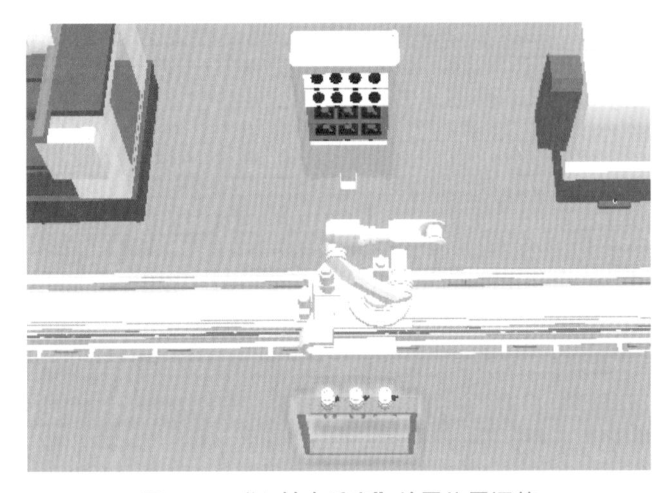

图 2-41　“七轴夹爪库”放置位置调整

⑫ 在左侧模型列表中，找到“附件”，拖动“桌子、椅子、电脑和看板”到场景中，如图 2-42 所示。

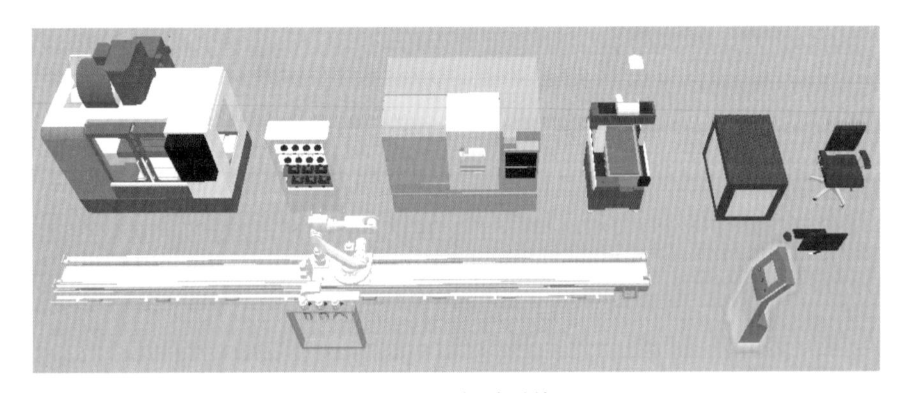

图 2-42　摆放附件

⑬ 右击“桌子”，单击“设置配置”按钮，将角度设置为“0”，然后单击“保存”按钮，如图 2-43 所示。

⑭ 同理，将其他设备拖入场景，最终场景如图 2-44 所示。

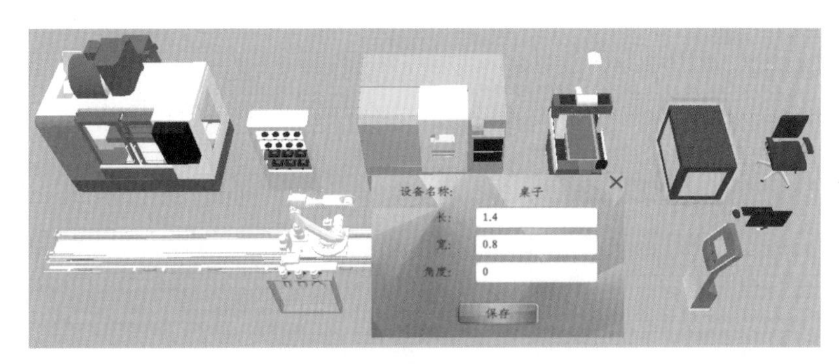

图 2-43　更改“桌子”配置

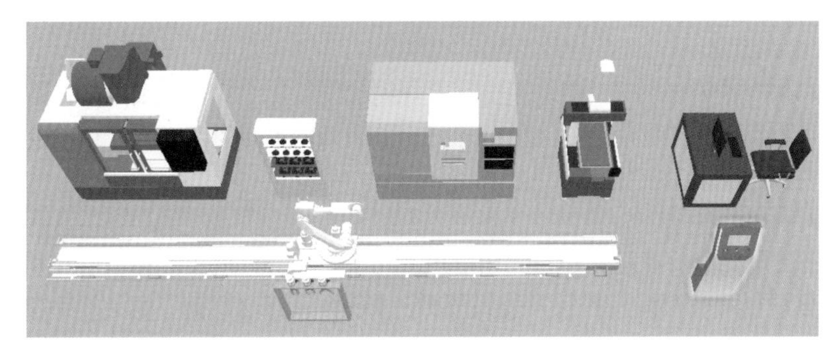

图 2-44　最终场景

⑮ 检查配置无误后，在上侧菜单中，单击“保存”按钮，在弹出的对话框中，单击“确定”按钮。如果前面保存过会有“替换”选项，单击“替换”按钮，如图 2-45 所示。

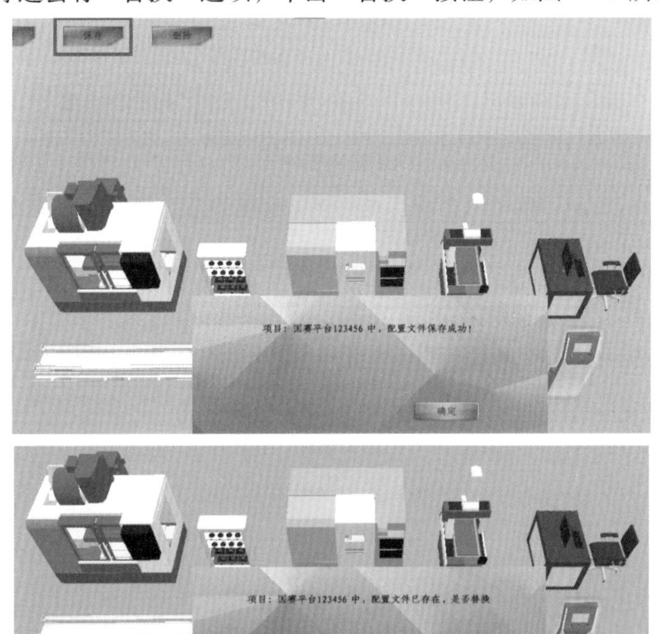

图 2-45　产线保存

⑯ 3D 搭建结束，退出 3D 程序，如图 2-46 所示。

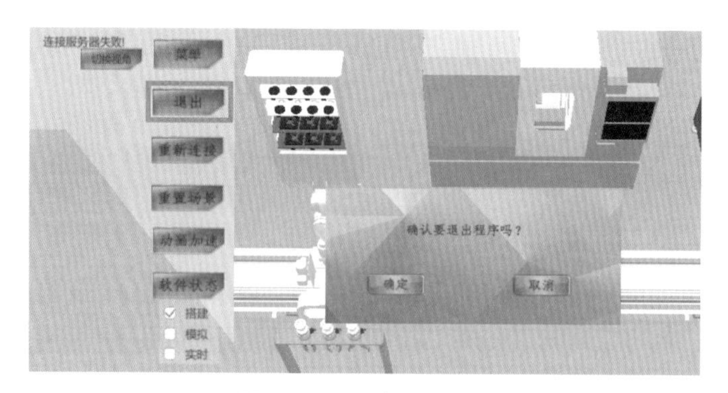

图 2-46　退出 3D 空间

2. 智能工厂规划的十大核心要素

在当前智能制造的热潮之下，很多企业都在规划建设智能工厂。众所周知，智能工厂的规划建设是一个十分复杂的系统工程。为了少走弯路，下面整理了智能工厂在建设中要考虑的十大核心要素以及需要关注的重点维度。

（1）数据的采集和管理

数据是智能工厂建设的血液，在各应用系统之间流动。在智能工厂运转的过程中，会产生设计、工艺、制造、仓储、物流、质量、人员等业务数据，这些数据可能分别来自 ERP、MES、APS、WMS、QIS 等应用系统。生产过程中需要及时采集产量、质量、能耗、加工精度和设备状态等数据，并与订单、工序、人员进行关联，以实现生产过程的全程追溯。数据管理流程如图 2-47 所示。

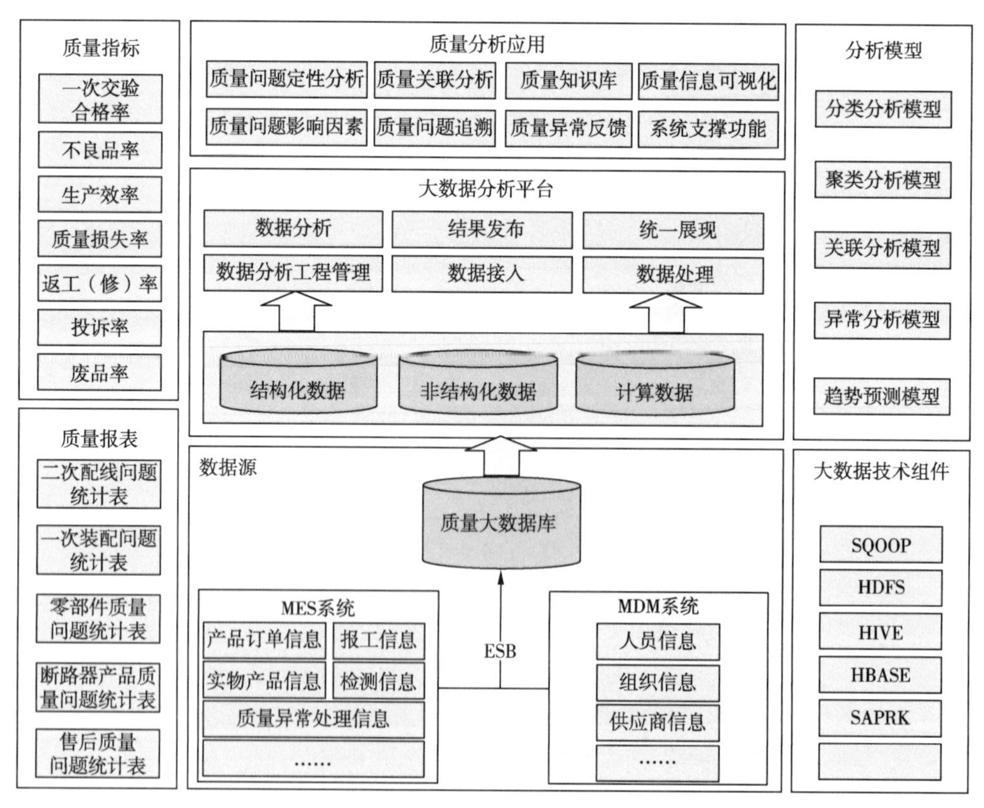

图 2-47　数据管理流程

此外，在智能工厂的建设过程中，需要建立数据管理规范，来保证数据的一致性和准确性。还要预先考虑好数据采集的接口规范，以及 SCADA（监控和数据采集）系统的应用。企业需要根据采集的频率要求来确定采集方式，对于需要高频率采集的数据，应当从设备控制系统中自动采集。

另外，必要时，还应当建立专门的数据管理部门，明确数据管理的原则和构建方法，确立数据管理流程与制度，协调执行中存在的问题，并定期检查落实优化数据管理的技术标准、流程和执行情况。

（2）设备联网

实现智能工厂乃至工业 4.0，推进工业互联网建设，实现 MES 应用，最重要的基础就是要实现 M2M，也就是设备与设备之间的互联，建立工厂网络。

企业应该对设备与设备之间如何互联，采用怎样的通信方式、通信协议和接口方式等问题建立统一的标准。在此基础上，企业可以实现对设备的远程监控。机床联网之后，可以实现 DNC（分布式数控）应用。设备联网和数据采集是企业建设工业互联网的基础。

（3）工厂智能物流

推进智能工厂建设，生产现场的智能物流十分重要，尤其是对于离散制造企业。智能工厂规划时，要尽量减少无效的物料搬运。很多制造企业在装配车间建立了集中拣货区（kitting area），根据每个客户订单集中配货，并通过 DPS（digital picking system，电子标签拣选系统）方式进行快速拣货，配送到装配线，消除了线边仓。

离散制造企业在两道机械工序之间可以采用带有导轨的工业机器人、桁架式机械手等方式来传递物料，还可以采用 AGV、RGV（有轨穿梭车）或者悬挂式输送链等方式传递物料。立体仓库和辊道系统的应用，也是企业在规划智能工厂时，需要进行系统分析的问题。

（4）生产质量管理和设备管理

提高生产质量是企业永恒的主题。在智能工厂规划时，生产质量管理和设备管理更是核心的业务流程。贯彻“质量是设计、生产出来的，而非检验出来的”理念。

质量控制在信息系统中需嵌入生产主流程，如检验、试验在生产订单中作为工序或工步来处理；质量控制的流程、表单、数据与生产订单相互关联、穿透；构建质量管理的基本工作路线：质量控制设置→检测→记录→评判→分析→持续改进。

设备是生产要素，发挥设备的效能（OEE，设备综合效率）是智能工厂生产管理的基本要求。OEE 的提升标志产能的提高和成本的降低。生产管理信息系统需设置设备管理模块，使设备释放出最高的产能，通过生产的合理安排，使设备尤其是关键、瓶颈设备减少等待时间。

在设备管理模块中，要建立各类设备数据库、设置编码，及时对设备进行维保；通过实时采集设备状态数据，为生产排产提供设备的能力数据；建立设备的健康管理档案，根据积累的设备运行数据建立故障预测模型，进行预测性维护，最大限度地减少设备的非计划性停机；要进行设备的备品备件管理。

（5）智能厂房设计

智能厂房除了水、电、气、网络、通信等管线的设计外，还要规划智能视频监控系统、智能采光与照明系统、通风与空调系统、智能安防报警系统、智能门禁一卡通系统、智能火灾报警系统等。采用智能视频监控系统，可以判断监控画面中的异常情况，并以最快和最佳的方式发出警报或触发其他动作。

整个厂房的工作分区（加工、装配、检验、进货、出货、仓储等）应根据工业工程的原理进行分析，可以使用数字化制造仿真软件对设备布局、产线布置、车间物流进行仿真。在厂房设计时，还应当思考如何降低噪声，如何能够便于设备灵活调整布局，多层厂房如何进行物流输送等问题。

（6）智能装备的应用

制造企业在规划智能工厂时，必须高度关注智能装备的最新发展。机床设备正在从数控化走向智能化，很多企业在设备上下料时采用了工业机器人。未来的工厂中，金属增材制造设备将与切削加工（减材）、成型加工（等材）等设备组合起来，极大地提高材料利用率。

除了六轴的工业机器人之外，还应该考虑SCARA机器人和并联机器人的应用，而协作机器人将会出现在生产线上，配合工人提高作业效率。

（7）智能制造产线规划

智能制造产线是智能工厂规划的核心环节，企业需要根据生产线要生产的产品族、产能和生产节拍，采用价值流图等方法来合理规划智能制造产线。

智能制造产线的特点如下：

① 在生产和装配的过程中，能够通过传感器、数控系统或RFID自动进行生产、质量、能耗、设备综合效率等数据采集，并通过电子看板显示实时的生产状态，能够防呆防错。

② 通过安灯系统实现工序之间的协作。

③ 智能制造产线能够实现快速换模，实现柔性自动化；能够支持多种相似产品的混线生产和装配，灵活调整工艺，适应小批量、多品种的生产模式。

④ 具有一定冗余，如果出现设备故障，能够调整到其他设备生产。

⑤ 针对人工操作的工位，能够给予智能提示，并充分利用人机协作。

设计智能制造产线需要考虑如何节约空间，如何减少人员的移动，如何进行自动检测，从而提高生产效率和生产质量。

（8）制造执行系统MES

MES是智能工厂规划落地的着力点，上接ERP系统，下接现场的PLC程控器、数据采集器、条形码、检测仪器等设备。MES旨在加强MRP计划的执行功能，贯彻落实生产策划，执行生产调度，实时反馈生产进展。

① 面向生产一线工人：指令做什么、怎么做、满足什么标准，什么时候开工，什么时候完工，使用什么工具等；记录“人、机、料、法、环、测”等生产数据，建立可用于产品追溯的数据链；反馈进展、反馈问题、申请支援、拉动配合等。

② 面向班组：发挥基层班组长的管理效能，班组任务管理和派工。

③ 面向一线生产保障人员：确保生产现场的各项需求，如料、工装、刀量具的配送，工件的周转等。

为提高产品准时交付率、提升设备效能、减少等待时间，MES系统需导入生产作业排程功能，为生产计划安排和生产调度提供辅助工具，提升计划的准确性。

（9）生产无纸化

随着信息化技术的提高和智能终端成本的降低，在智能工厂规划可以普及信息化终端到每个工位。操作工人将可在终端接受工作指令，接受图纸、工艺、更单等生产数据，可以灵活适应生产计划变更、图纸变更和工艺变更。

（10）生产监控及指挥系统

流程型行业的企业的生产线配置了DCS系统或PLC控制系统，通过组态软件可以查看生产线上各个设备和仪表的状态，但绝大多数离散制造企业还没有建立生产监控与指挥系统。

实际上，离散制造企业也非常需要建设集中的生产监控与指挥系统，在系统中呈现关键的设备状态、生产状态、质量数据，以及各种实时的分析图表。通过看板直观展示。提供多种类型的内容呈现，辅助决策。

总之，要做好智能工厂的规划，需要综合运用这些核心要素，从各个视角综合考虑，从投资预算、技术先进性、投资回收期、系统复杂性、生产的柔性等多个方面进行综合权衡、统一规划，建立具有前瞻性和实效性的智能工厂。

任务三　虚拟运行与数据分析

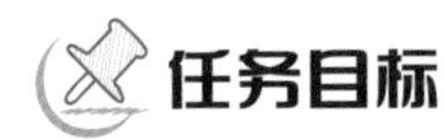

任务目标

1. 思政元素

随着农业时代和工业时代的衰落，人类社会正在向信息时代过渡，跨进第三次浪潮文明，其社会形态是由工业社会发展到信息社会。第三次浪潮的信息社会与前两次浪潮的农业社会和工业社会最大的区别，就是不再以体能和机械能为主，而是以智能为主。

2. 知识目标

① 熟悉 MES 系统的特点；

② 了解 MES 系统的在生产中实现的目标；

③ 掌握 SMES 软件每个模块在智能生产中的作用。

3. 能力目标

理解智能制造产线的排程、调度与运行，并能够使用 SMES 软件进行智能制造产线虚拟运行。

4. 素质目标

了解先进制造理念，培养学生精益求精的品质、团队协作能力、操作规范性和良好的组织纪律性。

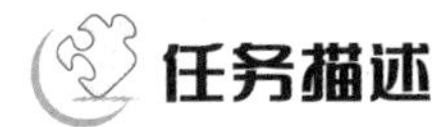

任务描述

利用 SMES 产线虚拟仿真软件进行智能制造产线数据配置并虚拟运行生产。

任务实施

一、生产排程

生产排程（APS）是在考虑能力和设备的前提下，在物料数量一定的情况下，安排各生产任务的生产顺序，优化生产顺序，优化选择生产设备，减少等待时间，平衡各机器和工人的生产负荷，从而优化产能，提高生产效率，缩短生产 LT（订货提前期）。

简而言之，生产排程就是将生产任务分配至生产资源的过程。

生产排程的依据和原则：

① 生产订单供不应求时排程要求和原则：调查产品瓶颈限制产能工序为依据，以边际利润高为导向排产。

② 生产订单供过于求时排程要求和原则：以成本优先为原则，以市场及客户满意度为导向排产计划与排程。

对于 APS（advanced planning and scheduling，高级计划与排产），目前国际上还没有做出明

确定义。它是一种基于供应链管理和约束理论的先进计划与排产工具，包含了大量的数学模型、优化及模拟技术，其功能优势在于实时基于约束的重计划与报警功能。在计划与排产的过程中，APS 将企业内外的资源与能力约束都囊括在考虑范围之内，用复杂的智能化运算法则，做常驻内存的计算。

APS 从理念的兴起，到真正的技术实现并运用于中国的制造业，整整酝酿了大半个世纪。不过随着精益思想、约束理论等改变制造业模式的思想被应用于中国，APS 在中国迎来了发展的大好时机。如果说过去十年是 ERP 的舞台，那么，未来十年则是 APS 的黄金十年。随着精细化管控的需求，APS 走向了舞台前端，将生产活动的各个细节全部规范科学地纳入到信息化管理中来。所以，未来十年，APS 必将真正走向实践。目前，在 APS 领域最成熟的产品以及市场占有率最高的是 ASPROVA APS 以及 MAXPROVA APS。

二、虚拟运行演示及智能制造特性

1. 产线虚拟运行

在上一节讲到的智能制造国赛平台已经完成的搭建布局规划的基础上，本节完成生产管理实现虚拟仿真生产的过程，以智能制造国赛中生产的四种零件，即上板、下板、中间轴和连接轴为任务来完成生产管理各个模块的应用。

下面具体讲解 MES 上的信息配置。

打开 MES 软件，在登录界面正确输入用户名与密码，如图 2-48 所示。

图 2-48　登录界面

（1）基础信息管理

① 托盘信息管理：软件左边状态栏，单击基础信息管理下拉菜单出现“托盘信息管理”页面，在该页面输入物料托盘的信息，如图 2-49 所示。

图 2-49　“托盘信息管理”页面

在右侧页面中单击“新增”按钮，并按图 2-50 配置，然后单击“保存”按钮。

“托盘编号”：是指工件存放在仓库或在传送带上运行的时候固定和定位零件的工装，编号规则是以大写字母开头的三位编码，后两位为序号，同一个仓库内托盘编号不能相同。

“托盘名称”：一般以上面放置的零件名为前缀命名，便于识别。

“托盘类型”：是指区别不同托盘，一般托盘零件的定位工装根据零件外形不同而不同，根据放置相同零件数量的不同，可以多个托盘编号选用相同的托盘类型，编号规则以固定字母 PF 开头四位编号，后两位为流水号。

图 2-50　新增托盘对话框

依次设置每种零件两个放置托盘。上板托盘的托盘类型为 PF01、下板托盘的托盘类型为 PF02、中间轴托盘的托盘类型为 PF03、连接轴托盘的托盘类型为 PF04，如图 2-51 所示。

托盘基础信息管理

-全部托盘- | 托盘名称 | 查询 | 新增

托盘基础信息管理

选择	托盘编号	托盘名称	托盘类型	[illegible]	操作
○	A01	上板托盘	PF01		编辑 | 删除
○	A02	上板托盘	PF01		编辑 | 删除
○	A03	下板托盘	PF02		编辑 | 删除
○	A04	下板托盘	PF02		编辑 | 删除
○	A05	中间轴托盘	PF03		编辑 | 删除
○	A06	中间轴托盘	PF03		编辑 | 删除
○	A07	链接轴托盘	PF04		编辑 | 删除
○	A08	链接轴托盘	PF04		编辑 | 删除

总共 1 页，共 8 条记录

图 2-51　完成的“托盘基础信息管理”页面

② 物料基础信息：左侧导航栏单击“物料基础信息”，在右侧页面中单击“新增”按钮，如图 2-52 所示。

图 2-52　“物料基础信息”页面

单击托盘信息管理页面右上角的“新增”按钮，弹出信息录入窗口，如图 2-53 所示。

“物料编码”：一般是 ERP 对仓库进行管理时，在录入零件时定义零件特性而产生的编码，同一种零件物料编码相同，可以与零件编码相同。

“物料名称”：是指零件名称。

“物料类型”：有成品和毛坯两种状态，实际生产中还有半成品。

“安全库存”：是指确保企业正常生产的仓库零件备货数量，安全库存 = 日用量 × 供货周期。

“最小起订”：从控制成本的角度出发，供应商对用户要求一次最少要采购的数量。

“供货周期”：是指从收到采购订单开始，订单上产品送到用户处的时间周期。

“价格”：是指零件价格。

“托盘类型”：是指放置该零件的托盘类型。

“零件编码”：是指零件编号。

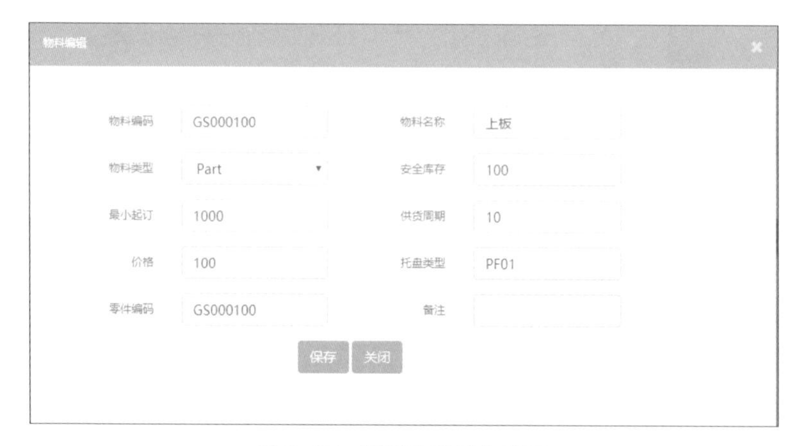

图 2-53　新增物料录入窗口

分别新增“连接轴”、“中间轴”、“上板”和“下板”，以及对应坯料，如图 2-54 所示。

首页　物料基础信息　页面操作

物料基础信息管理

-全部托盘-　物料名称　查询　新增

物料基础信息管理

选择	物料编号	物料名称	物料类型	安全库存	最小起订	供货周期	价格	托盘类型	零件编码	备注	操作
○	GS000100	上板	Part	1000	500	10	100	PF01	GS000100	null	编辑 | 删除
○	GS000101	上板毛坯	Material	1000	500	10	30	PF01	GS000101	null	编辑 | 删除
○	GS000200	下板	Part	1000	10	10	110	PF02	GS000200	null	编辑 | 删除
○	GS000201	下板毛坯	Material	1000	500	10	40	PF02	GS000201	null	编辑 | 删除
○	GS000300	中间轴	Part	1000	500	10	80	PF03	GS000300	null	编辑 | 删除
○	GS000301	中间轴毛坯	Material	1000	500	10	35	PF03	GS000301	null	编辑 | 删除
○	GS000400	连接轴	Part	1000	500	10	90	PF04	GS000400	null	编辑 | 删除
○	GS000401	连接轴毛坯	Material	1000	500	10	35	PF04	GS000401	null	编辑 | 删除

总共 1 页，共 8 条记录　1

图 2-54　完成后的“物料基础信息管理”页面

③ 产品 BOM 管理：在软件左边状态栏，单击基础信息管理下拉菜单，出现图 2-55 所示“BOM 配置”页面，在该页面输入零件 BOM。

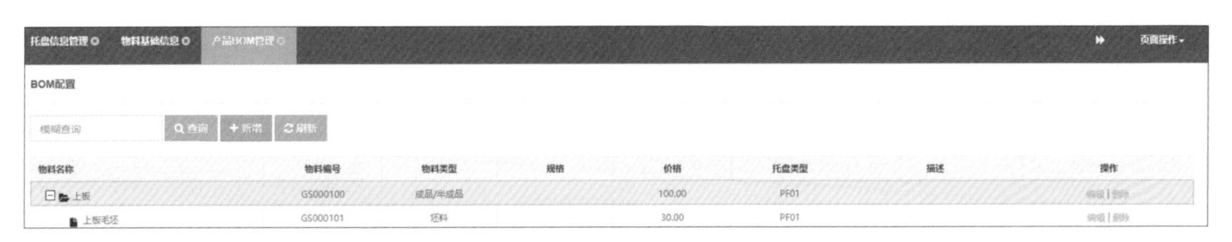

图 2–55　“BOM 配置”页面

BOM 的分类介绍：产品数据管理（PDM）系统通过包含产品结构信息的物料清单（BOM）来进行设计、工艺、制造等环节数据的组织和管理，由此产生了设计 BOM（EBOM），工艺 BOM（PBOM）和制造 BOM（MBOM）。

a．EBOM：主要是设计部门产生的数据，产品设计人员根据客户订单或者设计要求进行产品设计，生成包括产品名称、产品结构、明细表、汇总表、产品使用说明书、装箱清单等信息。这些信息大部分包括EBOM中。EBOM是工艺、制造等后续部门的其他应用系统所需产品数据的基础。

b．PBOM：是工艺设计部门以 EBOM 中的数据为依据，制订工艺计划、工序信息、生成计划 BOM 的数据。计划 BOM 是由普通物料清单组成的，只用于产品的预测，尤其用于预测不同的产品组合而成的产品系列，有时是为了市场销售的需要，有时是为了简化预测计划从而简化了主生产计划。另外，当存在通用件时，可以把各个通用件定义为普通型 BOM，然后由各组件组装成某个产品，这样一来各组件可以先按预测计划进行生产，下单的 PBOM 产品可以很快进行组装，满足市场要求。

c．MBOM：是制造部门根据已经生产的 PBOM、工艺装配步骤进行详细设计后得到的，主要描述了产品的装配顺序、工时定额、材料定额以及相关的设备、刀具、卡具和模具等工装信息，反映了零件、装配件和最终产品的制造方法和装配顺序，反映了物料在生产车间之间的合理流动和消失过程。

单击“新增”按钮，出现 BOM 录入对话框。图 2–56 为上板零件的 BOM。上板是由上板毛坯生产加工而得来的。上板为父节点，物料类型为成品；上板毛坯为子节点，物料类型为坯料，上板和上板毛坯建立 BOM 关系的操作是：在上板毛坯 BOM 配置框里面选择父节点名称为“上板”，父节点名称就会出现上板的 BOM 编号，如图 2–56 所示。

BOM配置		BOM配置	
BOM编号	GS000100	BOM编号	GS000101
物料类型	成品/半成品	物料类型	坯料
物料名称	上板	物料名称	上板毛坯
父节点名称		父节点名称	GS000100
是否父节点	是	是否父节点	否
序号	1	序号	2
描述		描述	
保存　取消		保存　取消	

图 2–56　BOM 录入对话框

依照图 2–57 BOM 列表依次建立零件下板和下板毛坯、中间轴和中间轴毛坯、连接轴和连接轴毛坯的 BOM 关系。

物料名称	物料编号	物料类型	规格	价格	托盘类型	描述	操作
上板	GS000100	成品/半成品		100.00	PF01		编辑 | 删除
上板毛坯	GS000101	坯料		30.00	PF01		编辑 | 删除
下板	GS000200	成品/半成品		110.00	PF02		编辑 | 删除
下板毛坯	GS000201	坯料		40.00	PF02		编辑 | 删除
中间轴	GS000300	成品/半成品		80.00	PF03		编辑 | 删除
中间轴毛坯	GS000301	坯料		35.00	PF03		编辑 | 删除
链接轴	GS000400	成品/半成品		90.00	PF04		编辑 | 删除
链接轴毛坯	GS000401	坯料		35.00	PF04		编辑 | 删除

图 2-57　完成的 BOM 列表

④ 供应商信息管理：软件左边状态栏，单击“基础信息管理”下拉菜单，出现图 2-58 所示“供应商基础信息管理”页面，在该页面输入供应商信息。

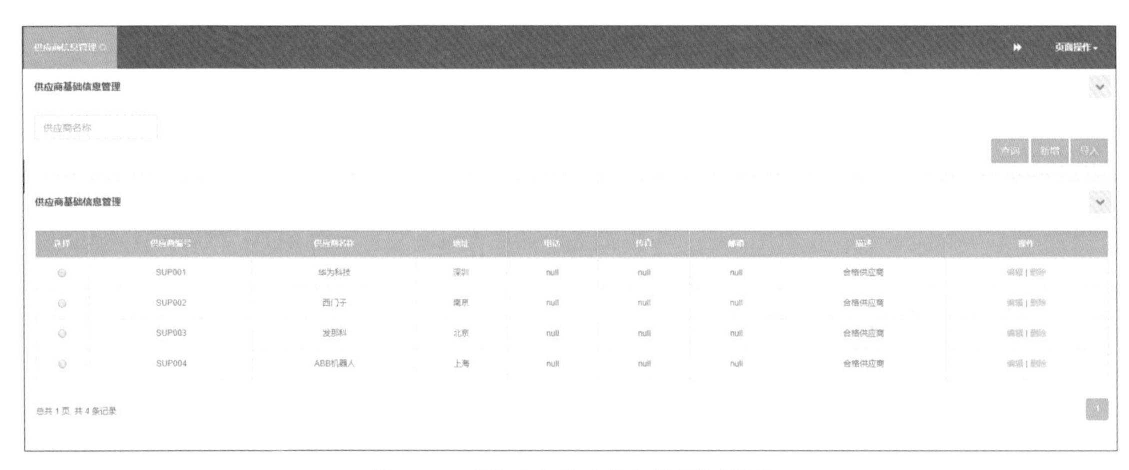

供应商基础信息管理

选择	供应商编号	供应商名称	地址	电话	传真	邮箱	描述	操作
○	SUP001	华为科技	深圳	null	null	null	合格供应商	编辑 | 删除
○	SUP002	西门子	南京	null	null	null	合格供应商	编辑 | 删除
○	SUP003	发那科	北京	null	null	null	合格供应商	编辑 | 删除
○	SUP004	ABB机器人	上海	null	null	null	合格供应商	编辑 | 删除

总共 1 页 共 4 条记录

图 2-58　“供应商基础信息管理”页面

单击右上角“新增”按钮，弹出图 2-59 所示对话框，供应商编号为 6 位，以 SUP 开头固定不变，后三位为流水号，以录入的先后顺序进行编号。通常供应商信息至少包含图 2-59 所示的内容。

新增供应商

供应商编号	SUP001	供应商名称	华为科技
供应商地址	深圳	供应商电话	
供应商传真		供应商邮箱	
供应商描述	合格供应商		

保存　关闭

图 2-59　新增供应商对话框

依照图 2-60 分别录入四个供应商信息。

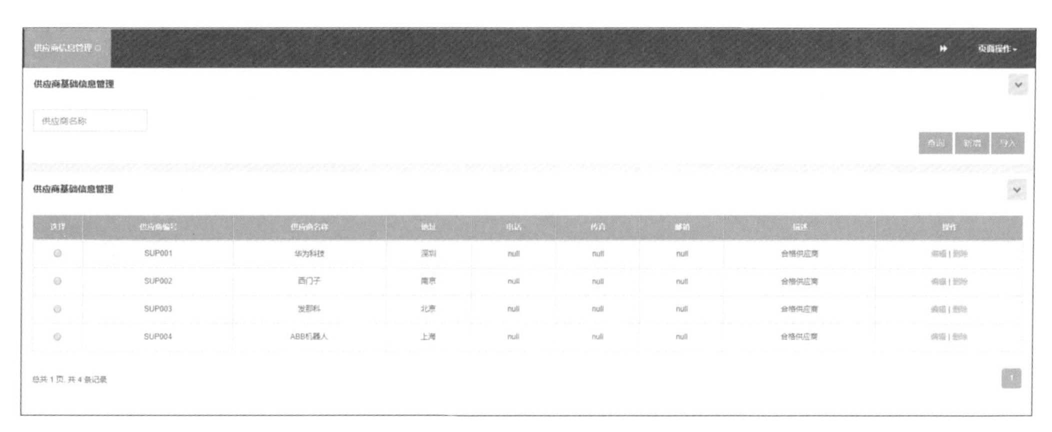

图 2-60　完成的“供应商基础信息管理”

⑤ 客户信息管理：软件左边状态栏，单击“基础信息管理”下拉菜单，出现图 2-61 所示“客户信息管理”页面，在该页面输入客户信息。

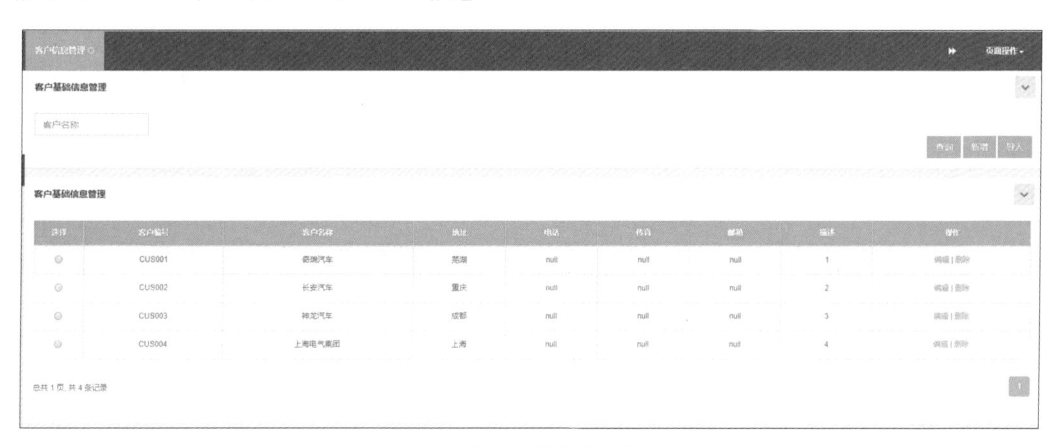

图 2-61　“客户信息管理”页面

单击右上角“新增”按钮，弹出图 2-62 所示对话框，客户编号为 6 位，以 CUS 开头固定不变，后三位为流水号，以录入的先后顺序进行编号。通常客户信息至少包含图 2-62 所示的内容。

新增客户

客户编号 CUS001　客户名称 奇瑞汽车

客户地址 芜湖　客户电话

客户传真　客户邮箱

客户描述

保存　关闭

图 2-62　新增客户对话框

依照图 2-63 分别录入四个客户信息。

客户信息管理 页面操作

客户基础信息管理

客户名称

查询 新增 导入

客户基础信息管理

选择	客户编号	客户名称	地址	电话	传真	邮箱	描述	操作
○	CUS001	奇瑞汽车	芜湖	null	null	null	1	编辑 | 删除
○	CUS002	长安汽车	重庆	null	null	null	2	编辑 | 删除
○	CUS003	神龙汽车	成都	null	null	null	3	编辑 | 删除
○	CUS004	上海电气集团	上海	null	null	null	4	编辑 | 删除

总共 1 页，共 4 条记录

图 2-63　完成的“客户信息管理”

（2）仓库配置管理

软件左边状态栏，单击“仓库配置管理”下拉菜单，出现图 2-64 所示“仓库配置管理”页面，在该页面配置仓库信息。左边出现的仓库型号，是三维搭建选择的线边库，只要搭建了这里就自动生成了。对仓库第一次配置时，需要选中左边的仓库，单击“初始化”按钮对仓库信息进行刷新。右边是仓库库位显示，仓库库位的编号是行号和列号的组合，如线边库右上的库位所处位置是 0D 行 04 列，它的库位编号为“0D04”。

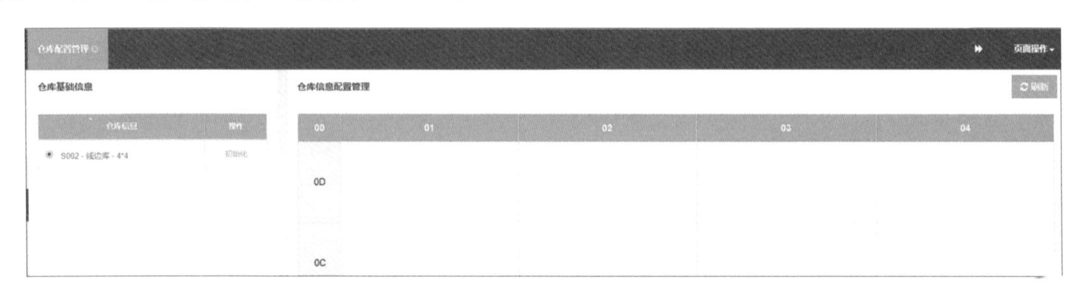

图 2-64　“仓库配置管理”页面

每个库位放置什么零件需要进行定义，单击库位方格会弹出图 2-65 所示对话框。

图 2-65　库位填充对话框

“作为坯料 / 成品”：是指该库位选择放置的物料类型是成品还是坯料，做选择之后，下面物料名称下拉菜单就会出现对应的物料类型。

“物料名称”：是指在物料定义里面定义过的物料。

“选择托盘”：是在定义过的托盘编号中选择一个站位。

“托盘类型”：是同托盘编号关联的，选择了托盘编号后会自动出现托盘类型。

依照图 2–66 中配置的物料，对线边库进行物料配置。配置信息依次为：

在 0D01 库位里配置“连接轴毛坯”。

在 0C01 库位里配置“中间轴毛坯”。

在 0B01、0B02 库位里配置“下板毛坯”。

在 0A01、0A02 库位里配置“上板毛坯”。

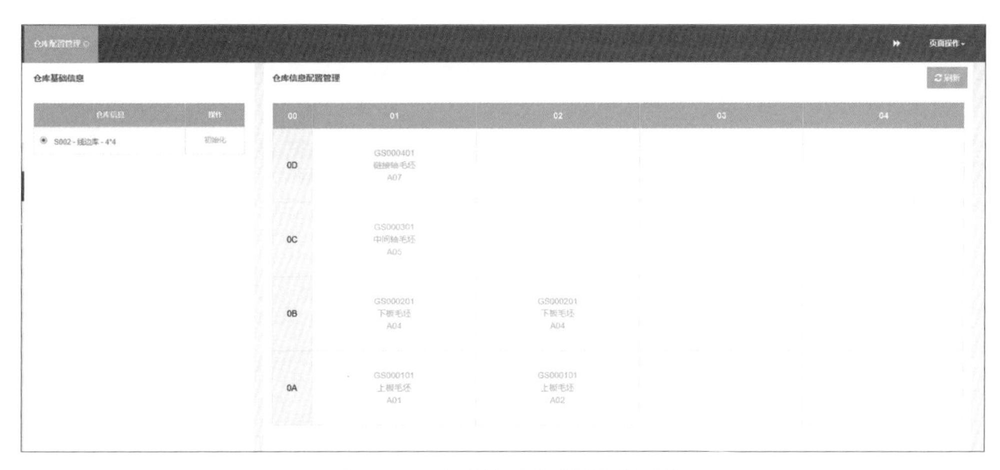

图 2–66 完成的“仓库配置管理”

（3）设备信息管理

在软件左边状态栏，单击“设备信息管理”下拉菜单，出现“设备信息管理”页面，如图 2–67 所示。在该页面配置设备信息。左边的设备列表是三维搭建好自动生成的，在此功能模块里面定义设备的生产能力。每种设备能生产的零件程序在此模块里面填加到设备里面，为后面排生产工艺时能选择到对应的加工程序。同时，可以定义加工成本，零件的加工成本的计算方法是按照小时来收费的。加工时长是指工件在设备内加工的时间。在仿真时，这个时间来自 CAM 软件编程后处理计算出来的时间。通常在做模拟仿真时为节省整体时间，设置的时间比较短，时间单位为 s。

图 2–67 “设备信息管理”页面

为 M001 号设备配置四种零件的加工程序。单击右上角的“新增”按钮可以为选中的设备添加多个加工程序，如图 2–68 所示。

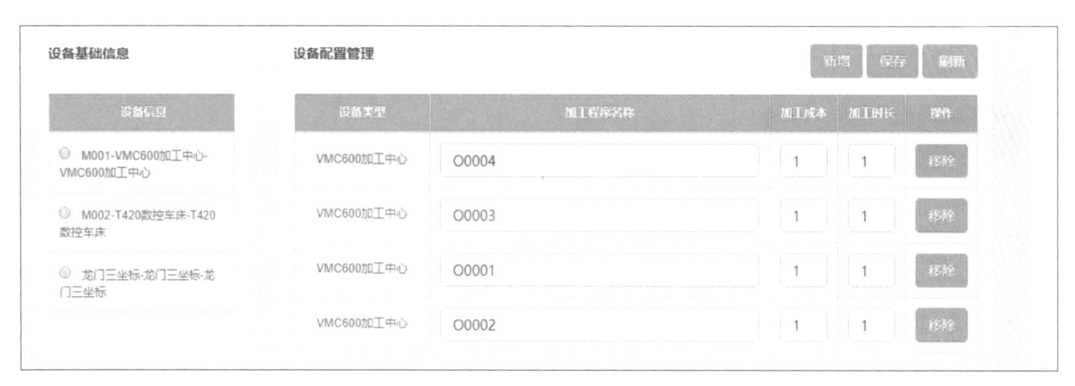

图 2-68　M002 号设备配置的加工程序

为 M003 号设备配置两种零件的生产程序，如图 2-69 所示。

图 2-69　M003 号设备配置的生产程序

为三坐标设备配置两种零件的生产程序，如图 2-70 所示。

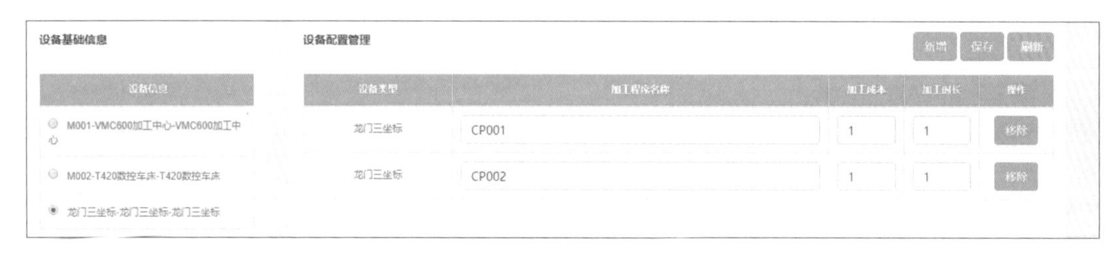

图 2-70　三坐标设备配置的生产程序

在左侧导航栏，单击“设备关系配置管理”，并按图 2-71 所示配置。

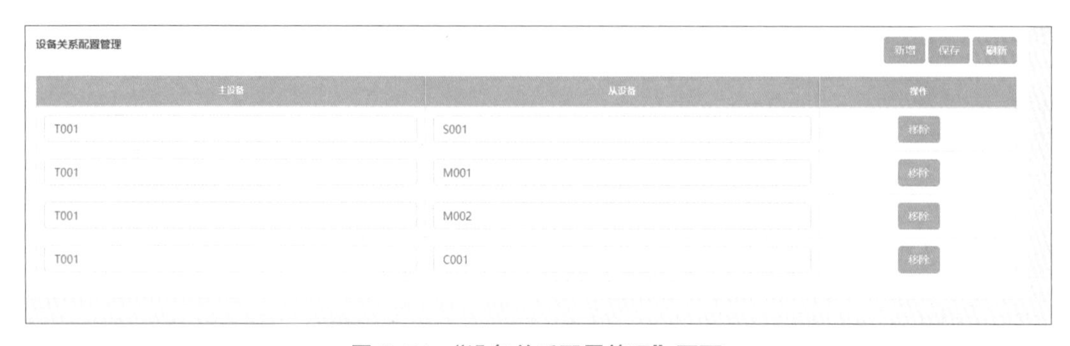

图 2-71　“设备关系配置管理”页面

确认无误后，单击“保存”按钮，设备关系保存成功提示如图 2-72 所示。

图 2-72 设备关系保存成功提示

（4）工艺配置管理

在软件左边状态栏，单击“工艺配置管理”下拉菜单，出现图 2-73 所示“工艺管理”页面，在该页面配置工艺信息。一个零件或产品的生产工艺是由工序和工步组成的，一个工艺一般由多个工序组成，一个工序可以由多个工步组成。

在智能制造里面的定义如下：

“工艺”：是指物料从仓库出料到成品入库的生产方法和过程，可以划分为几个工序。

“工序”：物料在生产加工设备或检测设备上发生的任务，在同一个设备的任务定义为一个工序。

“工步”：在智能制造产线上每个设备上的任务，可以划分为三个工步，一是把坯料拿入设备中，二是对设备进行加工，三是把成品拿出设备。

在左侧导航栏，单击“工艺配置管理”，单击“新增”按钮，新增四个工艺，分别为“上板加工工艺”，“下板加工工艺”，“连接轴加工工艺”，“中间轴加工工艺”。

零件工艺的配置顺序是工艺配置—工序配置—工步配置。

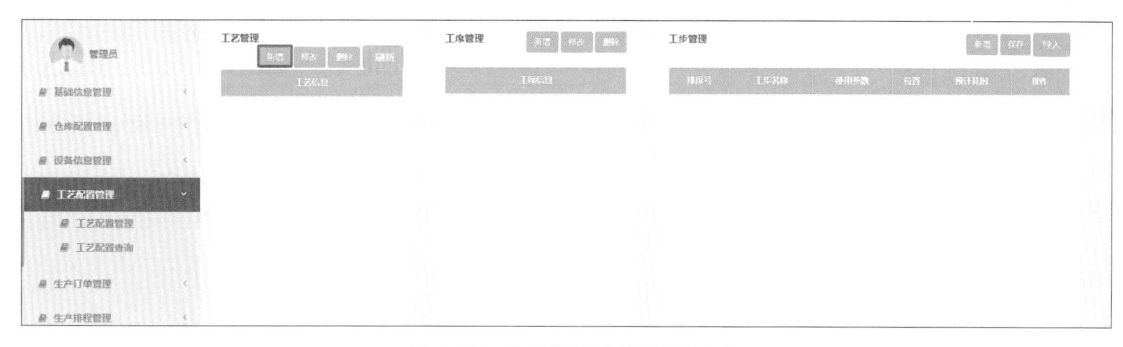

图 2-73 “工艺配置管理”页面

① 上板加工工艺：

a. 工艺配置：在工艺管理栏里面单击“新增”按钮，弹出图 2-74 所示对话框。

“节点名称”：即工艺名称，输入上板生产工艺。

“加工产品”：单击下拉按钮选择“GS000100- 上板”，是指这个工艺生产什么零件。

“显示序号”：是指多个零件生产工艺的情况下，列表排列顺序。

工艺配置完成后，单击“保存”按钮。

工艺配置建模
节点名称 上板生产工艺
加工产品 GS000100 - 上板
显示序号 0
描述
保存 取消

图 2-74　工艺配置对话框

b．工序配置：在“工艺管理”栏，选中上板生产工艺，然后在“工序管理”栏单击“新增”按钮，弹出图 2-75 所示对话框。

“工序名称”：输入“铣削加工”，工序名称可以自定义。

“使用设备类型”：选择完成该工序的加工设备。

“使用程序”：是指完成该工序生产加工的零件加工程序。

“加工成本”和“加工预计时长”，在前面配置零件程序的时候已经配置过，自动与程序名进行捆绑。

“第几道工序”：是指一个工艺里面包含几个工序时，工序执行的先后顺序。根据工艺单上先后顺序依次排列。

图 2-75　工序配置对话框

注：此处演示的 T420 数控车床连接轴加工程序号为 O0001，中间轴加工程序号为 O0002，VMC650 加工中心加工的程序号同理。

c. 工步配置：在“工艺管理”栏里面，选中“上板生产工艺”，然后在“工序管理”栏里面选中“铣削加工”，然后在“工步管理”栏里面单击“新增”按钮，每单击一次出现一个工步，配置三个工步，排序号为 1、2、3，对应工步名称分别为 Get、Do、Put，这个排序号和工步名称保持不变，每个工序后面都需要配置这三个工步。

Get：是指该工序加工的零件取料的过程，在“使用参数”里面选择物料存放的设备。

Do：是指加工设备运行程序生产零件，设备前面已经选择了，所以此处“使用参数”不用再选择。

Put：是指零件加工结束后，机器人把零件取出放到指定设备，在“使用参数”里面选择物料存放的设备。

预计耗时：此处输入的时间是仿真运行时调用的时间。然后在工步列，单击“新增”按钮，新增三个分别为 Get（线边库）、Do、Put（线边库）的工步，如图 2-76 所示。

工步管理　　新增　保存　导入

排序号	工步名称	使用参数	位置	预计耗时	操作
1	Get	线边库	0	5	移除
2	Do		0	11	移除
3	Put	线边库	0	5	移除

图 2-76　工步配置

确认无误后，单击“保存”按钮，如图 2-77 所示。

图 2-77　保存成功提示

②下板加工工艺：

新建下板的工艺，配置过程与上板工艺相同。

③ 连接轴加工工艺：

a. 新建“连接轴加工工艺”。

b. 在“工序管理”栏单击“新增”按钮，如图 2–78 所示。

图 2–78　添加“连接轴加工工艺”的第一个工序

继续添加工序，选中“VMC650 加工中心”，如图 2–79 所示。

图 2–79　添加“连接轴加工工艺”的第二个工序

继续添加工序，选中“龙门三坐标”，如图 2–80 所示。

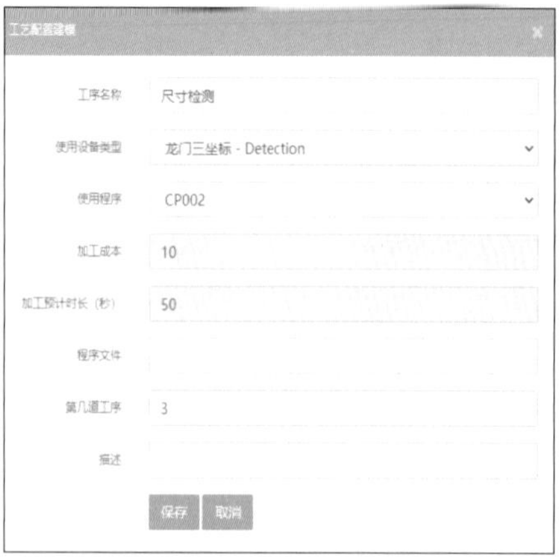

图 2–80　添加“连接轴加工工艺”的第三个工序

c. 选中每个工序，然后在“工步管理”栏单击“新增”按钮，新增三个分别为 Get（线边库）、Do、Put（线边库）的工步，如图 2-81 所示。

图 2-81　每个工序进行工步管理

确认无误后，单击“保存”按钮，工艺保存成功提示如图 2-82 所示。

图 2-82　工艺保存成功提示

④ 中间轴加工工艺：

新建中间轴的工艺，配置过程与连接轴工艺相同。

（5）生产订单管理

在左侧导航栏，单击“生产订单管理”，单击“新增”按钮，新增“国赛平台订单”，如图 2-83 所示。

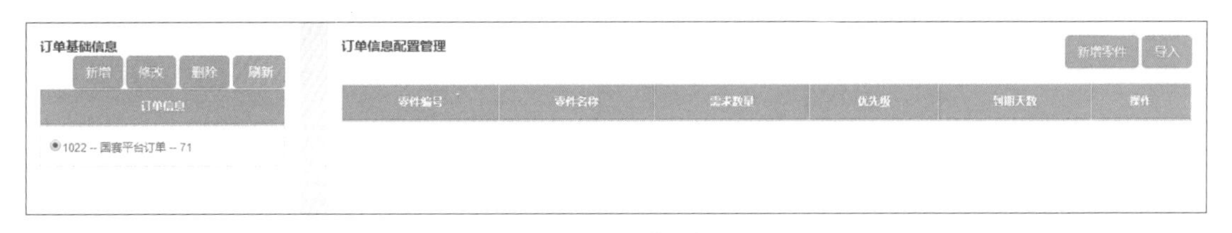

图 2-83　“订单管理”页面

在右侧新增四个零件，分别为“连接轴”、“中间轴”、“上板”和“下板”，需求数量、优先级、到期天数为“1”，如图 2-84、图 2-85 所示。

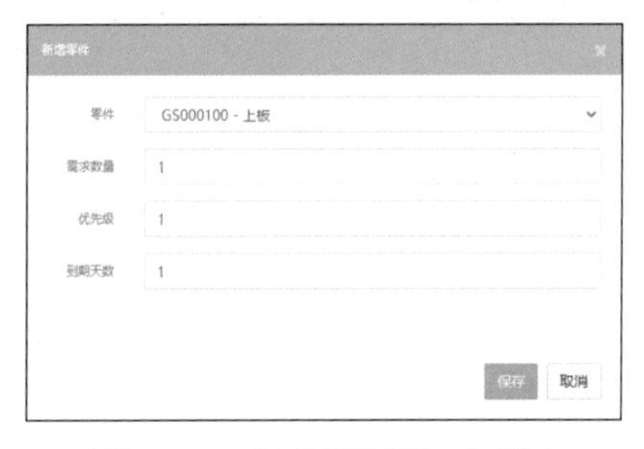

图 2-84　“新增零件”对话框

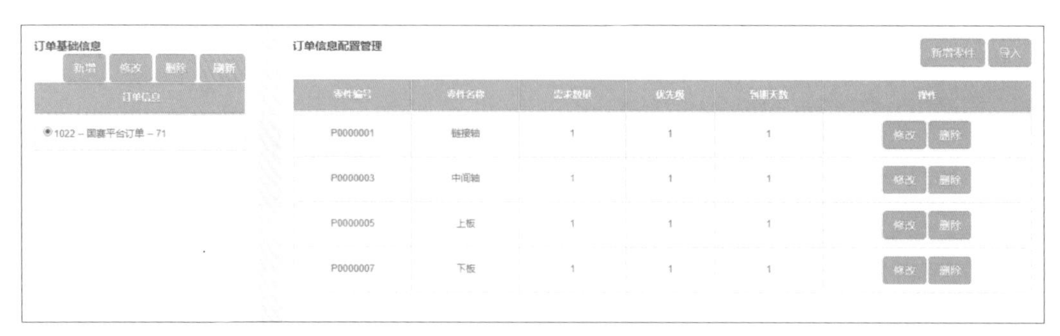

图 2-85　完成的“订单”

（6）生产排程管理

在左侧导航栏，单击“生产排程管理”，选中“国赛平台订单”，单击右上角的“启用”按钮，如图 2-86 所示。

图 2-86　“生产排程管理”页面

（7）生产监控管理

在左侧导航栏，单击“生产监控管理”，选中“模拟运行”单选按钮，如图 2-87 所示。

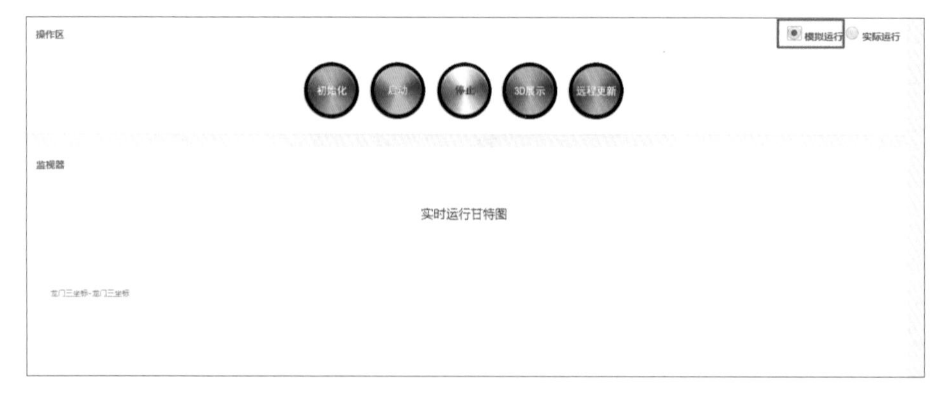

图 2-87　“生产监控管理”页面

单击“3D 展示”按钮,然后单击“启动”按钮,虚拟产线将完成仿真生产过程,如图 2-88 所示。

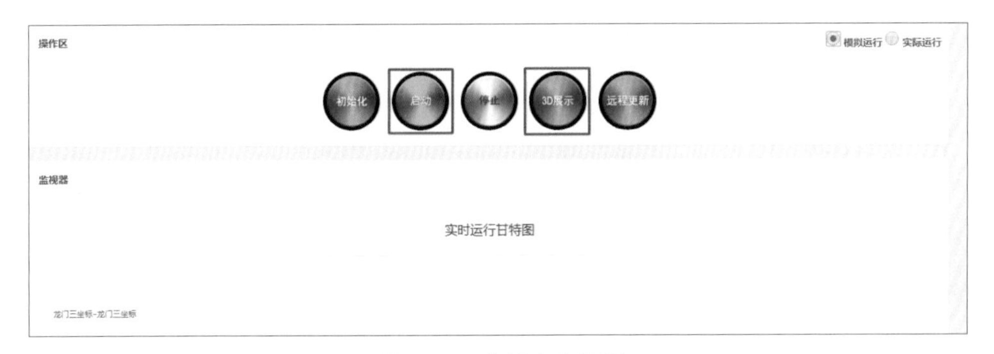

图 2-88 虚拟生产按钮

2. 智能制造特性

智能制造是基于新一代信息技术的先进制造过程、系统与模式的总称。智能制造贯穿“设计、生产、管理、服务”等制造活动各环节,并具有信息深度自感知、智慧优化自决策、精准控制自执行等功能。

工业发达国家经历了机械化、电气化、数字化三个历史发展阶段,具备了向智能制造阶段转型的条件,未来必然是以高度集成化和智能化的智能制造系统,取代制造过程中人的脑力劳动。

智能制造整个过程中将智能装备(包括但不限于机器人、数控机床、自动化集成装备、3D 打印等)通过通信技术有机连接起来,实现生产过程自动化;并通过各类感知技术收集生产过程中的各种数据,通过工业以太网等通信手段,以及各类系统优化软件提供生产方案,实现生产方案智能化。

在智能制造的关键技术当中,智能产品与智能服务可以帮助企业带来商业模式的创新;智能装备、智能制造产线、智能车间到智能工厂,可以帮助企业实现生产模式的创新;智能研发、智能管理、智能物流与供应链则可以帮助企业实现运营模式的创新;而智能决策则可以帮助企业实现科学决策。

巩固与练习

一、填空题

1. 根据在生产中使用的物质形态的差异,制造业主要可分为________制造业和________制造业。

2. AMR 将 MES 定义为:“位于上层的计划管理与底层的工业控制之间的面向中间________层的管理信息系统”。

3. 工艺,简单说就是将原材料或半成品加工成产品使用到的________、________等。

4. 生产企业习惯将最终产品之外的、在生产领域流转的一切材料、燃料、零部件、半成品、外协件以及生产过程中必然产生的边角余料、废料以及各种废物统称为________。

二、选择题

1. MES 是指( )。

A. 制造管理系统 B. 制造执行系统 C. 企业制造系统 D. 企业管理系统

2. 狭义上的 BOM 是指（　　）。

A. 材料清单　　B. 物料清单　　C. 资料清单　　D. 燃料清单

3. MES 的四个重点功能是（　　）。（多选题）

A. 生产管理　　B. 设备管理　　C. 工艺管理

D. 过程管理　　E. 质量管理

4. 数字化生产管理中，数据的收集、传递的常用载体有（　　）。（多选题）

A. 条码　　B. RFID

C. 嵌入式芯片（CPS）　　D. 物料

三、简答题

1. 简述离散型制造与流程型制造的区别与联系。
2. 简述虚拟仿真的技术优势。
3. 简述虚拟仿真系统搭建的流程与步骤。
4. 简述智能制造产线虚拟仿真搭建的重难点。

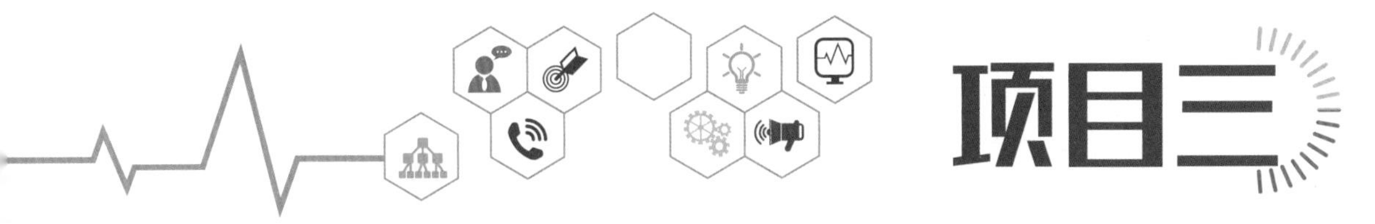

项目三 工业机器人技术

机器人是集机械、电子、控制、传感、人工智能等多学科先进技术于一体的自动化装备。自1956年机器人产业诞生后，经过60多年的发展，机器人已经被广泛应用在装备制造、新材料、生物医药、智慧新能源等高新产业。机器人与人工智能技术、先进制造技术和移动互联网技术的融合发展，推动了人类社会生活方式的变革。

自工业革命以来，人力劳动已经逐渐被机械所取代，而这种变革为人类社会创造出巨大的财富，极大地推动了人类社会的进步。时至今日，机电一体化、机械智能化等技术应运而生，人类充分发挥主观能动性，进一步增强对机械的利用效率，使之为我们创造更加巨大的生产力，并在一定程度上维护了社会的和谐。

工业机器人的出现将人类从繁重单一的劳动中解救出来，而且它还能够从事一些不适合人类甚至超越人类的劳动，实现生产的自动化，避免工伤事故和提高生产效率。随着生产力的发展，必将促进相应科学技术的发展。工业机器人未来将广泛地进入人们的生产生活领域。

任务一 工业机器人认知

1. 思政元素

智能制造是国家制造业的发展方向，围绕自动控制技术、工业机器人技术等领域全面提升国家的实力，实现从“中国制造”向“中国智造”的转变。通过案例使学生切实感受到本课程的学习与中国的发展密切相关，从而有一种学习的使命感与责任感，进而培养学生的学习热情，增强学生的爱国情怀。

2. 知识目标

① 掌握工业机器人的概念、组成、特点、应用；
② 熟悉工业机器人的结构及工作原理；
③ 了解工业机器人的优势与应用范围；
④ 熟悉 ABB 工业机器人典型结构及 IRB120 实训台。

3. 能力目标

通过工业机器人相关知识的学习，了解 ABB 工业机器人在工业场合的应用，熟练叙述 ABB 工业机器人的结构组成及工作原理，了解 IRB120 实训台的组成及实训项目。

4. 素质目标

提高学生的工科素养，培养学生的团队协作能力、操作规范性和良好的组织纪律性。

任务描述

通过教师的讲解和对实训室 ABB IRB120 实训台的观察和操作，熟悉 ABB 工业机器人的结构组成、工作原理及实训台的实训项目。

任务实现

一、工业机器人技术

1. 概念

工业机器人是广泛用于工业领域的多关节机械手或多自由度的机器装置，具有一定的自动性，可依靠自身的动力能源和控制能力实现各种工业加工制造功能。工业机器人被广泛应用于电子、物流、化工等各个工业领域之中。

2. 组成

一般来说，工业机器人由三大部分、六个子系统组成。三大部分是机械部分、传感部分和控制部分。六个子系统可分为机械结构系统、驱动系统、感知系统、机器人－环境交互系统、人机交互系统和控制系统。

（1）机械结构系统

从机械结构来看，工业机器人总体上分为串联机器人和并联机器人。串联机器人的特点是一个轴的运动会改变另一个轴的坐标原点，而并联机器人一个轴的运动不会改变另一个轴的坐标原点。早期的工业机器人都是采用串联机构。并联机构定义为动平台和定平台通过至少两个独立的运动链相连接，机构具有两个或两个以上自由度，且以并联方式驱动的一种闭环机构。并联机构有两个构成部分，分别是手腕和手臂。手臂活动区域对活动空间有很大的影响，而手腕是工具和主体的连接部分。与串联机器人相比较，并联机器人具有刚度大、结构稳定、承载能力大、微动精度高、运动负荷小的优点。在位置求解上，串联机器人的正解容易，但反解十分困难；而并联机器人则相反，其正解困难，反解却非常容易。

（2）驱动系统

驱动系统是向机械结构系统提供动力的装置。根据动力源不同，驱动系统的传动方式分为液压式、气压式、电气式和机械式四种。早期的工业机器人采用液压驱动，由于液压系统存在泄露、噪声和低速不稳定等问题，并且功率单元笨重、昂贵，目前只有大型重载机器人、并联加工机器人和一些特殊应用场合使用液压驱动的工业机器人。气压驱动具有速度快、系统结构简单、维修方便、价格低等优点。但是气压装置的工作压强低，不易精确定位，一般仅用于工业机器人末端执行器的驱动。气动手爪、旋转气缸和气动吸盘作为末端执行器可用于中、小负荷的工件抓取和装配。电力驱动是目前使用最多的一种驱动方式，其特点是电源取用方便、响应快、驱动力大，信号检测、传递、处理方便，并可以采用多种灵活的控制方式，驱动电动机一般采用步进电动机或伺服电动机，目前也有的采用直接驱动电动机，但是造价较高，控制也较为复杂，和电动机相配的减速器一般采用谐波减速器、摆线针轮减速器或者行星齿轮减速器。由于并联机器人中有大量的直线驱动需求，直线电动机在并联机器人领域已经得到了广泛应用。

（3）感知系统

机器人感知系统把机器人各种内部状态信息和环境信息从信号转变为机器人自身或者机器人之间能够理解和应用的数据和信息，除了需要感知与自身工作状态相关的机械量，如位移、速度和力等，视觉感知技术是工业机器人感知的一个重要方面。视觉伺服系统将视觉信息作为反馈信号，用于控制调整机器人的位置和姿态。机器视觉系统还在质量检测、识别工件、食品分拣、包装的各个方面得到了广泛应用。感知系统由内部传感器模块和外部传感器模块组成，智能传感器的使用提高了机器人的机动性、适应性和智能化水平。

（4）机器人－环境交互系统

机器人－环境交互系统是实现机器人与外部环境中的设备相互联系和协调的系统。机器人与外围设备集成为一个功能单元，如加工制造单元、焊接单元、装配单元等。当然也可以是多台机器人集成为一个去执行复杂任务的功能单元。

（5）人机交互系统

人机交互系统是人与机器人进行联系和参与机器人控制的装置。例如：计算机的标准终端、指令控制台、信息显示板、危险信号报警器等。

（6）控制系统

控制系统的任务是根据机器人的作业指令以及从传感器反馈回来的信号，支配机器人的执行机构去完成规定的运动和功能。如果机器人不具备信息反馈特征，则为开环控制系统；具备信息反馈特征，则为闭环控制系统。根据控制原理可分为程序控制系统、适应性控制系统和人工智能控制系统。根据控制运动的形式可分为点位控制和连续轨迹控制。

3. 特点

相比于传统的工业设备，工业机器人有众多的优势，比如机器人具有易用性、智能化水平高、生产效率及安全性高、易于管理且经济效益显著等特点，使得它们可以在高危环境下进行作业。

（1）易用性

在我国，工业机器人广泛应用于制造业，不仅仅应用于汽车制造业，大到航天飞机的生产，军用装备，高铁的开发，小到圆珠笔的生产都有广泛的应用。并且已经从较为成熟的行业延伸到食品、医疗等领域。由于机器人技术发展迅速，与传统工业设备相比，不仅产品的价格差距越来越小，而且产品的个性化程度高，因此在一些工艺复杂的产品制造过程中，可以让工业机器人替代传统设备，这样就可以在很大程度上提高经济效率。

（2）智能化水平高

随着计算机控制技术的不断进步，工业机器人将逐渐能够明白人类的语言，同时工业机器人可以完成产品的组件，这样就可以让工人免除复杂的操作。工业生产中焊接机器人系统不仅能实现空间焊缝的自动实时跟踪，而且还能实现焊接参数的在线调整和焊缝质量的实时控制，可以满足技术产品复杂的焊接工艺及其焊接质量、效率的迫切要求。另外，随着人类探索空间的扩展，在极端环境，如太空、深水以及核环境下，工业机器人也能利用其智能将任务顺利完成。

（3）生产效率及安全性高

机械手，顾名思义，通过仿照人类的手形而生产出来的手，它生产一件产品耗时是固定的。同样的生产周期内，使用机械手的产量也是固定的，不会忽高忽低。并且每一模块的产品生产时间是固定化的，产品的成品率也高。

工厂采用工业机器人生产，可以解决很多安全生产方面的问题。对于由于个人原因，如不熟悉工作流程、工作疏忽、疲劳工作等导致安全生产隐患，全都可以避免了。

（4）易于管理且经济效益显著

企业可以很清晰地知道自己每天的生产量，根据自己所能够达到的产能去接收订单和生产商品。而不会去盲目预估产量或是生产过多产品产生浪费的现象。而工厂管理人员每天对工业机器人的管理，也会比管理员工简单得多。

工业机器人可以 24 h 循环工作，能够做到生产线的最大产量，并且无须给予加班的工时费用。对于企业来说，还能够避免员工长期高强度工作后产生的疲劳、生病带来的请假等误工的情况。生产线换用工业机器人生产后，企业生产只需要留下少数能够操作、维护工业机器人的员工对工业机器人进行维护作业就可以了，经济效益非常显著。

4. 应用

（1）在码垛方面的应用

在各类工厂的码垛方面，自动化极高的机器人被广泛应用，人工码垛工作强度大，耗费人力，员工不仅需要承受巨大的压力，而且工作效率低。搬运机器人能够根据搬运物件的特点，以及搬运物件所归类的地方，在保持其形状和性质不变的基础上，进行高效的分类搬运，使得装箱设备每小时能够完成数百块的码垛任务。在生产线上下料、集装箱的搬运等方面发挥极其重要的作用。

（2）在焊接方面的应用

焊接机器人主要承担焊接工作。不同的工业类型有着不同的工业需求，所以常见的焊接机器人有点焊机器人、弧焊机器人、激光机器人等。汽车制造行业是焊接机器人应用最广泛的行业，在焊接难度、焊接数量、焊接质量等方面有着人工焊接无法比拟的优势。

（3）在装配方面的应用

在工业生产中，零件的装配是一件工程量极大的工作，需要大量的劳动力，曾经的人力装配因为出错率高、效率低而逐渐被工业机器人代替。装配机器人的研发，结合了多种技术，包括通信技术、自动控制、光学原理、微电子技术等。研发人员根据装配流程，编写合适的程序，应用于具体的装配工作。装配机器人的最大特点，就是安装精度高、灵活性大、耐用程度高。因为装配工作复杂精细，所以选用装配机器人来进行电子零件、汽车精细部件的安装。

（4）在检测方面的应用

机器人具有多维度的附加功能，它能够代替工作人员在特殊岗位上的工作，比如在高危领域，如核污染区域、有毒区域、高危未知区域进行探测。还有人类无法具体到达的地方，如病人患病部位的探测、工业瑕疵的探测、地震救灾现场的生命探测等均有建树。

5. 常见结构

（1）直角坐标机器人

直角坐标机器人一般为二至三个运动自由度，每个运动自由度之间的空间夹角为直角。可重复编程，所有的运动均按程序运行，一般由控制系统、驱动系统、机械系统、操作工具等组成。灵活、多功能，因操作工具的不同功能也不同。高可靠性、高速度、高精度，可用于恶劣的环境，可长期工作，便于操作维修。直角坐标机器人如图 3–1 所示。

（2）平面关节型机器人

平面关节型机器人又称 SCARA 型机器人，是圆柱坐标机器人的一种形式。SCARA 机器人有三个旋转关节，其轴线相互平行，在平面内进行定位和定向。另一个关节是移动关节，用于完成末端件在垂直于平面的运动。具有精度高、动作范围较大、坐标计算简单、结构轻便、响应速度快等特点，但是负载较小，主要用于电子、分拣等领域。

SCARA 系统在 X,Y 轴方向上具有顺从性，而在 Z 轴方向具有良好的刚度，此特性特别适合于装配工作。SCARA 的另一个特点是其串联的两杆结构，类似人的手臂，可以伸进有限空间中作业然后收回，适合于搬动和取放物件，如集成电路板等。平面关节型机器人如图 3–2 所示。

图 3-1 直角坐标机器人

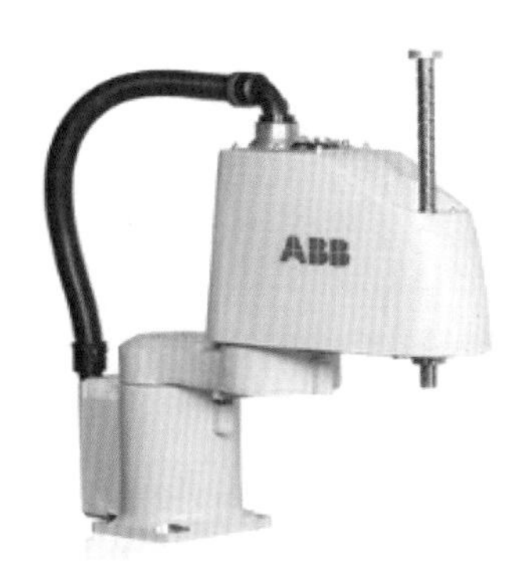

图 3-2 平面关节型机器人

（3）并联机器人

并联机器人（见图 3-3）又称 DELTA 机器人，属于高速、轻载的并联机器人，一般通过示教编程或视觉系统捕捉目标物体，由三个并联的伺服轴确定抓具中心（TCP）的空间位置，实现目标物体的运输、加工等操作。DELTA 机器人主要应用于食品、药品和电子产品等加工、装配。DELTA 机器人以其质量小、体积小、运动速度快、定位精确、成本低、效率高等特点正在市场上被广泛应用。

DELTA 机器人是典型的空间三自由度并联机构，整体结构精密、紧凑，驱动部分均布于固定平台，这些特点使它具有如下特性：

① 承载能力强、刚度大、自重负荷比小、动态性能好。

② 并行三自由度机械臂结构，重复定位精度高。

③ 超高速拾取物品，每秒多个节拍。

（4）串联机器人

串联机器人（见图 3-4）拥有五个或六个旋转轴，类似于人类的手臂。应用领域有装货、卸货、喷漆、表面处理、测试、测量、弧焊、点焊、包装、装配、切屑机床、固定、特种装配操作、锻造、铸造等。

串联机器人一般有很高的自由度，5 ～ 6 轴，适合于几乎任何轨迹或角度的工作，可以自由编程，完成全自动化的工作，提高生产效率，可控制的错误率，代替很多不适合人力完成、有害身体健康的复杂工作，比如，汽车外壳点焊、金属部件打磨。本项目就是以串联机器人作为对象进行展开的。

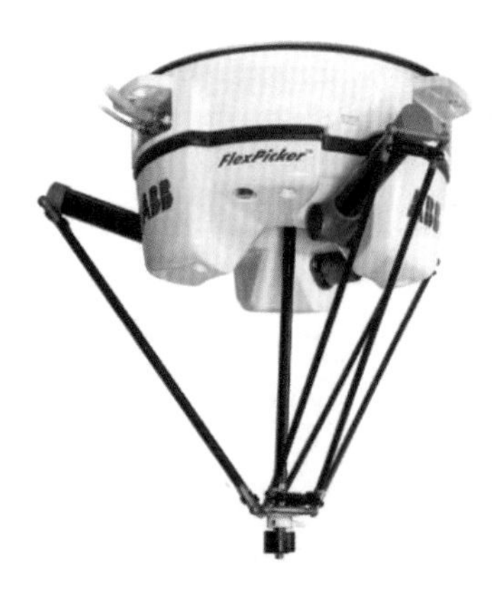

图 3-3 并联机器人

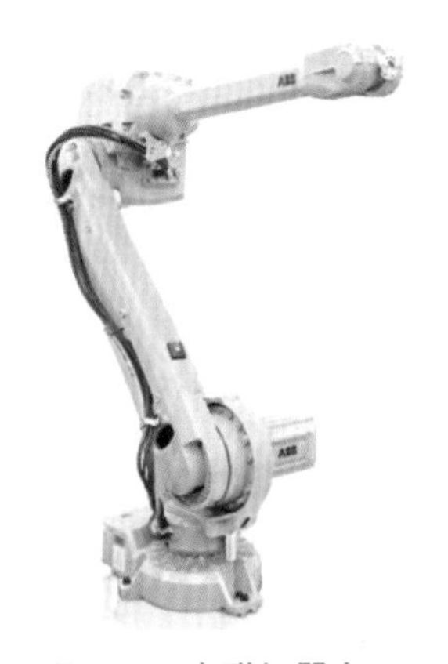

图 3-4 串联机器人

（5）协作机器人

在传统的工业机器人逐渐取代单调、重复性高、危险性强的工作之时，协作机器人也将会慢慢渗入各个工业领域，与人共同工作。这将引领一个全新的机器人与人协同工作时代的来临。随着工业自动化的发展，发现越来越需要协作机器人配合人来完成工作任务。这样，协作机器人比工业机器人的全自动化工作站具有更好的柔性和成本优势。协作机器人如图 3-5 所示。

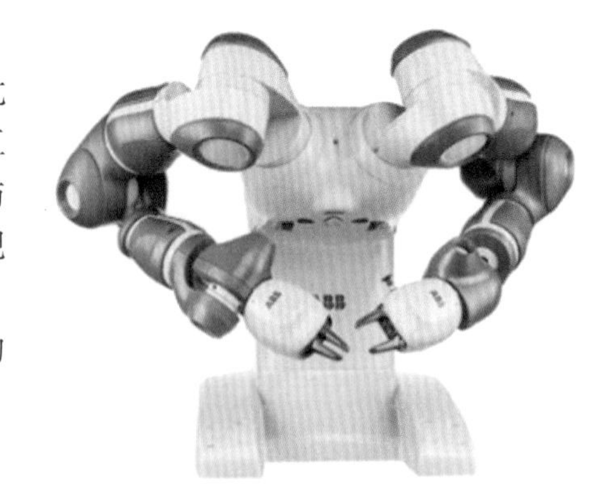

图 3–5　协作机器人

二、ABB 工业机器人

1. ABB 工业机器人简介

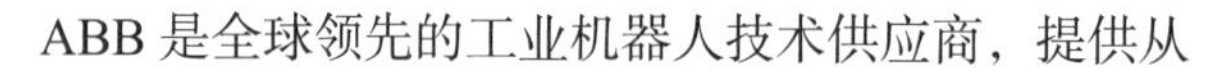

ABB 是全球领先的工业机器人技术供应商，提供从机器人本体、软件、外围设备、模块化制造单元、系统集成到客户服务的完整产品组合。ABB 机器人为焊接、搬运、装配、涂装、机加工、捡拾、包装、码垛、上下料等应用提供全面支持，广泛服务于汽车、电子产品制造、食品饮料、金属加工、塑料橡胶、机床等行业。截至目前，ABB 是唯一一家在中国打造工业机器人研发、生产、销售、工程、系统集成和服务全产业链的跨国企业。

2. ABB 工业机器人本体典型结构

关节机器人又称关节手臂机器人或关节机械手臂，是当今工业领域中最常见的工业机器人的形态之一，适合用于诸多工业领域的机械自动化作业。ABB 工业机器人中最常用的是六关节机器人，又称六轴机器人，它有六个旋转轴，类似于人类的手臂，每个旋转轴处有一台电动机，ABB 六轴工业机器人典型结构如图 3–6 所示。

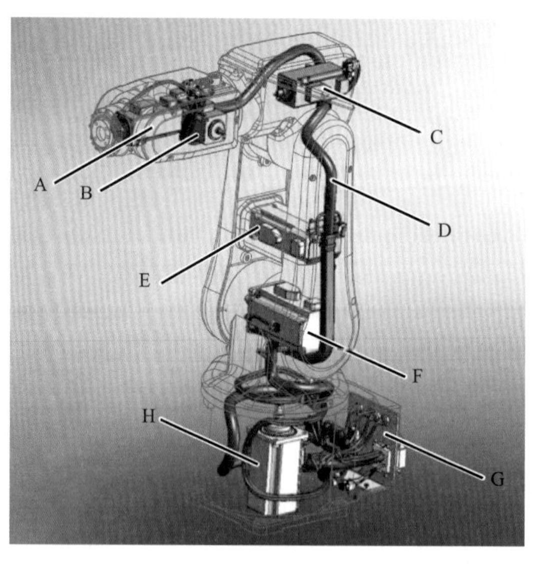

图 3–6　ABB 六轴工业机器人典型结构

A—电动机轴 6；B—电动机轴 5；C—电动机轴 4；D—电缆线束；E—电动机轴 3；
F—电动机轴 2；G—底座及线缆接口；H—电动机轴 1

3. ABB IRB 120

本项目介绍的 ABB 工业机器人的型号为 IRB 120，该型号机器人是 ABB 迄今最小的、多用途机器人，仅重 25 kg，荷重 3 kg（垂直腕为 4 kg），工作范围达 580 mm，是具有低投资、高产出优势的经济可靠之选。

4. IRB 120 实训台

ABB IRB 120 实训台上安装有一台 ABB IRB 120 工业机器人（见图 3–7），并且安装有多个实训工具和实训模块，可以做多个项目的实训任务，比如积木的搬运、码垛、写字、建立坐标系、路径的行走等。实训台的下面有一个柜体，柜体内安装有各种元器件和控制柜，控制柜可以和机器人以及示教器进行通信，实现对机器人的控制。ABB IRB 120 实训台如图 3–8 所示。

图 3–7　ABB IRB 120 工业机器人

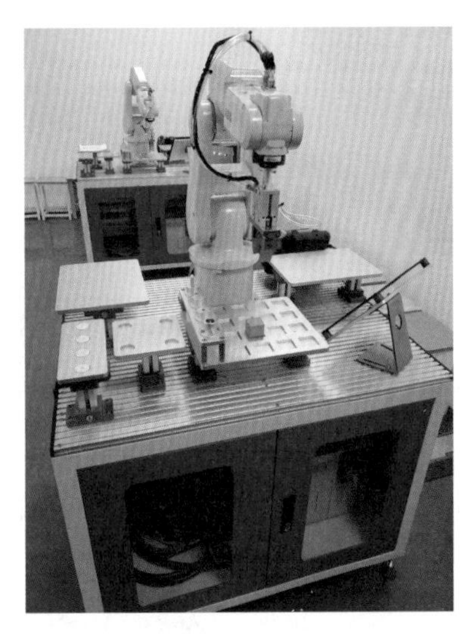

图 3–8　ABB IRB120 实训台

任务二　积木搬运

任务目标

1. 思政元素

紧密结合未来工业机器人以及智能制造发展，树立安全意识，突出培育爱国主义精神、团结合作的品质以及工匠精神，为工业机器人编程应用相关工作奠定基础。

2. 知识目标

① 掌握示教器的应用；

② 掌握模块和例行程序的建立；

③ 熟悉常用编程指令的应用。

3. 能力目标

通过工业机器人相关知识的学习，掌握示教器的使用，能在线性模式下通过示教器熟练操作机器人，能够熟练掌握模块和例行程序的建立，熟悉 MoveJ、MoveL、Set、Reset、WaitTime 等常用指令的应用，能进行程序的调试运行。

4. 素质目标

提高学生的工科素养，培养学生的团队协作能力、操作规范性和良好的组织纪律性。

任务描述

熟悉示教器的使用，通过示教器手动操作机器人搬运积木、新建模块和例行程序，应用常用指令编写积木搬运程序，通过程序控制机器人机械手把积木从一个位置搬运至另一个位置。

任务实现

一、示教器手动操作

1. 示教器简介

ABB 机器人都是通过示教器进行手动操作的。在示教器上，绝大多数的操作都是在触摸屏上完成的，同时也保留了必要的按钮和操作装置。示教器结构如图 3–9 所示。

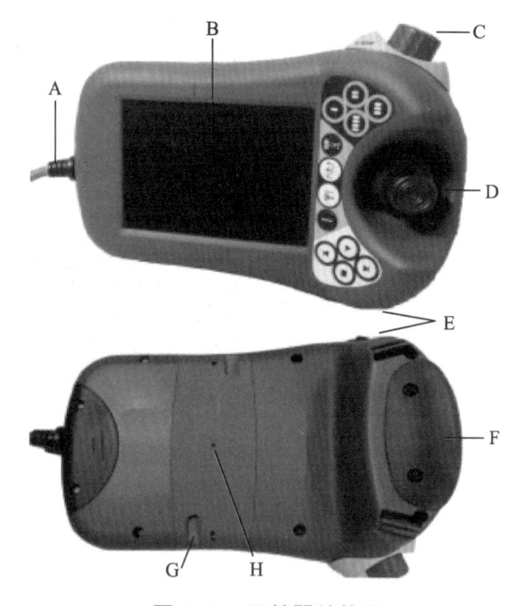

图 3–9　示教器结构图

A—连接电缆；B—触摸屏；C—急停开关；D—手动操纵摇杆；E—USB 端口；
F—使能器按钮；G—触摸屏用笔；H—示教器复位按钮

在使用示教器时，将左手从后面伸进示教器的安全带中，托着示教器，将示教器放在左手上，然后用右手进行屏幕和按钮的操作，如图 3–10 所示。

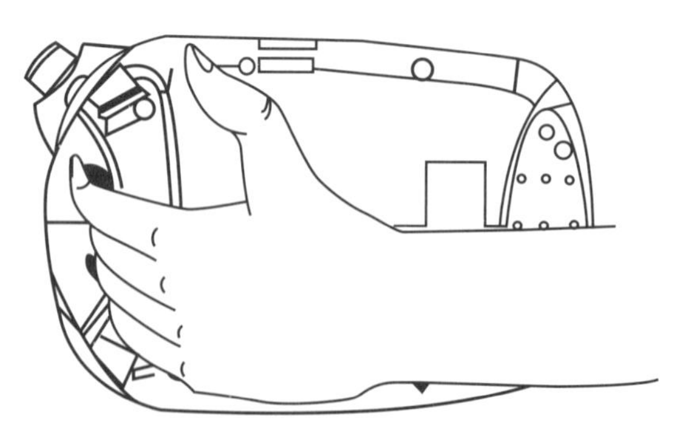

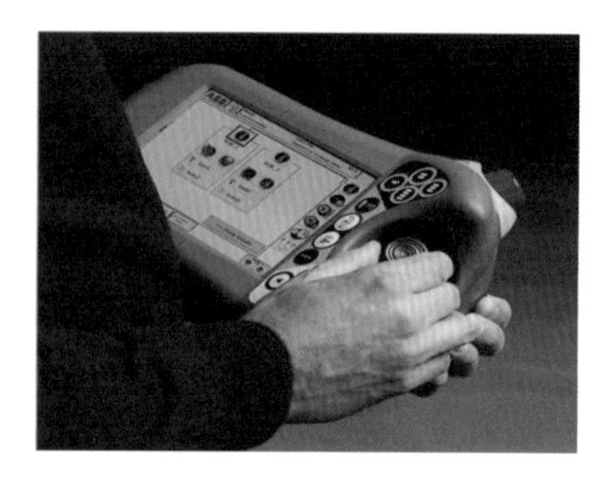

图 3–10　示教器的手持方法

2. 设置示教器语言

示教器出厂时，默认的显示语言是英语。为了方便操作，下面介绍把显示语言设定为中文的操作步骤。

① 单击左上角主菜单按钮。

② 选择 Control Panel，如图 3–11 所示。

③ 选择 Language，如图 3–12 所示。

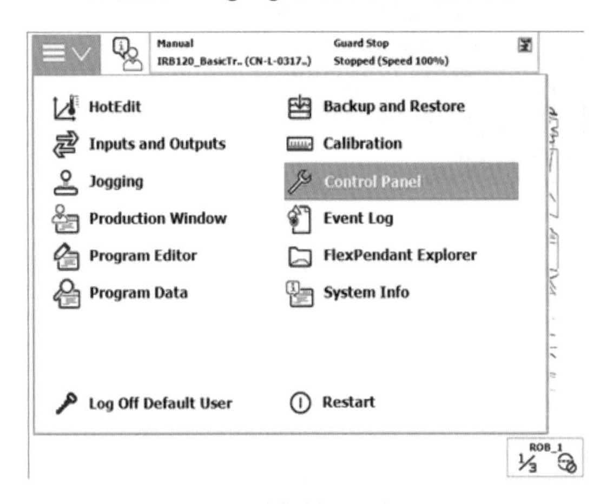

图 3–11　选择控制面板

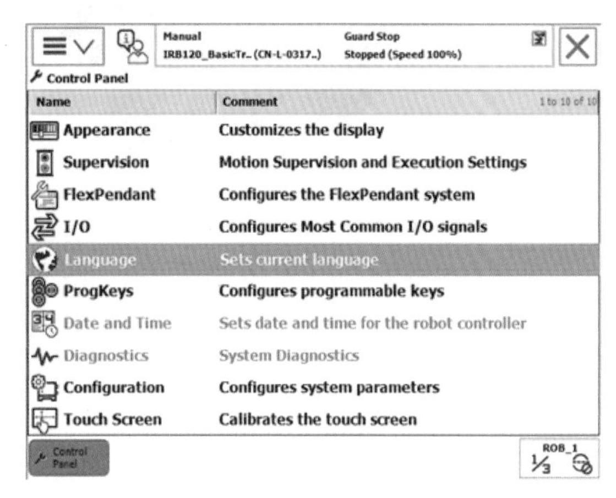

图 3–12　选择示教器语言

④ 选择 Chinese。

⑤ 单击 OK 按钮。

⑥ 单击 YES 按钮后，系统重启。

⑦ 重启后，单击左上角按钮就能看到菜单已切换成中文界面，如图 3–13 所示。

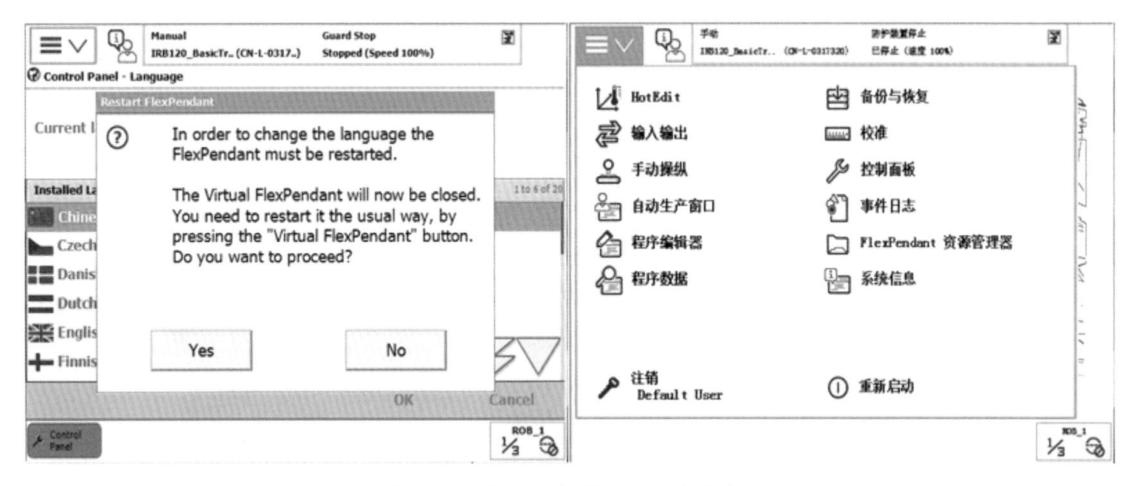

图 3–13　设定示教器显示语言为中文

3. 使能器按钮的使用

使能器按钮是工业机器人为保证操作人员人身安全而设置的。只有在按下使能器按钮，并保持在“电机开启”的状态，才可对机器人进行手动操作与程序调试。当发生危险时，人会本能地将使能器按钮松开或按紧，机器人则会马上停下来，保证安全。

使能器按钮位于示教器手动操作摇杆的右侧，操作者应用左手的四个手指进行操作，如图 3–14 所示。

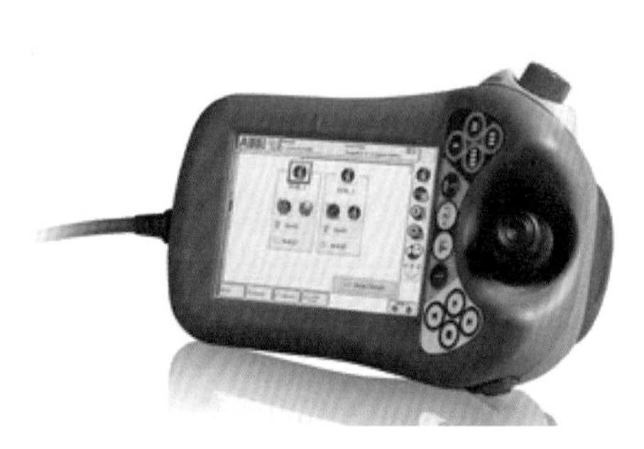

图 3–14　使能器的使用

使能器按钮分为两挡，在手动状态下第一挡按下去，机器人处于“电机开启”状态；第二挡按下去以后，机器人就会处于“防护装置停止”状态，如图 3–15 所示。

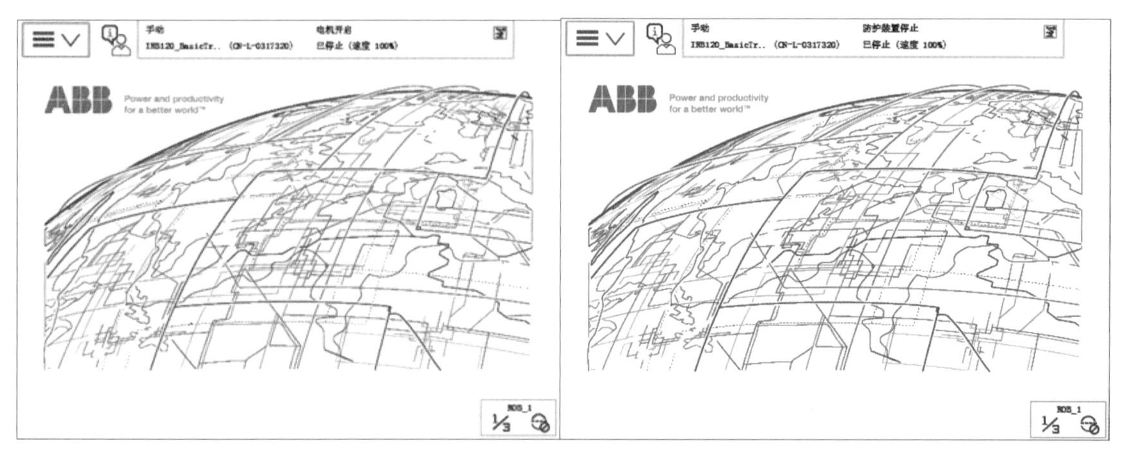

图 3–15　使能器两种不同状态显示

4. ABB 机器人手动操纵

（1）单轴运动的手动操纵

一般地，ABB 机器人是由六个伺服电动机分别驱动机器人的六个关节轴，那么每次手动操纵一个关节轴的运动，就称为单轴运动。机器人的六个关节轴如图 3–16 所示。

① 将控制柜上机器人状态钥匙切换到手动限速状态（小手标志）。

② 在状态栏中，确认机器人的状态已切换为“手动”。

③ 单击左上角主菜单按钮。

④ 选择“手动操纵”，如图 3–17 所示。

⑤ 单击“动作模式”，如图 3–18 所示。

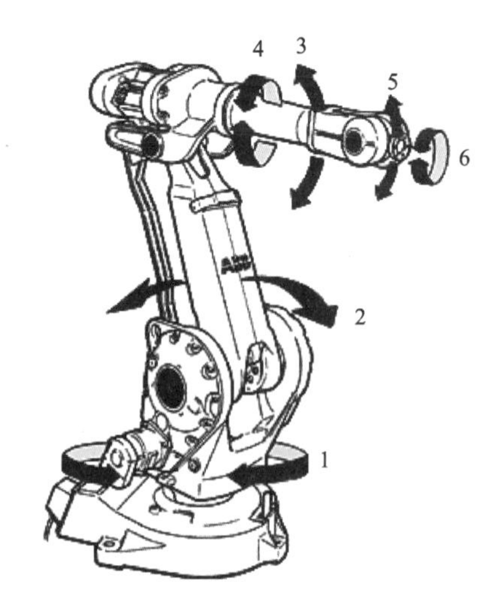

图 3–16　机器人的六个关节轴

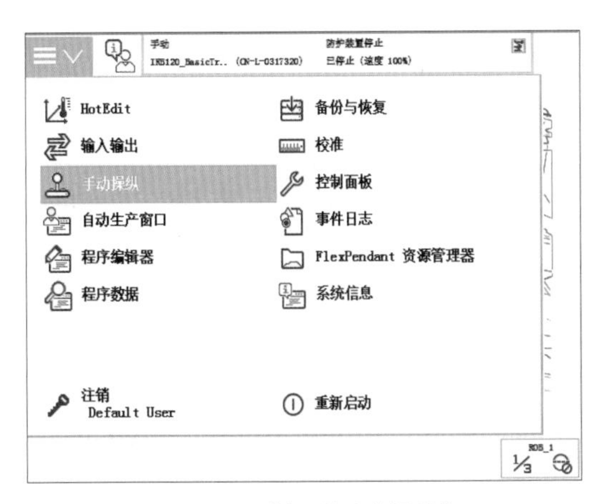

图 3-17　选择“手动操纵”

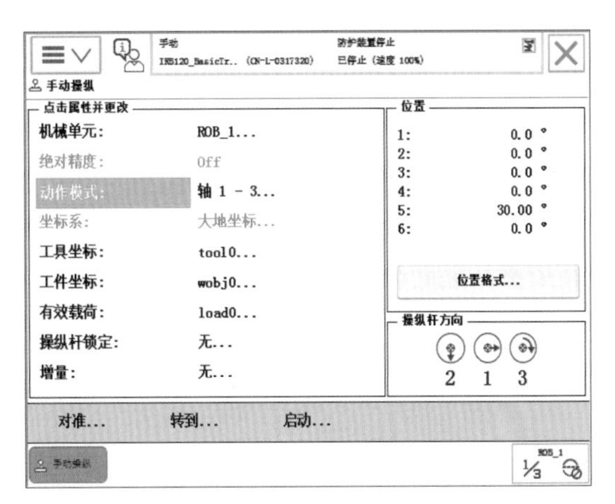

图 3-18　选择“动作模式”

⑥ 选中“轴 1-3”，就可以操纵 1-3 轴，然后单击“确定”按钮。选中“轴 4-6”，就可以操纵 4-6 轴。1-3 轴动作模式的选择如图 3-19 所示。

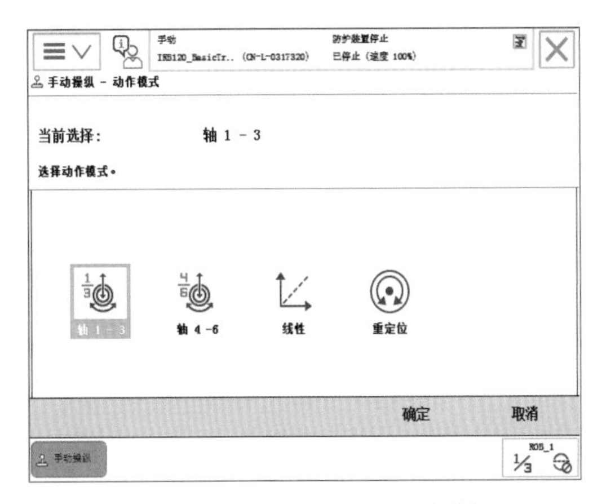

图 3-19　1-3 轴动作模式的选择

⑦ 用左手按下使能按钮，进入“电机开启”状态。

⑧ 在状态栏中，确认“电机开启”状态。

⑨ 在操纵杆方向窗口中显示“轴 1-3”的操纵杆方向，箭头代表正方向，如图 3-20 所示。

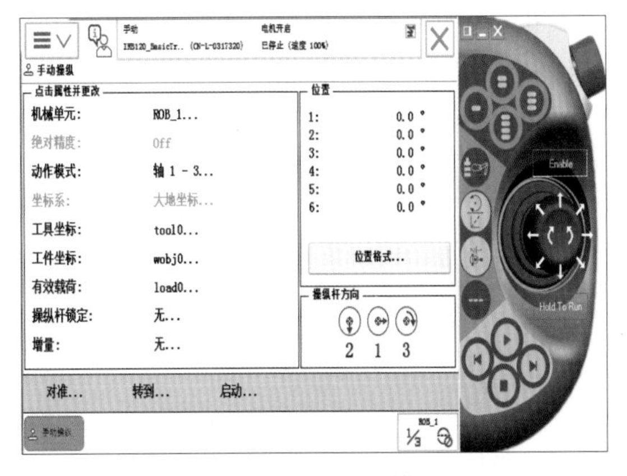

图 3-20　轴 1-3 操作模式界面

操纵杆的操纵幅度是与机器人的运动速度相关的。操纵幅度较小，则机器人运动速度较慢；操纵幅度较大，则机器人运动速度较快，所以在操作时，尽量以小幅度操纵使机器人慢慢运动来开始手动操纵。

（2）线性运动的手动操纵

机器人的线性运动是指安装在机器人第六轴法兰盘上工具的 TCP（工具中心点）在空间中做线性运动。以下就是手动操纵线性运动的方法。

① 选择“手动操纵”。

② 选择“动作模式”。

③ 选择“线性”，然后单击“确定”按钮，如图 3–21 所示。

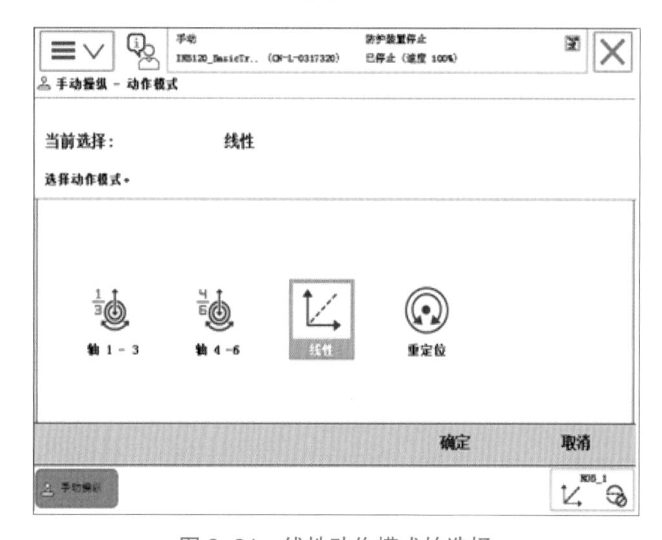

图 3–21　线性动作模式的选择

机器人的线性运动要在“工具坐标”中指定对应的工具。

④ 单击“工具坐标”。

⑤ 选中对应的工具“tool1”，然后单击“确定”按钮，如图 3–22 所示。

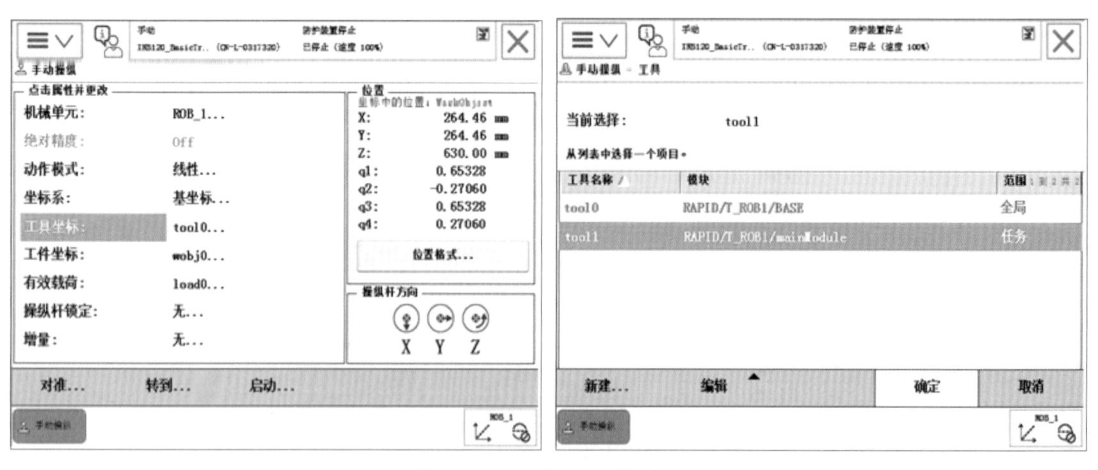

图 3–22　工具坐标的选择

⑥ 用左手按下使能按钮，进入“电机开启”状态。

⑦ 在状态栏中，确认“电机开启”状态。

⑧ 操纵杆方向窗口显示轴 X、Y、Z 的操纵杆方向，箭头代表正方向，如图 3–23 所示。

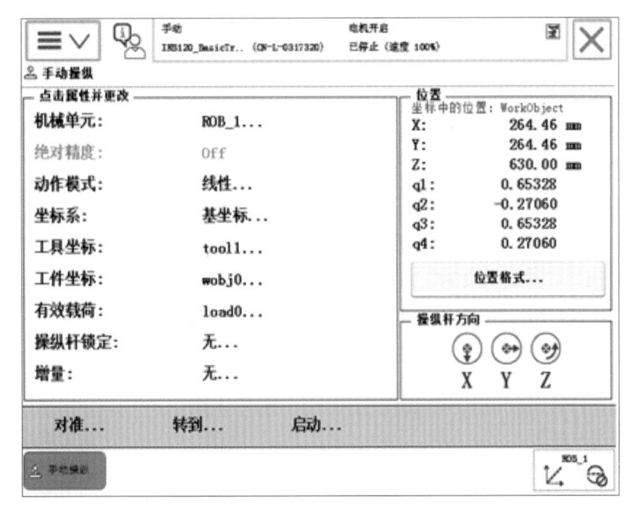

图 3–23　线性运动的操作界面

⑨ 操作示教器上的操纵杆，工具的 TCP 点在空间中沿着 X、Y、Z 轴做线性运动，如图 3–24 所示。

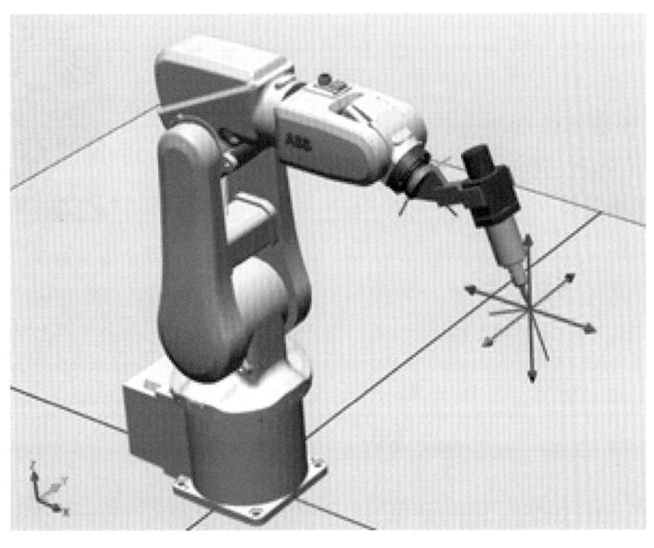
图 3–24　TCP 点沿着 X、Y、Z 轴做线性运动

（3）增量模式的使用

如果对使用操纵杆通过位移幅度来控制机器人运动的速度不熟练，那么可以使用“增量”模式来控制机器人的运动。

在增量模式下，操纵杆每位移一次，机器人就移动一步。如果操纵杆持续 1 s 或数秒，机器人就会持续移动（速率为 10 步 /s）。

① 选中“增量”。

② 根据需要选择增量的移动距离，然后单击“确定”按钮，如图 3–25 所示。

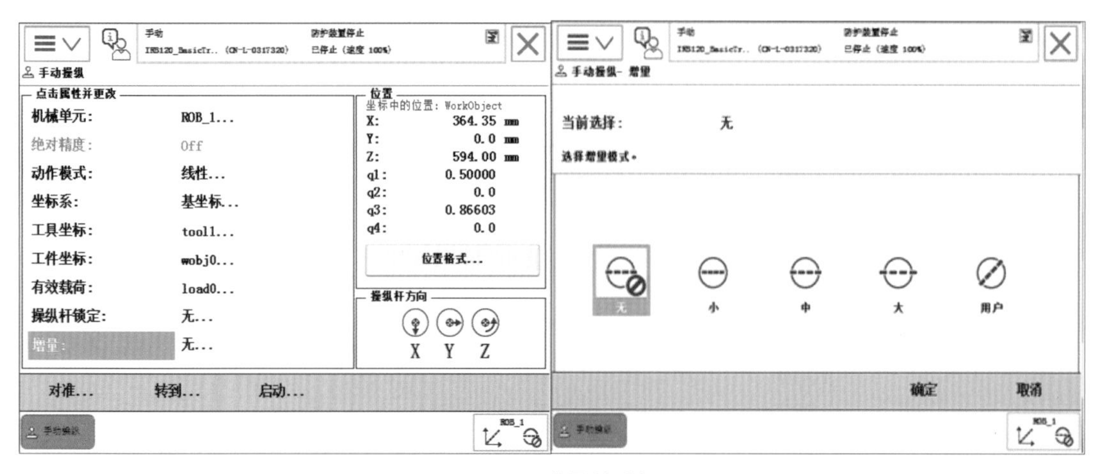

图 3–25　增量的选择

增量的移动距离见表 3–1。

表 3–1　增量的移动距离

增　　量	移动距离 /mm	弧度 /rad
小	0.05	0.000 5
中	1	0.004
大	5	0.009
用户	自定义	自定义

（4）手动操纵的快捷按钮和快捷菜单

示教器手动操纵的快捷按钮，如图 3–26 所示。

① 单击右下角快捷菜单按钮。

② 选择“手动操纵”。

③ 单击“显示详情”按钮，各种手动操纵的快捷图标显示在界面中，如图 3–27 所示。

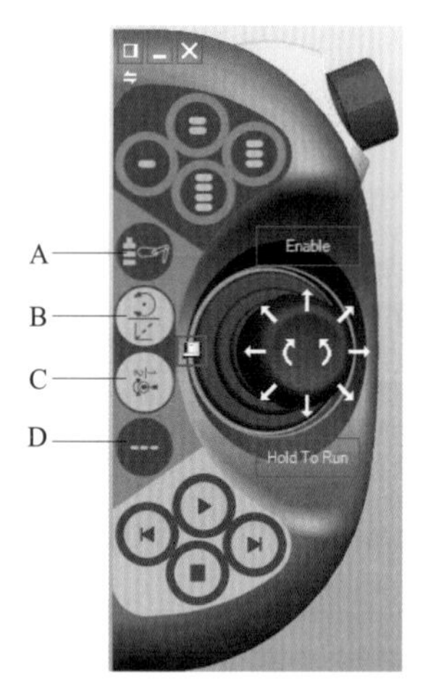

图 3–26　示教器手动操纵的快捷按钮

A—机器人 / 外轴的切换；B—线性运动 / 重定位运动的切换；C—关节运动轴 1-3/ 轴 4-6 的切换；D—增量开 / 关

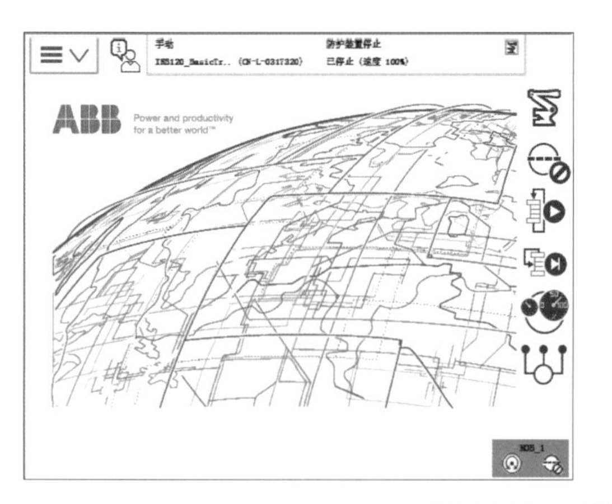

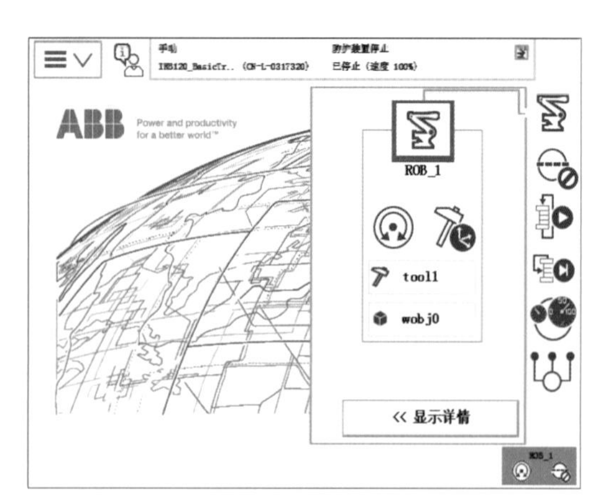

图 3–27　手动操纵的快捷图标

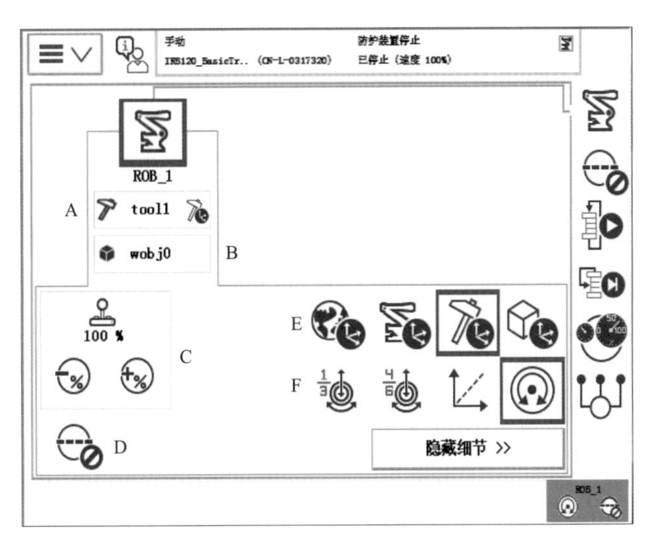

图 3–27　手动操纵的快捷图标（续）

A—选择当前使用的工具数据；B—选择当前使用的工件坐标；C—操纵杆速率；
D—增量开 / 关；E—坐标系选择；F—动作模式选择

④ 单击“增量模式”按钮，选择需要的增量。

⑤ 自定义增量值的方法:首先选择“用户模块”，然后单击“显示值”按钮，就可以进行增量值的自定义了。增量的选择和设定如图 3–28 所示。

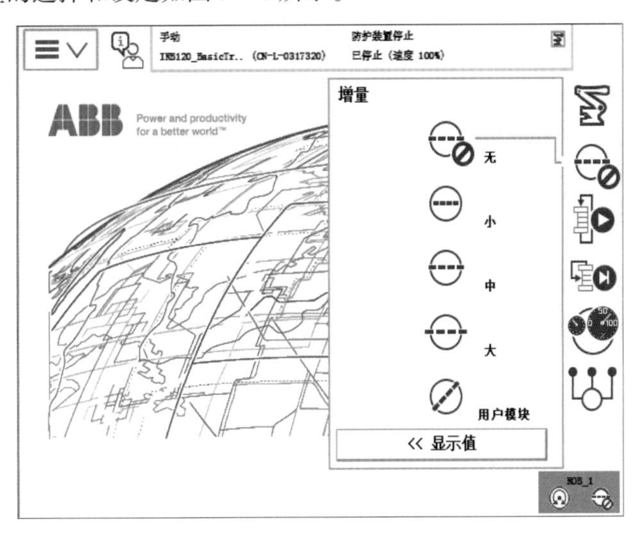

图 3–28　增量的选择和设定

二、常用编程指令应用

RAPID 是一种基于计算机的高级编程语言，易学易用，灵活性强。支持二次开发、中断、错误处理、多任务处理等高级功能。RAPID 程序中包含了一连串控制机器人的指令，执行这些指令可以实现对机器人的控制操作。

应用程序是使用称为 RAPID 编程语言的特定词汇和语法编写而成的。所包含的指令可以移动机器人、设置输出、读取输入，还能实现决策、重复其他指令、构造程序、与系统操作员交流等功能。

1. 认识任务、程序模块和例行程序

一个 RAPID 程序称为一个任务，一个任务是由一系列的模块组成的。包括程序模块与系统模块。一般地，只通过新建程序模块来构建机器人的程序，而系统模块多用于系统方面的控制之用。

可以根据不同的用途创建多个程序模块，如专门用于主控制的程序模块、用于位置计算的程序模块、用于存放数据的程序模块，这样做的目的在于方便归类管理不同用途的例行程序与数据。

每一个程序模块包含了程序数据、例行程序、中断程序和功能四种对象，但不一定在一个模块中都有这四种对象的存在，程序模块之间的数据、例行程序、中断程序和功能是可以互相调用的。

在 RAPID 程序中，只有一个主程序 main，可存在于任意一个程序模块中，并且作为整个 RAPID 程序执行的起点。RAPID 程序的基本架构见表 3-2。

表 3-2　RAPID 程序的基本架构

RAPID 程序（任务）			
程序模块 1	程序模块 2	程序模块 3	系统模块
程序数据	程序数据	……	程序数据
主程序 main	例行程序	……	例行程序
例行程序	中断程序	……	中断程序
中断程序	功能	……	功能
功能		……	

2. 常用 RAPID 编程指令

ABB 机器人的 RAPID 编程提供了丰富的指令来完成各种简单与复杂的应用。下面从最常用的指令开始学习 RAPID 编程，领略 RAPID 丰富的指令集为用户提供的编程便利性。下面先来看看在示教器中进行指令编辑的基本操作。

① 单击左上角主菜单按钮。

② 选择“程序编辑器”。

③ 单击“取消”按钮，如图 3-29 所示。

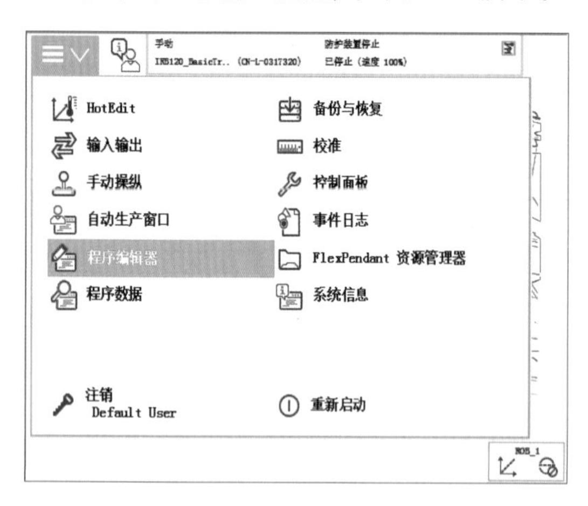

图 3-29　进入程序编辑器

④ 单击左下角文件菜单里的“新建模块”。

⑤ 设定模块名称（这里使用默认名称 Module1），单击“确定”按钮，如图 3-30 所示。

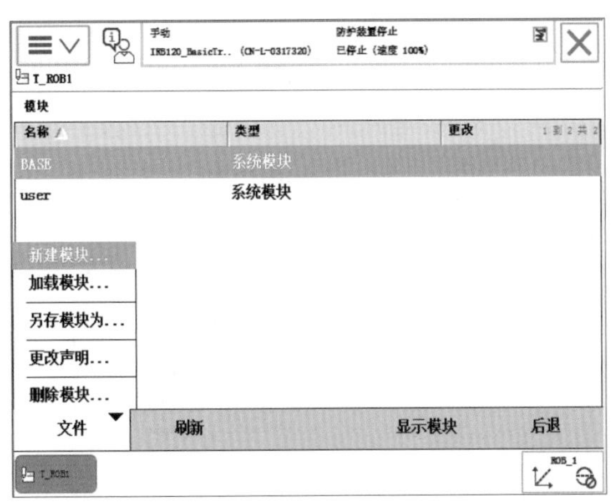

图 3-30　新建模块

⑥ 选中 Module1，单击“显示模块”按钮。

⑦ 选择“例行程序”，如图 3-31 所示。

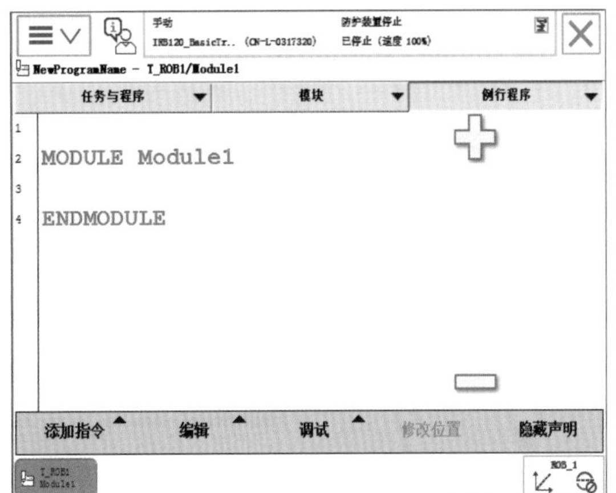

图 3-31　选择“例行程序”

⑧ 选择左下角文件菜单里的“新建例行程序”。

⑨ 设定例行程序名称（这里就使用默认名称 Routine1），单击“确定”按钮，如图 3-32 所示。

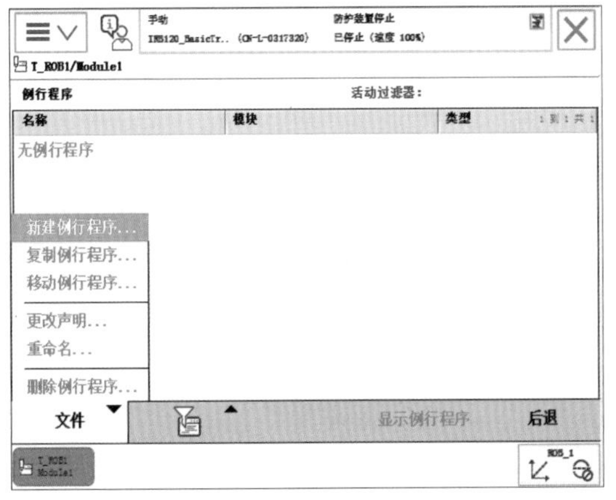

图 3-32　新建“例行程序”

⑩ 选中 Routine1，单击“显示例行程序”按钮。

⑪ 选中要插入指令的程序位置，高显为蓝色。

⑫ 单击“添加指令”按钮打开指令列表，此时就可以添加各种指令，如图 3-33 所示。

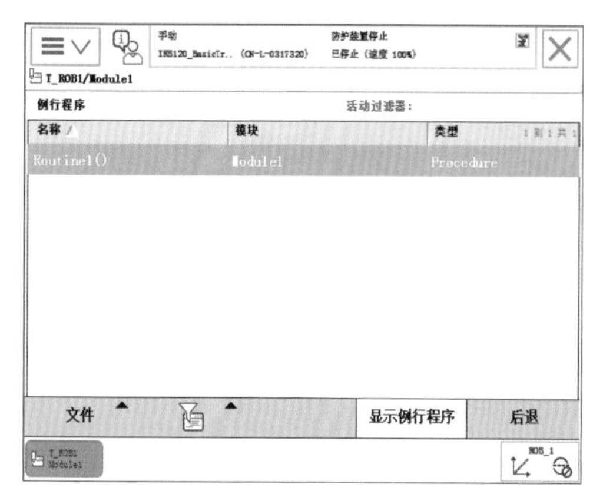

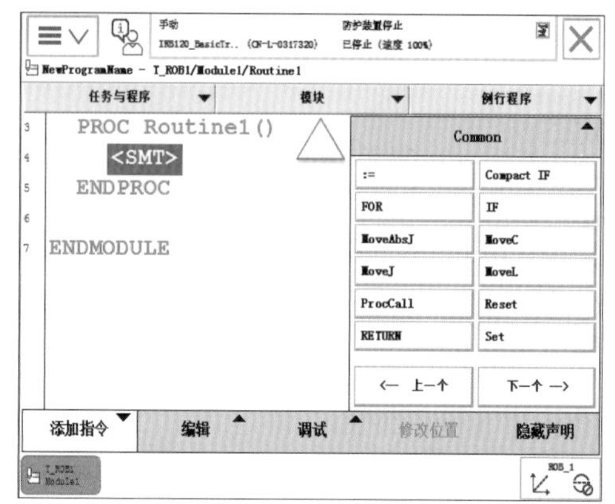

图 3-33　在例行程序中添加指令

3. 线性运动指令 MoveL

线性运动指令为 MoveL。线性运动是机器人的 TCP（工具中心点）从起点到终点之间的路径始终保持为直线，一般如焊接、涂胶等应用对路径要求高的场合使用此指令。线性运动路径示意图如图 3-34 所示。

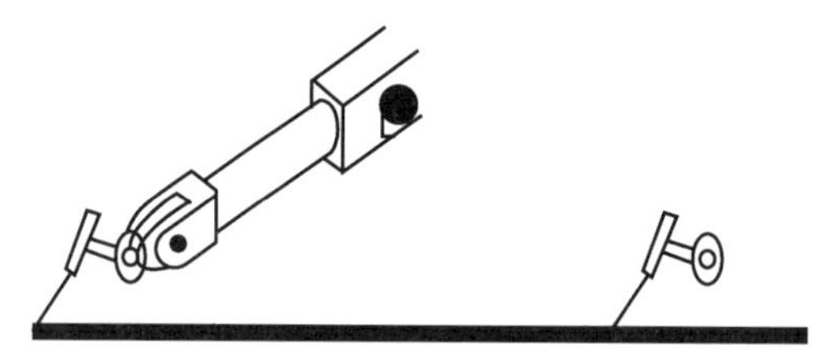

图 3-34　线性运动路径示意图

添加线性运动指令 MoveL 的操作如下：

① 选中 <SMT> 为添加指令的位置。

② 在指令列表中选择 MoveL，如图 3-35 所示。

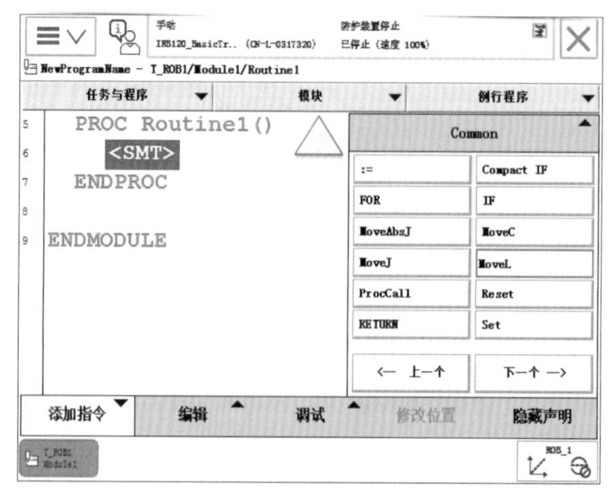

图 3-35　添加线性运动指令 MoveL

③ 选中 * 号并蓝色高亮显示，再单击 * 号。
④ 单击“新建”按钮，如图 3-36 所示。

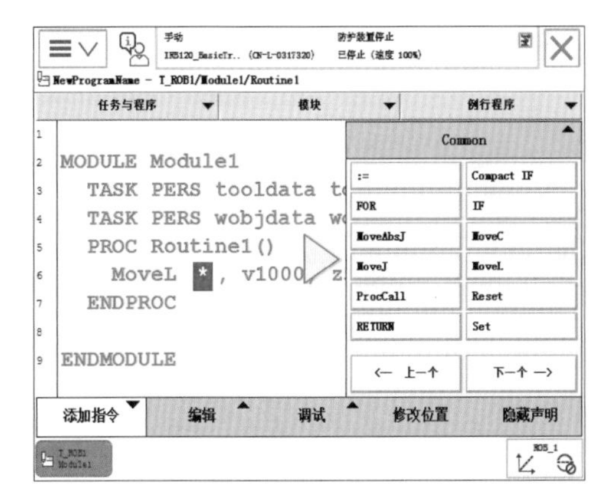

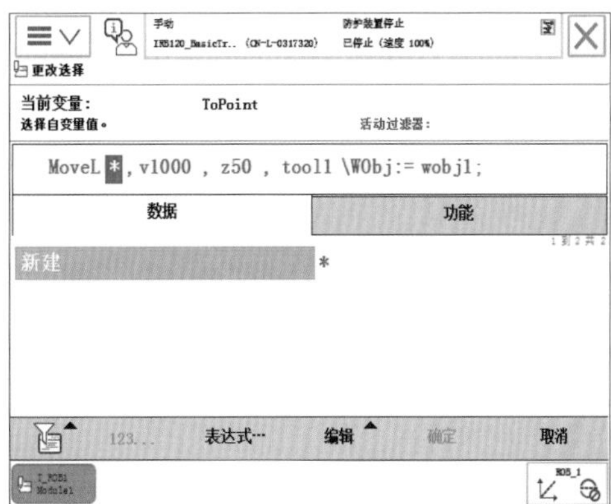

图 3-36　新建目标点

⑤ 对目标点数据属性进行设定后，单击“确定”按钮。
⑥ * 号已经被 p10 目标点变量代替。
⑦ 单击“确定”按钮，如图 3-37 所示。

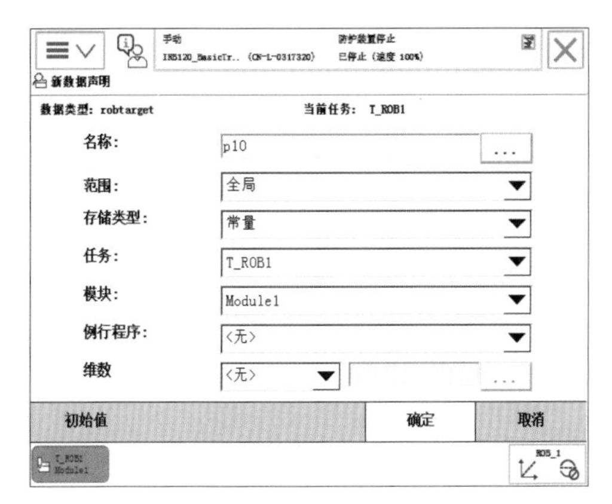

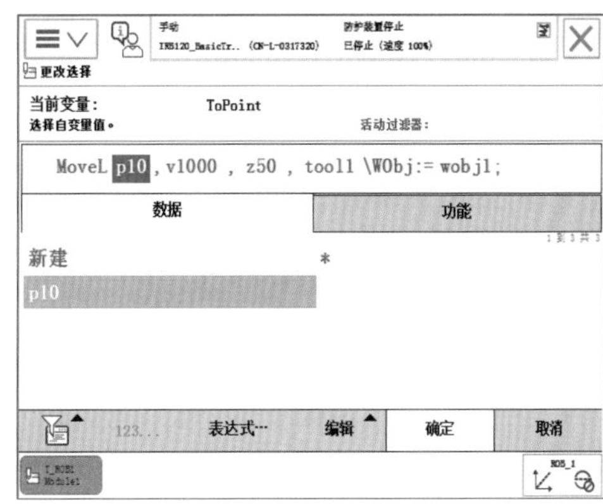

图 3-37　设定目标点为 p10

⑧ 单击“添加指令”，将指令列表收起来。
⑨ 单击“减号”，则可以看到整条运动指令。
⑩ 选中 p10，单击“修改位置”，则 p10 将存储工具 tool1 在工件坐标系 wobj1 中的位置信息。指令解析，见表 3-3。

表 3-3　线性运动指令 MoveL 指令解析

参　数	含　义
p10	目标点位置数据。定义当前机器人 TCP 在工件坐标系中的位置，通过单击“修改位置”进行修改
v1000	运动速度数据，1 000 mm/s。定义速度（mm/s）
z50	转角区域数据。定义转弯区的大小，单位为 mm
tool1	工具数据。定义当前指令使用的工具坐标
wobj1	工件坐标数据。定义当前指令使用的工件坐标

4. 关节运动指令 MoveJ

关节运动指令 MoveJ 是在对路径精度要求不高的情况，机器人的 TCP（工具中心点）从一个位置移动到另一个位置，两个位置之间的路径不一定是直线。

关节运动指令适合机器人大范围运动时使用，不容易在运动过程中出现关节轴进入机械死点的问题。关节运动路径如图 3–38 所示。

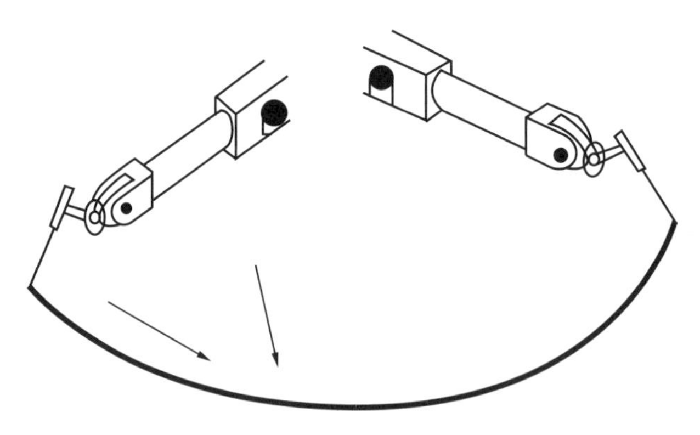

图 3–38　关节运动路径

5. I/O 控制指令

I/O（输入 / 输出）控制指令用于控制 I/O（输入 / 输出）信号，以达到与机器人周边设备进行通信的目的。

（1）Set 数字信号置位指令

Set 数字信号置位指令用于将数字输出（Digital Output）置位为“1”，编程示例如图 3–39 所示。

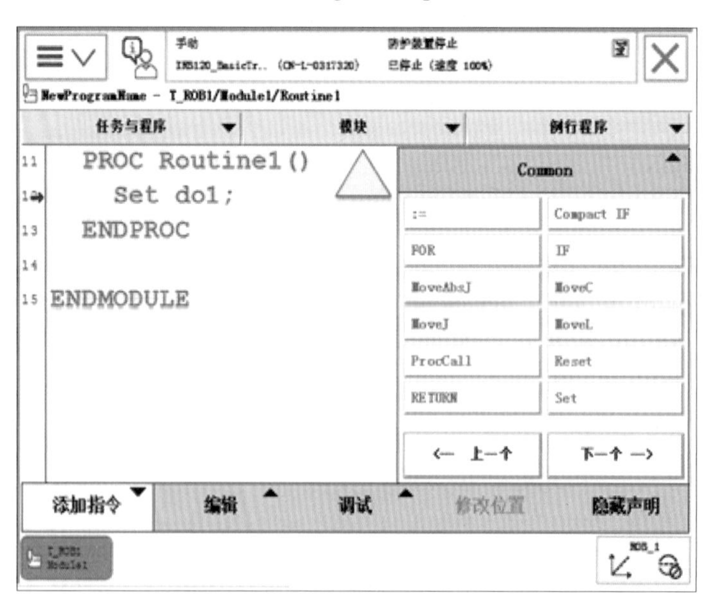

图 3–39　Set 置位指令编程示例

（2）Reset 数字信号复位指令

Reset 数字信号复位指令用于将数字输出（Digital Output）置位为“0”，编程示例如图 3–40 所示。

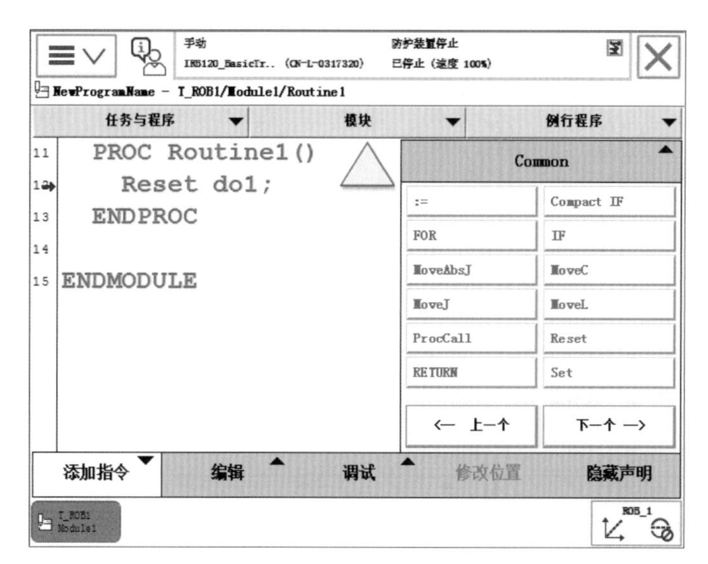

图 3-40　Reset 复位指令编程示例

6. WaitTime 时间等待指令

WaitTime 时间等待指令用于程序在等待一个指定的时间以后，再继续向下执行。编程示例如图 3-41 所示。等待 4 s 以后，程序向下执行 Reset do1 指令。

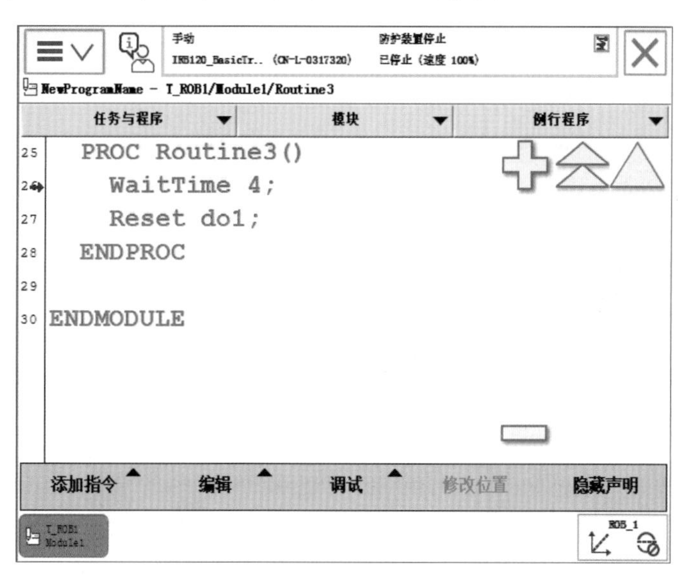

图 3-41　WaitTime 时间等待指令编程示例

三、积木的搬运

下面通过积木搬运的实例，体验一下 ABB 机器人便捷的程序编辑。

任务要求：编写一段机器人程序控制机械手从起点位置到指定位置将积木从实训平台槽中搬运至平台右边的一个槽中。要求按照默认的坐标系编程，机器人运行速度和转角区域数据按默认的数据编程，编程结束后进行单步和自动程序调试。

先新建一个模块 Module1，在模块中再新建一个例行程序 Routine2，在新建的例行程序中添加指令进行编程，这些在前面已经详细讲解过，这里不再赘述，编写好的程序如图 3-42 所示。

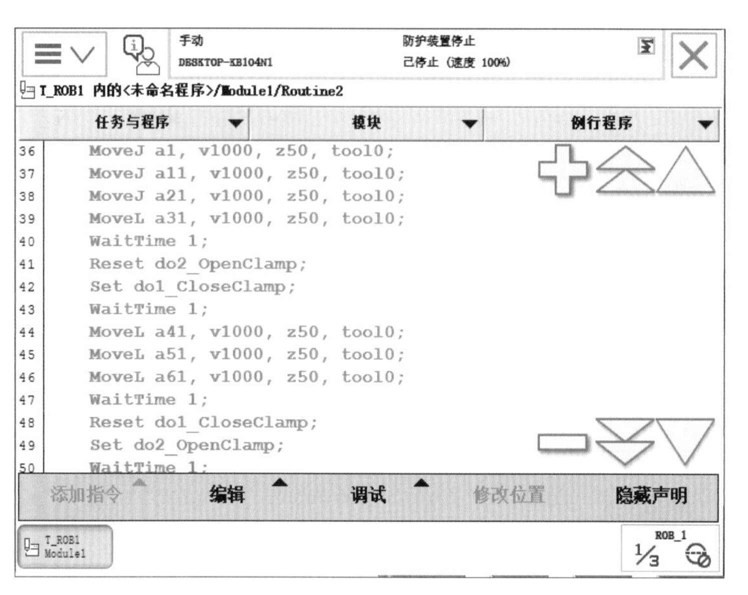

图 3-42　积木搬运程序

指令讲解如下：先应用 MoveJ 指令定好机械手的起点，然后同样应用 MoveJ 指令控制机械手经过第二个点运动到积木的正上方第三个点，接着应用 MoveL 指令控制机械手移动到机械手爪夹紧的位置，然后等待 1 s，机械手爪夹紧积木，再等待 1 s，应用 MoveL 指令控制机械手夹着积木向上移动至第五个点，然后移动至右边槽正上方的第六个点，再向下移动至第七个点，等待 1 s，松开夹爪，再等待 1 s，再应用 MoveJ 指令控制机械手回到起点位置。

接下来确定各个点的位置，让机械手按照确定的位置运动。选择线性动作模式，使用摇杆将机器人机械手移动到起点位置，选中 a1 目标点，单击“修改位置”，将机器人的当前位置数据记录到 a1 里，以同样的方式修改好其他六个点的位置，机械手各个点的位置如图 3-43 所示。

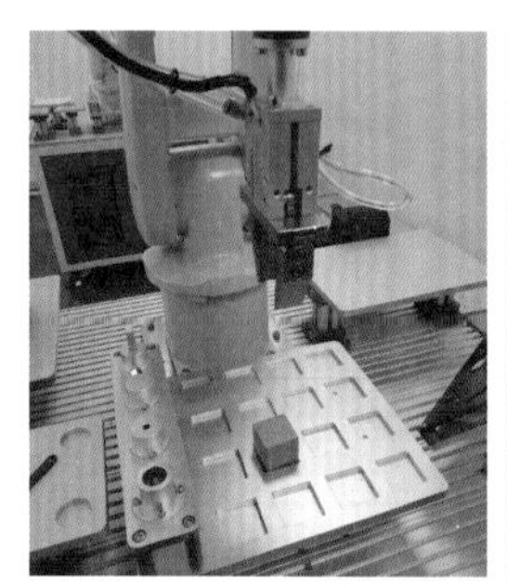

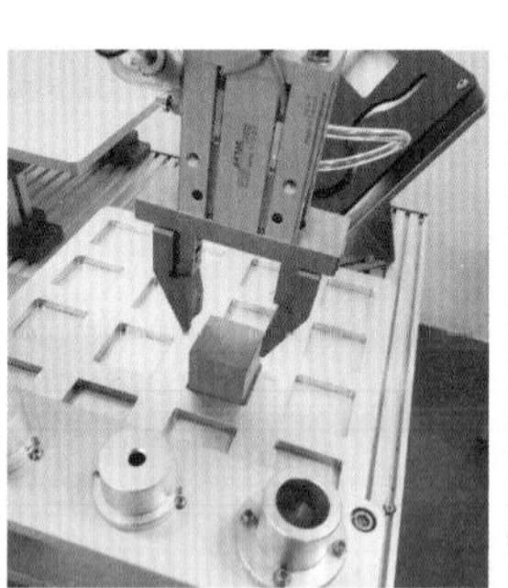

图 3-43　机械手各个点的位置

在完成了程序的编辑以后，接着下来的工作就是对这个程序进行调试。调试的目的有以下两个：

① 检查程序的位置点是否正确。

② 检查程序的逻辑控制是否有不完善的地方。

程序具体调试过程如下：

① 打开“调试”菜单，选择“PP 移至例行程序”。

② 选中 Routine2 例行程序，然后单击“确定”按钮。

③ PP 是程序指针（左侧小箭头）的简称，程序指针永远指向将要执行的指令，所以图中的指令将会是被执行的指令。

④ 左手按下使能键，进入“电机开启”状态。

⑤ 按一下“单步向前”按键，并仔细观察机器人的移动。示教器调试按钮如图 3-44 所示。

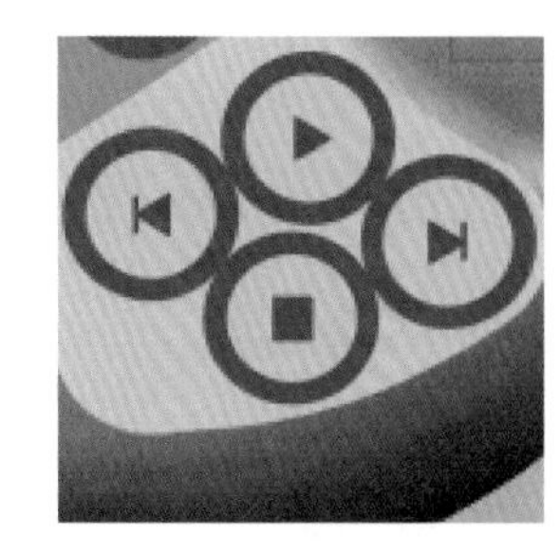

图 3-44　示教器调试按钮

⑥在指令左侧出现一个小机器人，说明机器人已到达 a1 这个起点位置。

每按一次单步运行按钮机器人就执行一条指令，机器人将按照编写的程序一步一步运行，此时可以观察机器人的运行情况。若单步运行没有问题，则可以按下自动运行按钮，机器人将按照程序自动运行，直到按下停止按钮，机器人才停止运行。

选中要调试的指令后，使用“PP 移至光标”功能，可以将程序指针移至想要执行的指令进行执行，方便程序的调试。此功能只能将 PP 在同一个例行程序中跳转。如要将 PP 移至其他例行程序，可使用“PP 移至例行程序”功能。

任务三　矩形轨迹的移动

1. 思政元素

通过叙述一些工匠大师积极投身国家建设的事迹，来鼓励学生认真学习，回报祖国，增强他们的爱国情怀。通过工业机器人的案例，让学生体会在实际工业机器人的工作过程中的职业规范和职业态度，注重培养学生的爱岗敬业的精神。加强对学生的安全教育，让学生时刻保持安全意识，培养学生应对安全事故的良好心态。

2. 知识目标

① 掌握工具坐标的建立；

② 掌握工件坐标的建立；

③ 掌握机器人抓取工具沿矩形轨迹移动程序的编写。

3. 能力目标

通过工业机器人相关知识的学习，能在线性模式下通过示教器熟练操作机器人，能够熟练掌握四点法工具坐标系和三点法工件坐标系的建立，熟悉 MoveJ、MoveL 等常用指令的应用，能够掌握编程控制机器人抓取工具沿矩形轨迹移动，能进行程序的调试运行。

4. 素质目标

提高学生的工科素养，培养学生的团队协作能力、操作规范性和良好的组织纪律性。

任务描述

通过示教器建立工具坐标系和工件坐标系，在创建的工具坐标系和工件坐标系下编写程序控制机器人机械手抓取工具沿矩形轨迹移动。

任务实现

一、坐标系的建立

1. 坐标系简介

（1）基坐标系

基坐标系在机器人基座中有相应的零点，这使固定安装的机器人的移动具有可预测性。因此，它对于将机器人从一个位置移动到另一个位置很有帮助。机器人基坐标系如图 3–45（a）所示。

（2）大地坐标系

大地坐标系在工作单元或工作站中的固定位置有其相应的零点。这有助于处理若干个机器人或由外轴移动的机器人。在默认情况下，大地坐标系与基坐标系是一致的。机器人大地坐标系如图 3–45（b）所示。

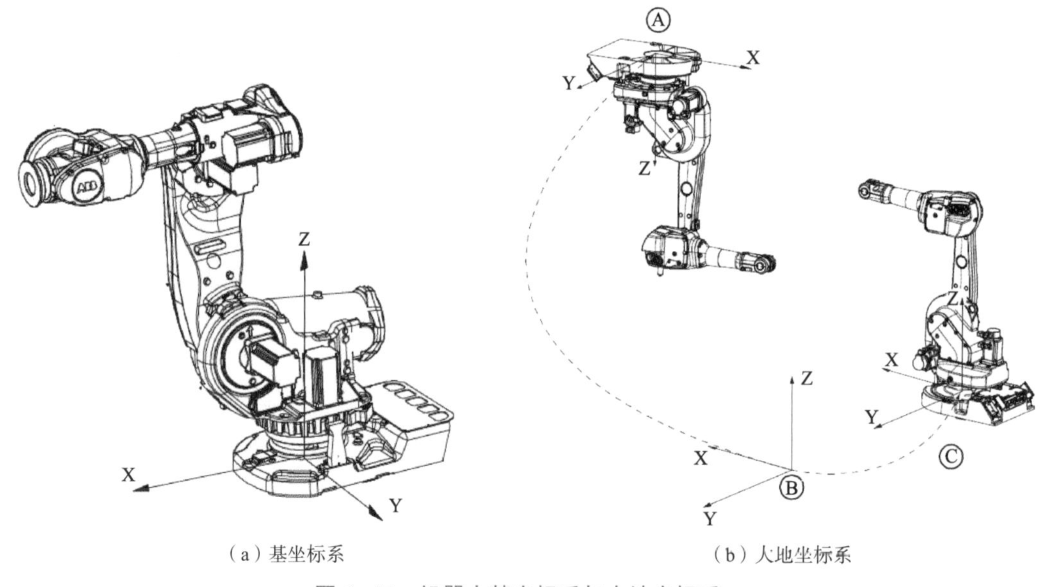

（a）基坐标系　　（b）大地坐标系

图 3–45　机器人基坐标系与大地坐标系

A—机器人 1 的基坐标系；B—大地坐标系；C—机器人 2 的基坐标系

（3）工具坐标系

工具坐标系将工具中心点设为零位，由此定义工具的位置和方向，工具中心点英文（tool center point，TCP）。执行程序时，机器人就是将 TCP 移至编程位置，这意味着，如果要更改工具坐标系，机器人的移动将随之更改，以便新的 TCP 到达目标。所有机器人在手腕处都有一个预定义工具坐标系，该坐标系被称为 tool0。这样就能将一个或多个新工具坐标系定义为 tool0 的偏移值。机器人工具坐标系如图 3–46 所示。

（4）工件坐标系

工件坐标系是拥有特定附加属性的坐标系。它主要用于简化编程。工件坐标系拥有两个框架：

用户框架（与大地基座相关）和工件框架（与用户框架相关）。机器人工件坐标系如图 3–47 所示。

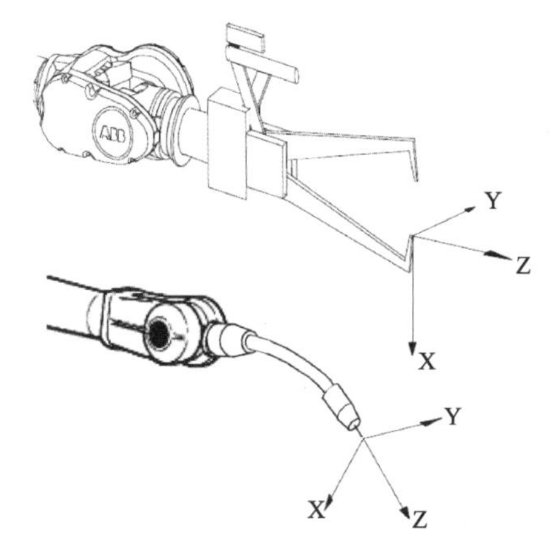

图 3–46　机器人工具坐标系

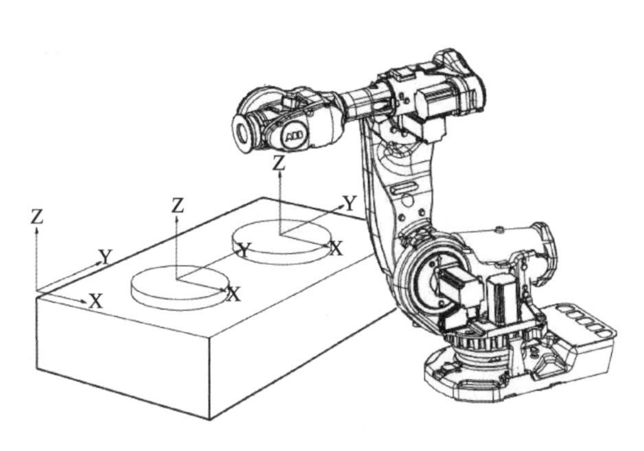

图 3–47　机器人工件坐标系

2. 工具坐标系创建

在轨迹应用中，常使用带有尖端的工具。一般情况下，将工具坐标系原点及 TCP 设立在工具尖端。例如在本实训台中，机械手夹紧的工具如图 3–48 所示。

接下来，创建工具坐标系 toolpath，其原点位于当前工具尖端；然后，需要在工作站中确定一个固定参考点作为标定参考。在本任务中可以直接使用实训台上面的定位销尖点，如图 3–49 所示。

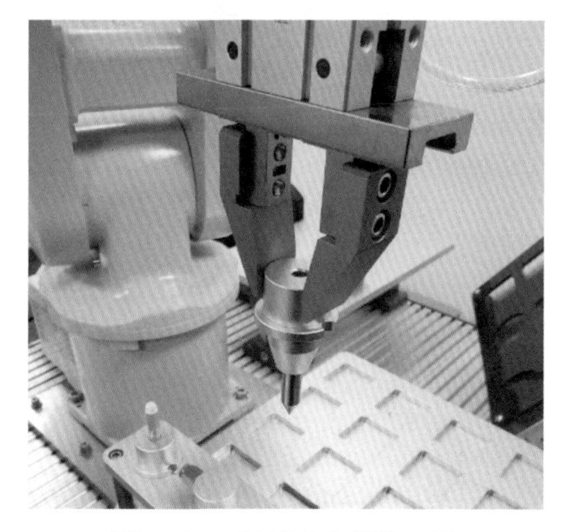

图 3–48　机械手夹紧的工具

图 3–49　实训台定位销尖点

在手动操纵窗口中，创建一个工具坐标系数据，名称为 toolpath，然后在定义界面中，将方法设定为 TCP，点数默认为 4，然后利用上述提及的固定参考点进行标记。工具坐标系的定义如图 3–50 所示。

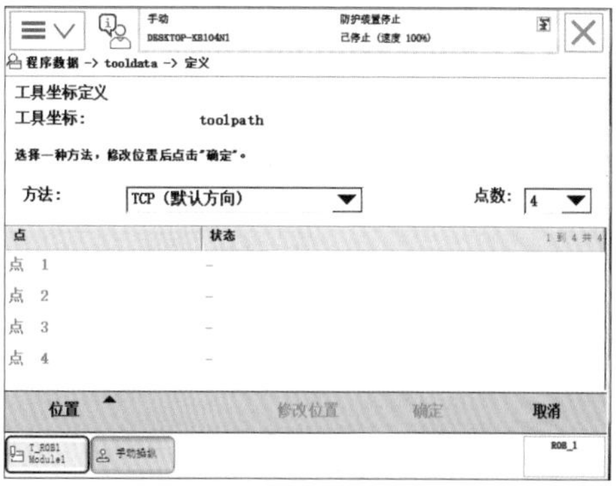

TCP 标定点的数量是可以自定义的，单击点数框中的下拉按钮，可以从 3 ～ 9 中进行选择，标定点数越多，越容易标定出较为准确的 TCP。

标定点的姿态选取应尽量差异大一些，这样才容易标定出较为准确的 TCP。在标定过程中，为了

图 3–50　工具坐标系的定义

便于后续标定工具坐标系方向，一般将最后一个 TCP 标定点调整至工具末端完全竖直的姿态，所以在本任务中四个标定点设为如图 3-51 所示的姿态。

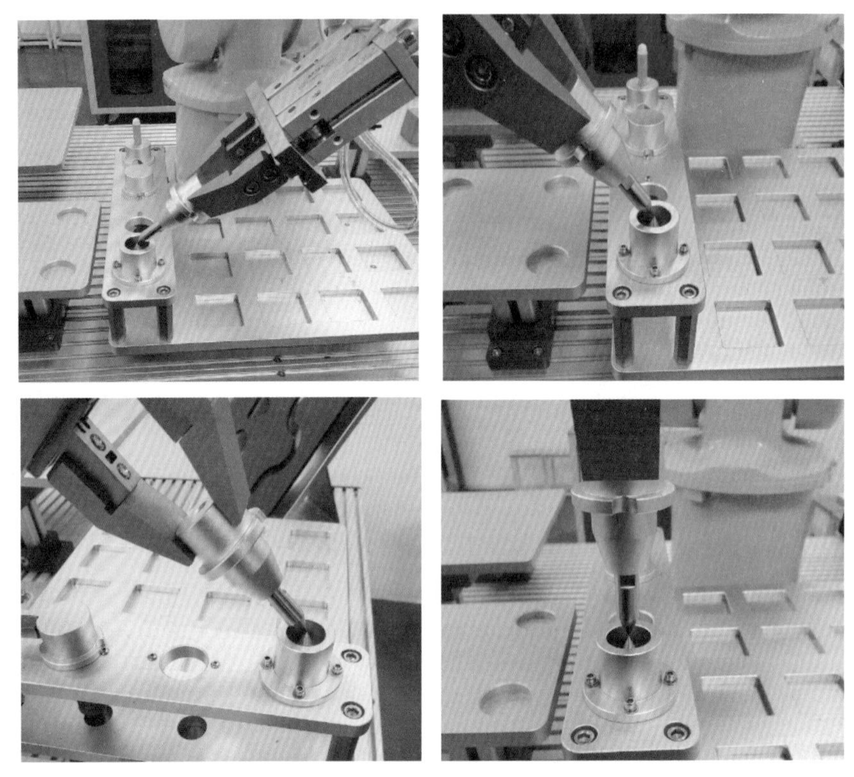

图 3-51　TCP 标定点位置

修改完四个标定点的位置后各点状态显示如图 3-52 所示。单击“确定”按钮完成工具坐标的定义。

图 3-52　工具坐标各个点状态显示

3. 工件坐标系创建

轨迹应用一般都需要根据实际工件位置设置工件坐标系，这样便于后续的操作和编程处理。

在手动操作窗口中创建一个工件坐标系 wobjpath，然后利用用户三点法进行标定。在本任务中可以利用实训台上斜面的边缘来标定 X1、X2、Y1 三点，如图 3–53 所示。

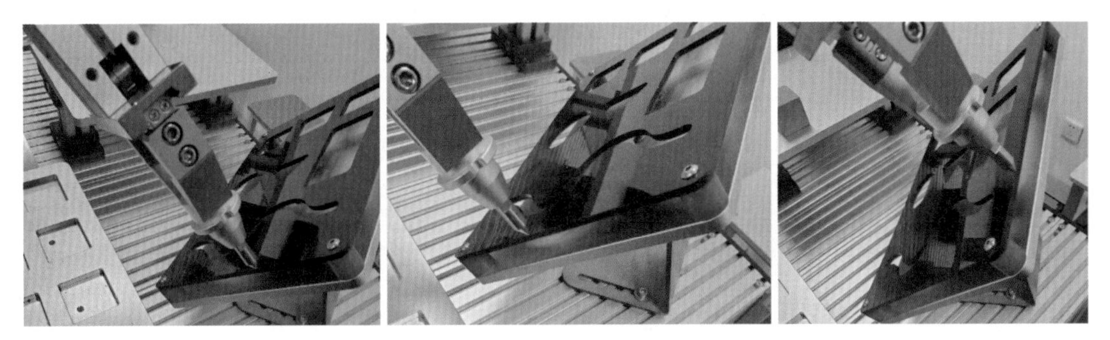

图 3–53　工件坐标系标定三点位置

修改完用户点 X1、X2、Y1 三点的位置后各点状态显示如图 3–54 所示。单击“确定”按钮完成工件坐标的定义。

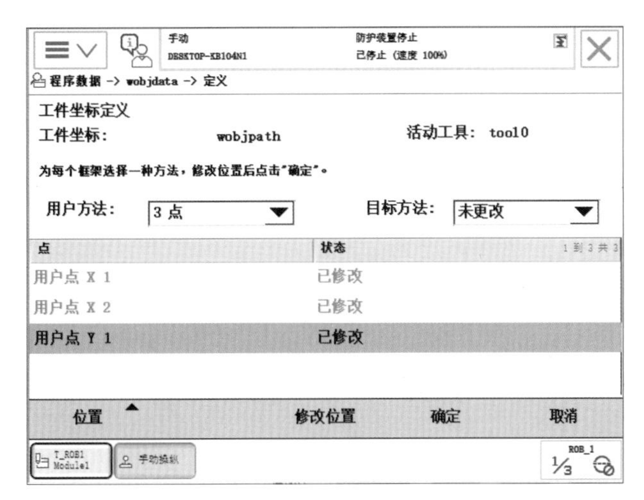

图 3–54　工件坐标各点状态显示

二、矩形轨迹的移动

任务要求：编写一段机器人程序控制机械手抓着指定工具从实训台斜面上矩形框上方的起点位置移动到矩形框的一个角点，然后沿着矩形框的直角边移动一周，再回到起点位置。要求新建一个工具坐标系和工件坐标系，机器人运行速度和转角区域数据按默认的数据编程，编程结束后进行单步和自动程序调试。

新建一个工具坐标系，命名为 toolpath，再新建一个工件坐标系，命名为 wobjpath，方法在前面已经详细叙述，这里不再赘述。

在添加运动指令之前，首先需要在手动操纵界面里面确认好当前激活的工具坐标系和工件坐标系。在本任务中工具坐标系设置为 toolpath，工件坐标系设置为 wobjpath，如图 3–55 所示。

新建一个模块 Module1，在模块中再新建一个例行程序 Routine3，在新建的例行程序中添加指令进行编程。编写好的程序如图 3–56 所示。

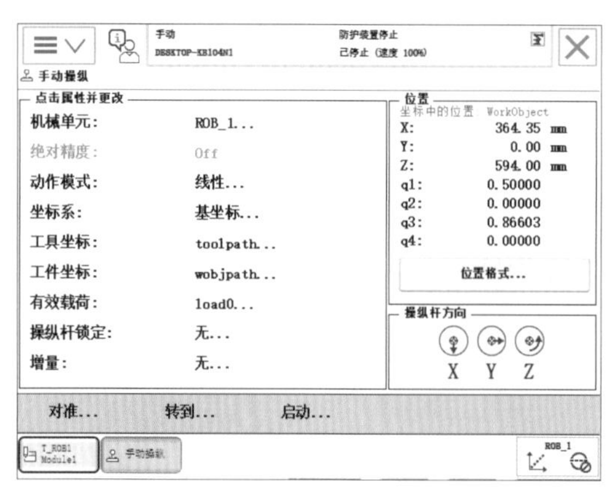

图 3–55　工具坐标和工件坐标的选定

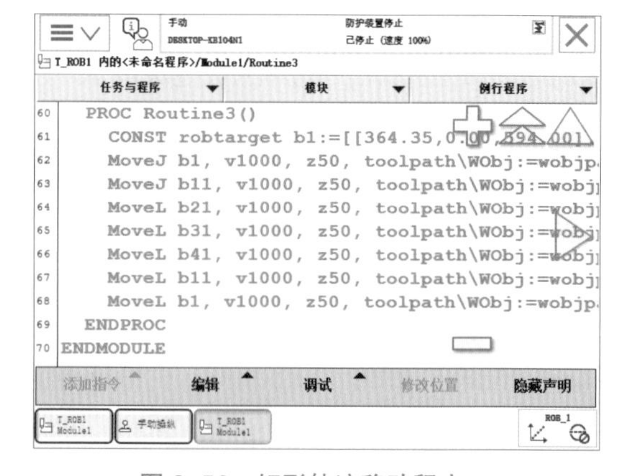

图 3–56　矩形轨迹移动程序

指令讲解如下：先应用 MoveJ 指令定好机械手抓取的工具尖端起点，然后应用 MoveJ 指令控制机械手工具的尖端到达矩形框的第一个角点，接着应用 MoveL 指令控制机械手工具尖端沿着矩形框移动到第二、第三和第四个角点，最后再应用 MoveL 指令控制机械手回到起点位置，由于是最后一个点，将转角区域数据设置为 fine。

程序编写好后，接下来确定各个点的位置，让机械手按照确定的位置运动。选择线性动作模式，使用摇杆将机器人运动到起点位置，选中 b1 目标点，单击“修改位置”，将机器人的当前位置数据记录到 b1 里，以同样的方式修改好其他四个点的位置。机械手工具沿矩形框轨迹移动各个点的位置如图 3–57 所示。

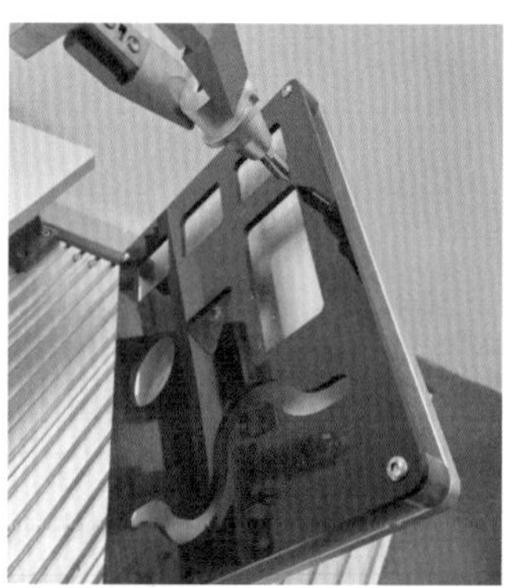

图 3–57　机械手工具轨迹移动各个点的位置

在完成了程序的编辑以后，接下来的工作就是对这个程序进行调试。

① 打开“调试”菜单，选择“PP 移至例行程序”。

② 选中“Routine3”例行程序，然后单击“确定”按钮。

③ 程序指针永远指向将要执行的指令。

④ 左手按下使能键，进入“电机开启”状态。

⑤ 按一下“单步向前”按键，并仔细观察机器人的移动。

⑥ 在指令左侧出现一个小机器人，说明机器人已到达 b1 这个起点位置。

每按一次单步运行按钮机器人就执行一条指令，机器人将按照编写的程序一步一步运行，此时可以观察机器人的运行情况。若单步运行没有问题，则可以按下自动运行按钮，机器人将按照程序自动运行，直到按下停止按钮，机器人才停止运行。

巩固与练习

一、填空题

1. 工业机器人是广泛用于工业领域的________或________装置，具有一定的自动性，可依靠自身的动力能源和控制能力实现各种工业加工制造功能。

2. 一般来说，工业机器人由三大部分、六个子系统组成。三大部分是________、________和________。六个子系统可分为________、________、________、________、________和________。

3. 一个程序模块包含了________、________、________和________四种对象。

4. ABB 工业机器人有________、________、________、________四种坐标系。

二、选择题

1. 手动操作机器人一共有三种模式，下面（　　）不属于这三种运动模式。

A. 单轴运动　　B. 线性运动　　C. 圆弧运动　　D. 重定位运动

2. 手动操作机器人的时候，机器人的速度与操纵杆的（　　）有关。

A. 幅度　　B. 大小　　C. 颜色　　D. 方向

3. 下面四个运动指令（　　）运动指令一定走的是直线。

A. MoveJ　　B. MoveL　　C. MoveC　　D. MoveAbsJ

4. WaitTime 4，其中 4 指的是（　　）。

A. 4 s　　B. 4 min　　C. 4 h　　D. 无意义

三、思考题

1. 工业机器人的常见结构有哪些？分别应用在哪些领域？

2. 简述 ABB 工业机器人单轴运动和线性运动的手动操纵过程。

3. 简述 ABB 工业机器人增量模式的操作过程。

4. 简述 ABB 工业机器人工具坐标系和工件坐标系的创建过程。

项目四 增材制造技术

增材制造，俗称3D打印，融合了计算机辅助设计和材料加工与成型技术，是以3D数字模型文件为基础，通过软件与数控系统将专用的金属材料、非金属材料及医用生物材料，按照挤压、烧结、熔融、光固化、喷射等方式逐层堆积，制造出实体物品的加工技术。相对于传统的、对原材料去除－切削、组装的加工模式不同，3D打印是一种“自下而上”通过材料累加的制造方法，这使得过去受到传统制造方式的约束而无法实现的复杂构件制造变为可能。

任务一 3D打印世界探秘

任务目标

1. 思政元素

要以智能制造为主攻方向推动产业技术变革和优化升级，推动制造业产业模式和企业形态根本性转变，以“鼎新”带动“革故”，以增量带动存量，促进我国产业迈向全球价值链中高端。

2. 知识目标

① 掌握3D打印技术发展背景及特点；

② 理解增材制造与减材加工的区别；

③ 熟悉3D打印分类与3D打印原理；

④ 了解3D打印优势与应用范围。

3. 能力目标

通过3D打印相关知识的学习，能分析桌面级3D打印机的整体结构及各零件的作用。根据零件特征判断成型方式，熟悉3D打印原理及注意事项，能运用所学知识解释3D打印在生活中的实施案例。

4. 素质目标

增强学生的工科素养和实践能力，培养学生的操作规范性、团队协作能力和良好的组织纪律性。

任务描述

了解减材制造与增材制造的特征及应用，认知3D打印降维制造的理念及优点，熟悉桌面级单色3D打印机的结构特征及零件作用。

任务实现

一、减材制造简述

传统的制造加工工艺，又称减材制造工艺，车、铣、刨、磨是四种基本的加工方式，包括车削加工、铣削加工、刨削加工、磨削加工，不同零件所需的加工方式不同，有的零件需使用多种方式才可完成零件的加工。由于这种加工工艺是将多余的材料从工件中削除，被削除的材料为废料，因此称为减材制造工艺。减材制造工艺包括车削加工（见图 4–1）、铣削加工（见图 4–2）和磨削加工（见图 4–3）。

图 4–1 车削加工

图 4–2 铣削加工

图 4–3 磨削加工

二、增材制造技术

1. 3D 打印简介

3D 打印出现于 20 世纪 80 年代末至 90 年代初，是快速成型技术的一种。它是一种以 3D 数字模型文件［模型来源：三维设计软件（UG、Pro/E、Solidworks）、网络下载和逆向工程技术］为基础，运用粉末状金属（钛合金粉）或塑料（聚乳酸、ABS）等可黏合材料，通过逐层打印的方式来构造物体的技术。图 4–4 是 3D 打印机及多色耗材。

图 4–4　3D 打印机及多色耗材

目前，世界上研究 3D 打印技术最先进的机构是哈佛大学。研究团队已经成功开发出壁厚为 100 nm 的中控网状结构材料，其质量比蒲公英还轻巧。此外，3D 打印也可以打印人的血管、心脏、肝脏、人造耳蜗、义肢等，如图 4–5 所示。

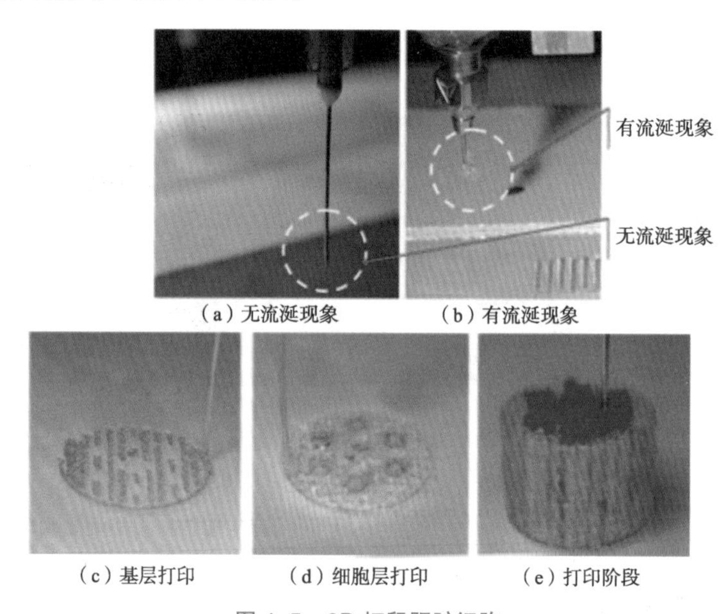

图 4–5　3D 打印肝脏细胞

2. 3D 打印原理

3D 打印机的工作原理和传统打印机打印原理相同，是由控制组件、机械组件、打印头、耗材和介质等架构所组成。3D 打印机主要是打印前在计算机上设计一个完整的三维立体模型，然后再进行打印输出。使用 CAD 软件来创建物品，或者基于现有模型，通过 SD 卡或者 USB U 盘把它复制到 3D 打印机中，进行打印设置后，打印机将设计模型打印出来，如图 4–6 所示。

整体来说，3D 打印是一种“降维制造”的思想，即将三维的电子模型转化为二维层片后，进行分层制造，再通过逐层累积，形成三维实体。图 4–7 是 3D 打印流程，主要步骤包括 3D 数字模型造型、*.STL 文件格式生成，利用切片软件（Cura 或者 Simplify 3D）将模型分层切片，导入 3D 打印机进行打印，最后对打印产品进行后置处理。

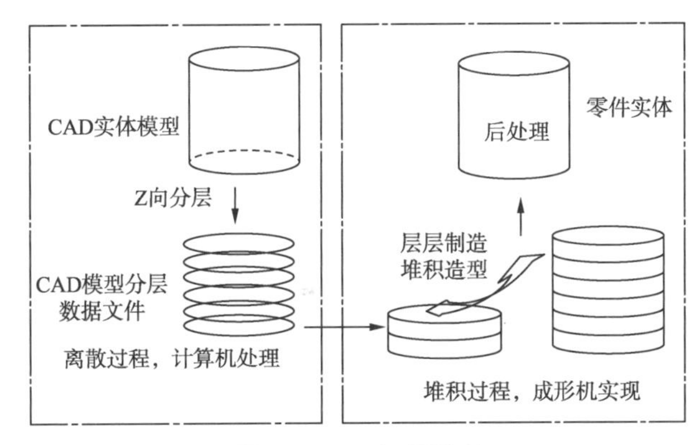

图 4-6　3D 打印原理

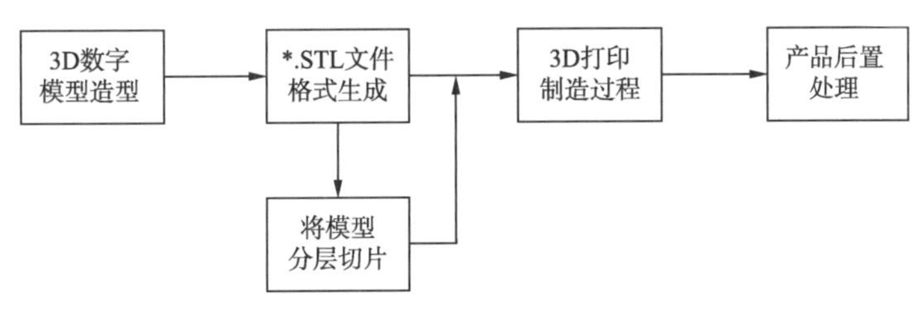

图 4-7　3D 打印流程

图 4-8 是熔融沉积 3D 打印机模型，主要是由打印喷头、导轨、打印底板、计算机和控制器等组成。表 4-1 为打印耗材特性。

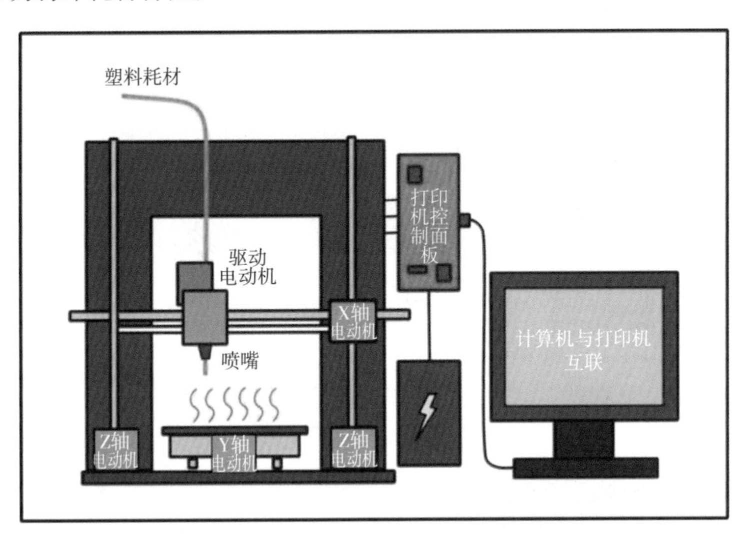

图 4-8　熔融沉积 3D 打印机模型

表 4-1　打印耗材特性

特性	内容	特性	内容
材料	热塑性材料：PLA/PC/ABS	精度	低（0.2~0.3 mm)
型材	丝状（1.75 mm 或 3 mm)	速度	快
工艺	加热熔化挤出空气冷却	成本	低
应用	艺术、工业设计、玩具模型制作		

3. 3D 打印流程

3D 打印流程分为三部分：

（1）三维设计

3D 打印的设计过程：先通过计算机辅助设计（CAD）软件或计算机动画建模软件建模，再将建成的三维模型“分割”成逐层的截面，从而通过打印机逐层打印。设计软件和打印机之间协作的标准文件格式是 STL 文件。STL 文件使用三角面来模拟物体的表面。三角面越小，其生成的表面分辨率越高。PLY 是一种通过扫描来产生三维文件的扫描器，其生成的 VRML 或者 WRL 文件经常被用作全彩打印的输入文件。

① CAD/CAM 软件建模。采用三维软件（3D One、UG、Pro/E、Solidworks、Solidedge 等）对需要塑造的物体进行建模，如图 4–9 所示。

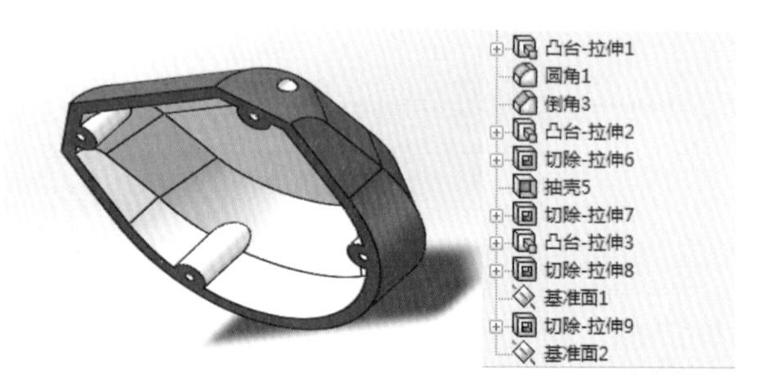

图 4–9　CAD/CAM 建模软件界面

② 三维扫描反求建模。采用扫描仪（桌面扫描仪、工业扫描仪）对模型进行扫描，获取模型表面点的参数，形成点云图，再通过逆向工程软件（Geomagic、UG）生成模型，如图 4–10 ~ 图 4–12 所示。

图 4–10　数据采集

（a）桌面扫描仪

（b）工业扫描仪

图 4–11　应用扫描仪

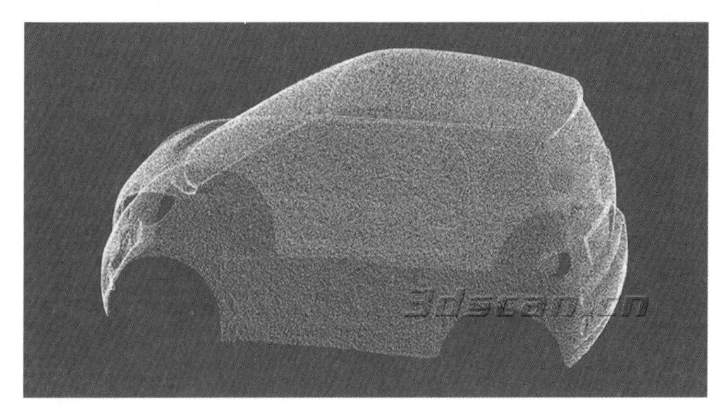

图 4–12　采集模型点云图

将模型文件转换为标准的STL文件格式,建立建模软件和3D打印机之间协作的通道。图4–13是模型 STL 图，由一系列的三角面近似模拟物体表面。三角面越小，其生成的表面分辨率越高。

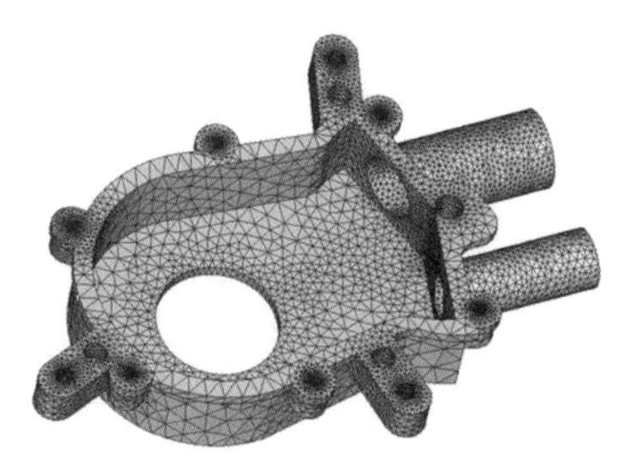

图 4–13　模型 STL 图

（2）打印过程

打印机通过读取文件中的横截面信息，用液体状、粉状或片状的材料将这些截面逐层打印出来，再将各层截面以各种方式黏合起来从而制造出一个实体。这种技术的特点在于其集合可以造出任何形状的物品。

传统的制造技术如注塑法可以以较低的成本大量制造聚合物产品，而 3D 打印技术则可以以更快、更具弹性以及更低成本的办法生产数量相对较少的产品，如图 4–14 所示。

图 4–14　打印所用耗材

（3）打印后处理

为了获得表面质量较好的塑件，需要对其表面进行清理。清理方式有清除支撑和打磨两种方法。

① 清除支撑。清除附加到模型的树状支撑结构和底部支撑，这需要在树脂固化之后完成。始终注意飞行的杂散塑料。对于复杂的部件，请使用平头切割器小心地剪断支撑件，在不损坏表面的情况下尽可能接近模型。

② 打磨。清除支撑的部位，会受支撑的影响留下印记，这些地方就需要进行打磨。如果打印的物品需要上色或者对表面的细节要求比较高，那么打印的物品就要进行打磨，打磨出来的物品看起来会更加出色，整体会更加完美。

三、3D 打印分类

表 4-2 是 3D 打印技术分类。

表 4-2　3D 打印技术分类

类　型	累积技术	基本材料
挤压	熔融沉积式（FDM）	热塑性塑料、共晶系统金属、可食用材料
线	电子束自由成型制造（EBF）	几乎任何合金
粒状	直接金属激光烧结（DMLS）	几乎任何合金
	电子束熔化成型（EBM）	钛合金
	选择性激光熔化成型（SLM）	钛合金、钴铬合金、不锈钢、铝
	选择性热烧结（SHS）	热塑性粉末
	选择性激光烧结（SLS）	热塑性塑料、金属粉末、陶瓷粉末
粉末层喷头 3D 打印	石膏 3D 打印（PP）	石膏
层压	分层实体制造（LOM）	纸、金属膜、塑料薄膜
光聚合	立体平板印刷（SLA）	光硬化树脂
	数字光处理（DLP）	光硬化树脂

3D 打印机分成三类：个人级、专业级、工业级。

（1）个人级 3D 打印机

这类设备属于熔丝堆积技术（以 FDM 技术为代表），设备打印材料都以 ABS 塑料或者 PLA 塑料为主。主要满足个人用户生活中的使用要求，因此各项技术指标都并不突出，优点在于体积小巧、性价比高。图 4-15 是 Miracle 3D-S 桌面级 3D 打印机，图 4-16 是奇迹桌面式 3D 打印机技术参数，图 4-17 是森工 M2030X 混色 3D 打印机。

图 4-15　Miracle 3D-S 桌面级 3D 打印机

奇迹 Miracle S2- 桌面式 3D 打印机	
项目	型号与参数
成型尺寸（直径 × 高）	ϕ180 mm × H180 mm
机器外形	350 mm × 375 mm × 675 mm
机器毛重	15 kg
输入功率	80 W
喷嘴直径	0.4 mm
打印速度	20 ～ 200 mm/s 可调
精度误差	± 0.2 mm
输入电压	220 V
耗材直径	1.75 mm
打印层厚	0.1 ～ 0.2 mm
输入文件类型	STL/gcode
支持系统	Windows XP/7/8/10
打印原料	PLA
连接方式	支持 SD 卡脱机打印、USB 直接连接
机器说明	
喷头系统	喷头内置缓冲结构，在遇到打印凸点或翘边时自动弹起喷嘴，避免打印错层
调平系统	一键式全自动调平，可自动插补打印平台水平度
传动系统	新型并联臂结构运动方式，高精度直线导轨，精密关节轴承
送料系统	远程自动送料，手柄按压式快速换料
打印平台	可取出式微晶打印平台，专利涂层技术有效防止翘边
运动空间	全密封设计，避免有害气体溢出
显示屏	2.8 英寸彩色液晶触摸屏，显示打印名称、打印速度、打印时间，直接触控操作各级菜单，可随时调整打印参数
安全与环保规格	有 CE EMC 认证、RoHS 认证
机身结构	整体金属外壳，全封闭结构，确保设备结构稳固；面向操作者采用亚克力门便于观察，内部有照明灯与氛围灯
操作方式	支持全彩触摸屏 /USB 数据线连接等多种操作模式，SD 卡脱机打印

图 4–16　奇迹桌面式 3D 打印机技术参数

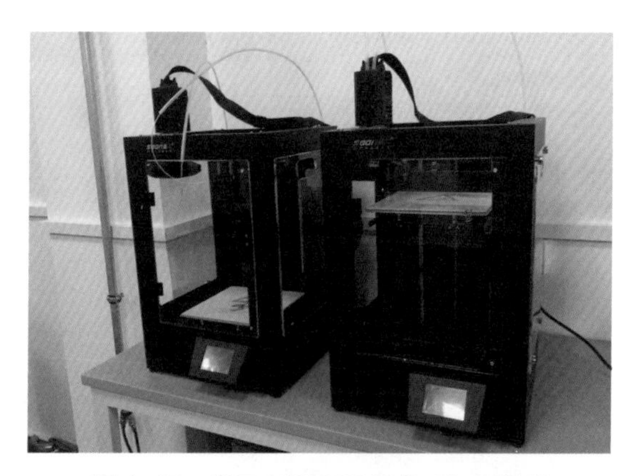

图 4–17　森工 M2030X 混色 3D 打印机

图 4-18　专业级 3D 打印机

混色 3D 打印机型号：M2030X。

打印精度范围：±0.1~0.3 mm。

打印模型尺寸：200 mm × 200 mm × 300 mm。

（2）专业级 3D 打印机

可供选择的成型技术和耗材（塑料、尼龙、光敏树脂、高分子、金属粉末等）就要比个人 3D 打印机要丰富很多（见图 4-18）。设备结构和技术原理相比起来更先进，自动化程序更高；应用软件的功能以及设备的稳定性也是个人 3D 打印机望尘莫及的。这类设备售价都在十几万至上百万人民币。

（3）工业级 3D 打印机

工业级的设备除了要满足材料上的特殊性，制造大尺寸的物件等要求。更关键的是物品制造后它需要符合一系列特殊应用的标准，因为这类设备制造出来的物体是直接应用的。比如飞机制造中用到的钛合金材料，就需要对物件的刚性、韧性、强度等参数有一系列的要求。表 4-3 是 Miracle 3D-G600 工业 3D 打印机。

表 4-3　Miracle 3D-G600 工业 3D 打印机

项　　目	参　　数
成型尺寸	直径 600 mm/ 高度 750 mm
机器外形	1 150 mm × 1 000 mm × 1 830 mm
机器毛重	150 kg
输入功率	1 000 W
喷嘴直径	0.6 mm（标配）
打印速度	20 ~ 200 mm/s 可调
输入电压	220 V
耗材直径	1.75 mm
打印层厚	0.1 ~ 0.3 mm
输入文件类型	STL/gcode
支持系统	Windows XP/7/8/10
打印原料	PLA/ABS/ 碳纤维
连接方式	支持 SD 卡脱机打印、USB 直接连接

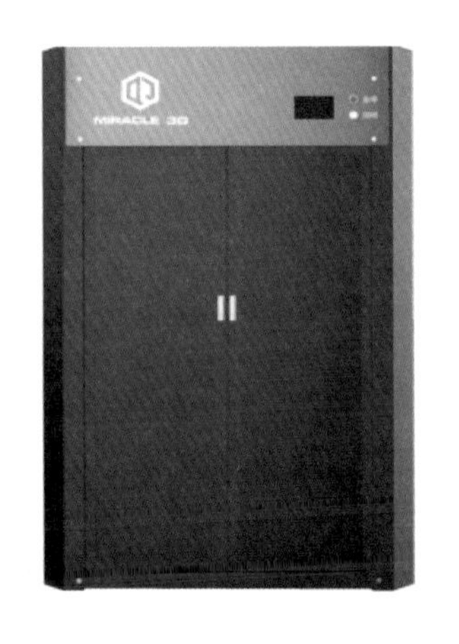

四、3D 打印优势

（1）设计空间无限

对于几何结构复杂物品（比如内部有非常复杂的拓扑结构或空腔结构的物品），传统的制造工艺是无法进行加工的，需要将物品进行分解，分别加工再组装。而 3D 打印将物体分解成一层一层的 2D 切片，因此加工任意复杂的物体都没有问题，加工精度只是取决于打印机所能输出的最小材料颗粒。这是 3D 打印带来最大的优势，能让设计者设计任意复杂的几何形状，设计空间无限。图 4-19 是 3D 打印多孔复杂模型。

图 4-19　3D 打印多孔复杂模型

（2）零技能制造

传统的制造工艺设备庞大且昂贵，需要较高的技能才能进行操作。而 3D 打印机（比如 FDM 3D 打印机）小巧而廉价，有些已经进入家庭，使用简单方便；相对于昂贵的铸模，3D 打印只需要一个数字化文件即可进行成型。因此，通过 3D 打印，能够轻松实现产品的个性化设计与定制，大大缩短了产品的研发时间。这个优势使得非机械专业的研究工作者，也能进行相关的几何、结构、材料等方面的研究，大大加深和拓展了制造中所存在的相关研究问题。

（3）材料无限组合

多喷头 3D 打印机能够对多种材料进行组合打印。通过材料的堆叠和组合，打印的物品具有与单一材料所不同的物理和力学的特性。因此，通过不同材料的组合，可以产生性能不同的“新的材料”。这个优势提供利用控制材料的分布来控制物品的物理、力学及结构的特性，从而能产生多样化的物品，增加产品的灵活性。图 4–20 是混色多彩渐变模型。

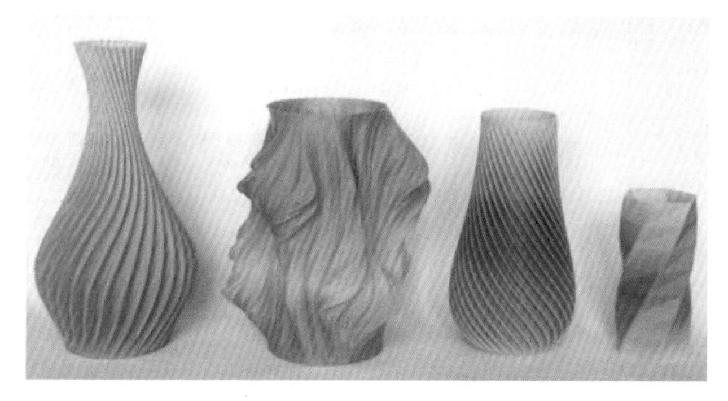

图 4–20　混色多彩渐变模型

3D 打印技术被看重的三大优势是加速产品的研发过程、提供个性化和定制产品、增加生产的灵活性。从成型工艺上看，3D 打印突破了传统成型方法，无须先行制作模具和机械加工，通过快速自动成型硬件系统与 CAD 软件模型结合就能够制造出各种形状复杂的产品，这使得产品的设计生产周期大大缩短，生产成本大幅下降。图 4–21 是 3D 打印模型。

图 4–21　3D 打印模型

五、3D 打印应用范围

3D 打印技术在珠宝、鞋类、工业设计、建筑、工程和施工（AEC）、汽车、航空航天、牙科和医疗产业、教育、地理信息系统、土木工程、枪支以及其他领域均有所应用。

（1）3D 打印技术将成为工业化力量

3D 打印原先只能用于制造产品原型以及玩具，而现在它将成为工业化力量。乘坐的飞机将使用 3D 打印制造的零部件，这些零部件能够让飞机变得更轻、更省油。

事实上，一些 3D 打印的零部件已经被应用于飞机上。该技术也将被国防、汽车等工业应用于特种零部件的直接制造。总之，在不知不觉的情况下，通过 3D 打印制造的飞机、汽车乃至家电的零部件数量将越来越多。图 4–22 是歼 -20 战斗机尾翼固定架。

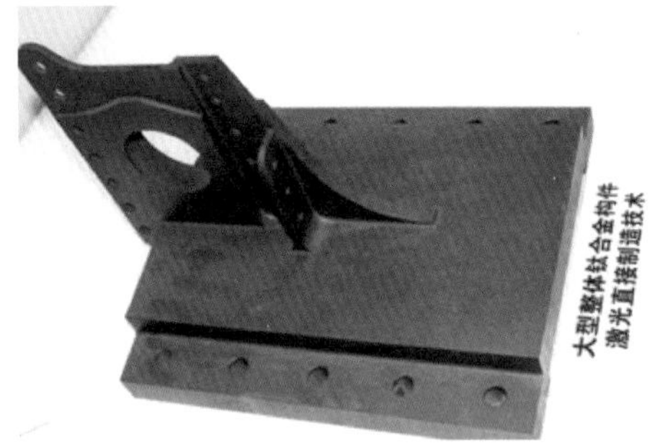

图 4–22　歼 –20 战斗机尾翼固定架

世界第一台 3D 打印车——这辆由美国 Local Motors 公司设计制造、名叫“Strati”的小巧两座家用汽车开启了汽车行业新篇章。这款创新产品在 2014 美国芝加哥国际制造技术展览会上公开亮相。用 3D 打印技术打印一辆斯特拉提轿车并完成组装需时 44 h，汽车由电池提供动力，最高时速约 64 km，车内电池可供行驶 190 ~ 240 km。图 4–23 是 3D 打印汽车。

图 4–23　3D 打印汽车

（2）3D 技术的发展将使产品创新速度加快

从新车型到更好的家电，一切产品的设计速度都将加快，从而将创新更快推向消费者。由于运用 3D 打印的快速原型制造技术能够缩短把产品概念转化为成熟产品设计的时间，设计人员将能够专注于产品的功能。

虽然使用 3D 打印的快速原型制造技术并不是新鲜事物，但迅速降低的成本、功能得到改进的设计软件以及越来越多的打印材料意味着设计人员将能更方便地使用 3D 打印机，使他们能够在设计的早期阶段就打印出原型产品、进行修改以及重新打印等，从而加速创新，其结果将是更好的产品以及更快的设计速度。

（3）3D 打印机为制造工厂提供助力

有望在制造工厂看到 3D 打印机。一些特殊的零部件已经由 3D 打印机更经济地生产出来了，但仅仅是在小规模范围内。对于 3D 打印技术，很多制造商将开始尝试原型制造以外的应用。

随着 3D 打印机的性能不断提高以及制造商将其整合进生产线和供应链的经验变得更加丰富，有望看到集成了 3D 打印零部件的混合制造工艺。而消费者渴望的那些需要通过 3D 打印机制造的产品将进一步加速此进程。

（4）3D 打印技术将用于医学领域

通过 3D 打印机制造的医疗植入物将提高身边一些人的生活质量，因为 3D 打印产品可以根据确切体型匹配定制。如今这种技术已被应用于制造更好的钛质骨植入物、义肢以及矫正设备，如图 4–24 所示。

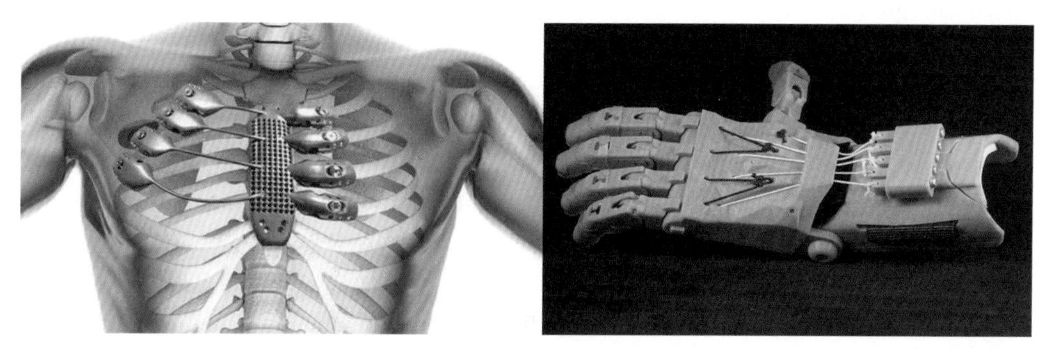

图 4-24　3D 打印胸骨与义肢

打印制造软组织的实验已在进行当中，很快通过 3D 打印制造的血管和动脉就有可能应用于手术之中。目前 3D 打印技术在医疗应用方面的研究涉及纳米医学、制药乃至器官打印，3D 打印技术有可能使定制药物成为现实，并缓解器官供体短缺的问题。

任务二　三维模型处理与打印实操

任务目标

1. 思政元素

推动传统产业变革，把发展智能制造作为主攻方向，让信息化和工业化深度融合，用装备制造的升级打造中国发展新动能。

2. 知识目标

① 熟悉三维模型处理方法；

② 熟练使用 Simplify 3D 切片软件；

③ 认识桌面级 3D 打印机结构特征；

④ 掌握桌面级 3D 打印机的操作步骤。

3. 能力目标

掌握三维模型处理方法和桌面级 3D 打印机的结构组成与操作步骤，熟悉 3D 打印喷嘴高度的调节方法。

4. 素质目标

培养学生的工科素养和专业品质，提升学生的实践能力。

任务描述

学会使用 Simplify 3D 切片软件处理三维模型，完成模型的切片处理；熟悉 3D 打印的操作步骤，了解其中关键环节，以保证打印产品的高质量。

任务实施

一、Simplify 3D 切片软件使用方法

切片软件为绿色免安装版，解压后先双击“S3D 首次运行补丁”（若弹出错误提示不用理会），然后双击 Simplify3D.exe 即可直接打开软件，为便于下次打开，建议单击鼠标右键将

Simplify3D.exe 的快捷方式发送到桌面，下次直接在桌面上双击该图标即可打开软件，如图 4–25 所示。

①打开 Simplify 3D 切片软件，导入与机型相匹配的配置文件；

②单击“打开”按钮，选择刚刚保存好的小熊模型 .STL 文件；

③单击“移动和旋转”，将模型调整到合适位置；

④单击“保存”按钮，格式选择 *.gcode；

⑤将文件复制到 SD 卡。

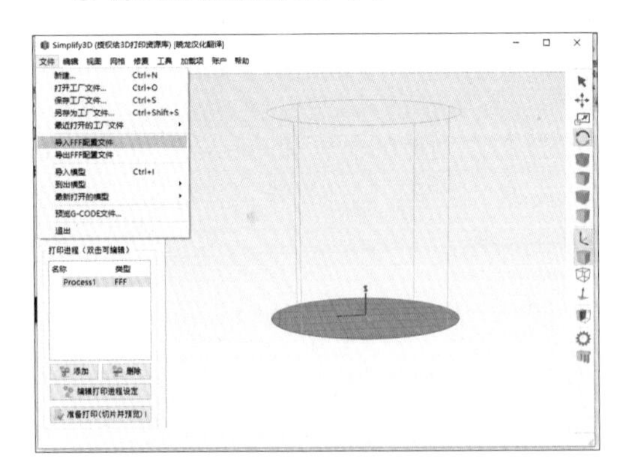

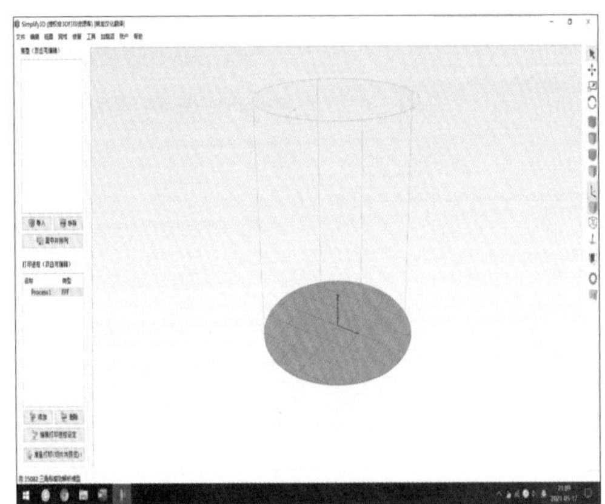

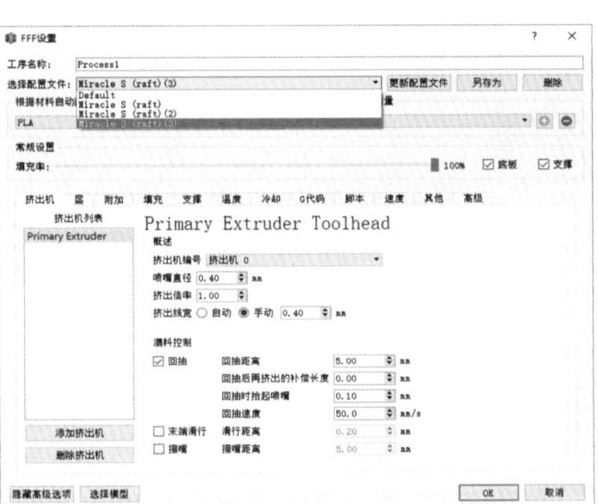

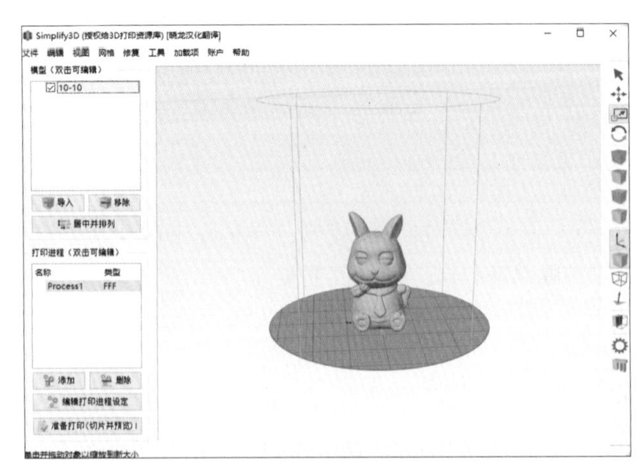

图 4–25　Simplify 3D 软件及模型导入过程

二、3D 打印原理

FDM（fused deposition modeling，熔融沉积成型工艺）：熔融沉积有时候也称为熔丝沉积，它将丝状的热熔性材料进行加热熔化，通过带有微细喷嘴的挤出机把材料挤出来。喷头可以沿 X 轴的方向进行移动，工作台则沿 Y 轴和 Z 轴方向移动（当然不同的设备其机械结构的设计也许不一样），熔融的丝材被挤出后随即会和前一层材料黏合在一起。一层材料沉积后工作台将按预定的增量下降一个厚度，然后重复以上的步骤直到工件完全成型。图 4–26 是 3D 打印机结构组成。

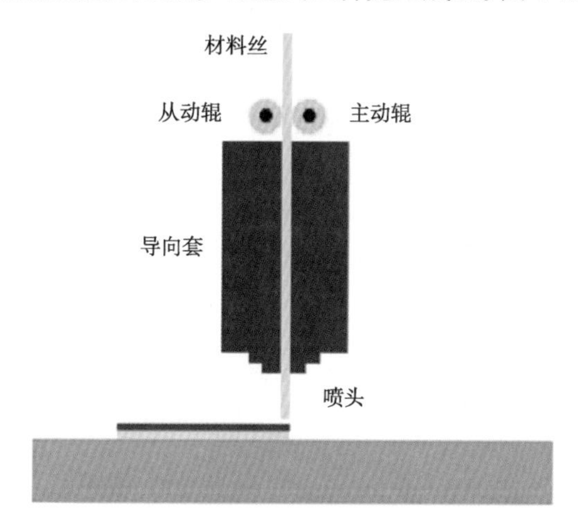

图 4–26　3D 打印机结构组成

热熔性丝材（通常为 ABS 或 PLA 材料）先被缠绕在供料辊上，由步进电动机驱动辊子旋转，丝材在主动辊与从动辊的摩擦力作用下向挤出机喷头送出。在供料辊和喷头之间有一导向套，导向套采用低摩擦力材料制成，以便丝材能够顺利、准确地由供料辊送到喷头的内腔。

喷头的上方有电阻丝式加热器，在加热器的作用下丝材被加热到熔融状态；然后通过挤出机把材料挤压到工作台上，材料冷却后便形成了工件的截面轮廓。

采用 FDM 工艺制作具有悬空结构的工件原型时需要有支撑结构的支持。为了节省材料成本和提高成型的效率，新型的 FDM 设备采用了双喷头的设计：一个喷头负责挤出成型材料，另外一个喷头负责挤出支撑材料。

FDM 快速模型技术的优点：

① 操作环境干净、安全，可在办公室环境下进行（没有毒气或化学物质的危险，不使用激光）；

② 工艺干净、简单、易于制作且不产生垃圾；

③ 尺寸精度较高、表面质量较好、易于装配、可快速构建瓶状或中空零件；

④ 原材料以卷轴丝的形式提供，易于搬运和快速更换（运行费用低）；

⑤ 原材料费用低；

⑥ 材料利用率高；

⑦ 可选用多种材料，如可染色的 ABS 和医用 ABS、PC、PPSF、浇铸用蜡和人造橡胶。

FDM 快速模型技术的缺点：

① 精度较低，难以构建结构复杂的零件，做小件或精细件时精度不如 SLA，最高精度不高；

② 与截面垂直的方向强度小；

③ 成型速度相对较慢，不适合构建大型零件。

打印机将低熔点丝状材料通过加热器的挤压头熔化成液体，使熔化的热塑材料丝通过喷头挤出，挤压头沿零件的每一截面的轮廓准确运动，挤出半流动的热塑材料沉积固化成精确的实际部件薄层，覆盖于已建造的零件之上，并在（1/10）s 内迅速凝固，每完成一层成型，工作台便下降一层高度，喷头再进行下一层截面的扫描喷丝，如此反复逐层沉积，直到最后一层，这样逐层由底到顶地堆积成一个实体模型或零件。

三、3D 打印操作步骤

奇迹三维 3D 打印机操作界面如图 4–27 所示。

（1）系统界面

3D 打印前，首先需要了解 3D 打印机操作界面，主要包括系统、工具和打印三个主菜单。系统界面主要包括状态、机器信息、中文、出厂设置、屏幕校正、WIFI、Delta 等菜单，如图 4–28 所示。

图 4–27 奇迹三维 3D 打印机操作界面　　图 4–28 系统界面显示

图 4–29 状态（X，Y，Z）显示的是打印头或喷嘴的位置坐标；E1 表示当前打印头温度为 25 ℃，单色打印机；E2 适用于混色打印机，双喷头，在这里不适用；Bed 代表的是底板温度，某些打印机底板带有自加热功能。

实验用个人级打印机为昆山奇迹三维科技有限公司所产，版本为 Miracle S。当 3D 打印机出现系统错误，需要恢复系统，单击恢复出厂设置。

这里重点要介绍的是 Delta。若偏差在 1 mm 范围内，单击右下角按钮，进入“系统” - “Delta” 当中。其中，“设 Z 为零” 表示设置一个临时坐标系，新坐标系的零点为打印的起始点。若重启打印机或移动底板，则临时坐标系失效，需要重新设置，如图 4–30 所示。注意：不要去掉“调平补偿”的勾选。

X (mm): 0.0000
Y (mm): 0.0000
Z (mm): 0.0000
E1(°C): 25/0
E2(°C): ---/---
Bed(°C): 28/0

delta杆长: 352.5000
delta半径: 196.2000
设Z为零 :

调平补偿 :

图 4–29 系统状态显示　　图 4–30 系统 Delta 界面显示

工具界面显示包括手动、预热、装卸耗材、调平、风扇、紧急停止等，如图 4–31 所示。

手动模式操作界面如图 4–32 所示，包含 X、Y、Z 三个方向，进给量为 10 mm、1 mm、0.1 mm，用于不同进给量的调节。

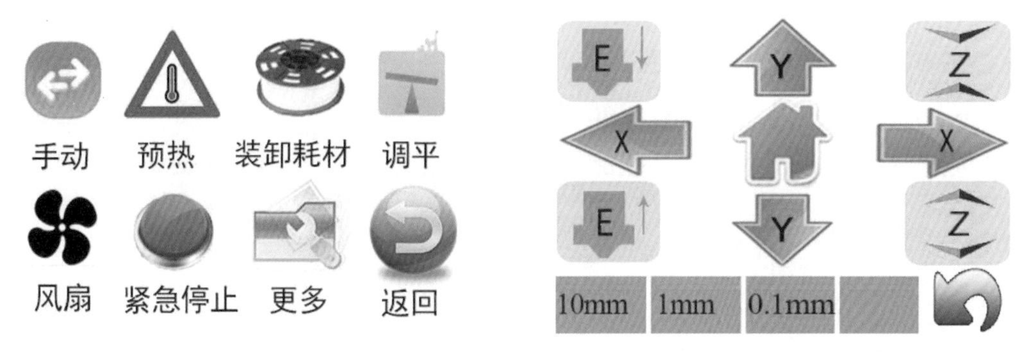

图 4–31　工具界面显示　　图 4–32　手动模式操作界面

（2）重置零点

继续让喷头下降直至喷嘴刚好接触 A4 纸，这时候 A4 纸的状态是刚好能抽出，不会破损，且同时能感受到喷嘴已经接触 A4 纸为标准，保持打印头与底板高度比 A4 纸的厚度高出 0.2 ～ 0.3 mm，不宜过高或者过低。

选择屏幕“工具”→“手动”，弹出如图 4–32 所示界面，单击相应按钮，让喷头模块回到最上方的初始位置，如图 4–33 所示。

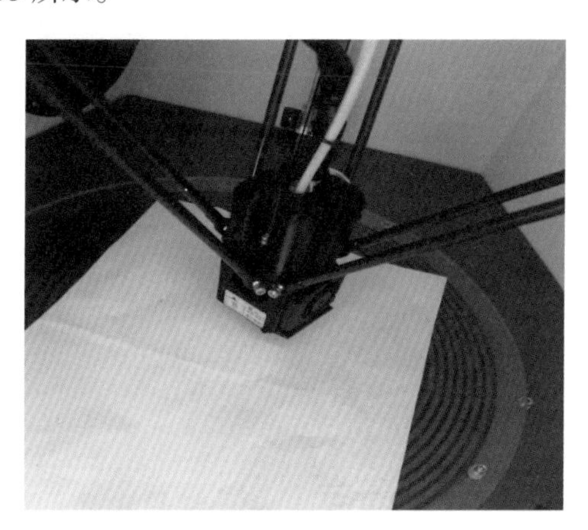

图 4–33　喷头模块回到最上方的初始位置

注意：左侧按钮，用于控制挤出机送丝及退丝。在喷头没有加热到目标温度之前，请勿单击该按钮。

（3）机器校准

在首次开机打印的时候，需要特别关注第一层是否出丝正常，若出现以下两种情况，需立即停止打印，并对机器进行重新校准，包括重置零点和自动调平。图 4–34 是打印头高度对打印质量的影响，过高或过低都会对打印零件质量造成很大的影响。打印头过高，熔丝与底板结合较差，不能形成很好的粘接；打印头过低，则会刮除底板表面已固化树脂，不能打印出所需要的铺层结构。

（4）预热喷头

选择“工具”→“预热”后，单击屏幕上“25/---”，数字由黑色变成红色，左侧“25”表示喷头当前温度，“200”表示目标温度，当前温度达到目标温度时就可以开始装耗材了。单击中间的字体，黑色变成红色，即可开始加热，如图 4–35 所示。

注意：此时喷头已加热到 210 ℃左右，请勿触碰喷嘴，以免烫伤！

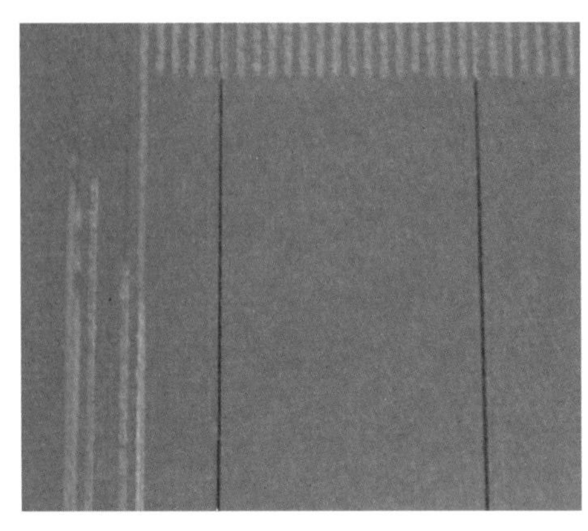

图 4–34　打印头高度对打印质量的影响

（5）手动装卸耗材

装耗材：为便于装料，建议用剪刀将耗材端部剪成斜坡口状。

左手将耗材从“断料检测模块”穿过，右手捏住“送丝手柄”，对准“送丝齿轮”的进丝口处向上送丝，直至耗材进入送丝管。

卸耗材：与装耗材类同，首先需要将喷头温度加热到 200℃左右，然后右手捏住“送丝手柄”，左手直接将耗材从喷头中拔出即可。

装卸耗材界面如图 4–36 所示。

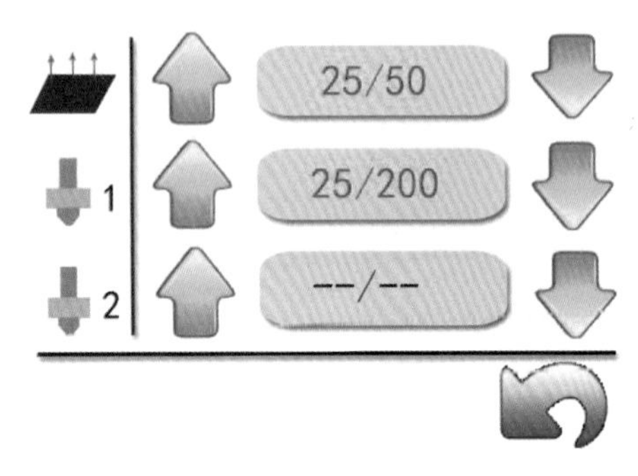

图 4–35　预热显示界面

图 4–36　装卸耗材界面

（6）打印平台准备

为了增加打印平台与模型之间的粘合度，在打印之前需在打印平台上贴上美纹纸或均匀涂上专用固体胶，涂胶范围为打印模型的底座范围即可。

（7）上机打印

先将切片好的 *.gcode 文件复制保存进 SD 卡，然后将 SD 卡插入机器右侧的 SD 卡插槽内。按打印机触摸屏上的按钮，切换成打印程序的调用界面，如图 4–37 所示。

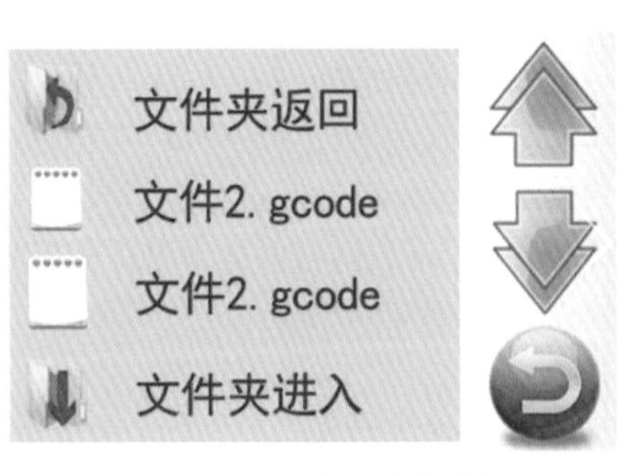

图 4–37　3D 打印文件选择

任务三 逆向工程技术（以小熊模型为例）

任务目标

1. 思政元素

培养创新精神、科学精神，树立正确的人生观和价值观；深植家国情怀，培养文化认同，增强民族自信；启发科学兴趣，树立职业素养和社会责任。

2. 知识目标

① 熟悉逆向设计的操作方法与步骤；

② 掌握工业扫描仪的数据采集方法；

③ 明确扫描数据的处理与完善；

④ 使用 Geomagic Studio 杰魔软件进行操作；

⑤ 掌握模型构建方法与步骤。

3. 能力目标

掌握逆向工程技术的技能和相关理论知识，熟悉逆向工程的一般流程、数据处理、构建模型的方法。

4. 素质目标

培养学生的科学思维，树立严谨的科学态度，能较好完成模型数据采集和数据处理。

任务描述

熟悉逆向工程的含义，掌握模型数据采集的方法和步骤，构建三维数字模型，并处理其中的缺陷，生成 *.STL 格式文件。

任务实现

一、逆向工程定义

逆向工程又称反求工程，是根据已有的模型和结果，通过分析来推导出具体的实现方法。反求技术包括影像反求、软件反求和实物反求等。目前，研究较多的是实物反求技术，它是研究实物 CAD 模型的重建和最终产品的制造。狭义来说，三维反求技术是将实物模型数据化成设计、概念模型，并在此基础上对产品进行分析、修改及优化等。那么，如何获取实体模型数据，怎么实现逆向工程，保证其表面质量和精度。

二、逆向工程技术与流程

1. 逆向工程——点云扫描

用工业扫描仪对小熊模型进行扫描。图 4-38 所示为工业扫描仪、三脚架和云台。

图 4-39 是扫描开始前使用的标定块，主要完成的是扫描基准的标定，标定物体平面内的误差。

扫描装置的关键组成零件包括：

① 光栅发射器，用于投射光栅；

② 相机（两台），用于拍摄图像；

③ 标定块，用于系统定标；

④ 标志点，用于模型零件的数字拼接。

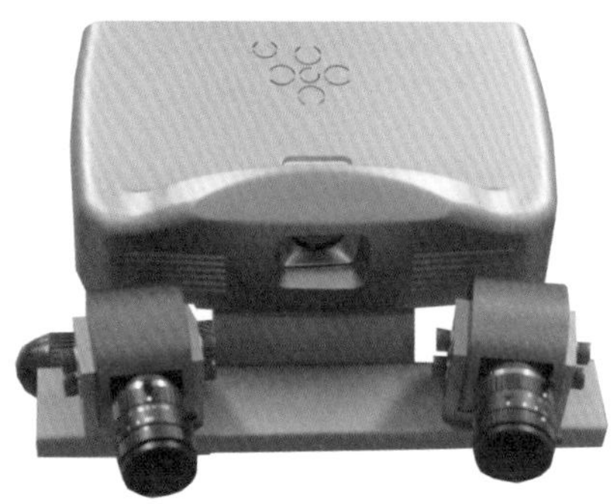

（a）工业扫描仪

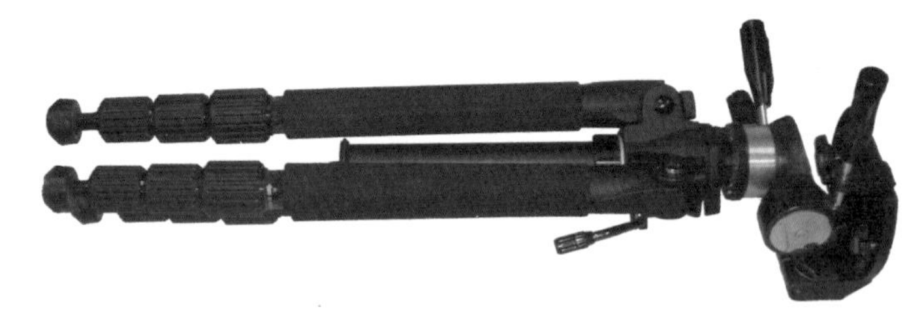

（b）三脚架及云台

图 4-38　工业扫描仪、三脚架及云台

图 4-39　标定块

使用注意事项：

① 使用扫描仪前，需仔细阅读注意事项内容，以确保安全地使用扫描仪。防止危险情况的发生和对操作者、设备造成伤害。

② 扫描仪规定操作电源为 220 V/50 Hz，使用前请确认所用电源是否符合本机要求。

③ 请勿将扫描仪放置于受阳光直射、靠近加热装置或热辐射装置的地方。

④ 请将扫描仪放置在干燥的区域内，避免灰尘和湿气。

⑤ 切勿用坚硬物体撞击相机镜头和光栅发射器镜头。

⑥ 切勿在机器使用过程中拔出或旋转镜头。

⑦ 切勿在机器使用过程中关闭电源。

⑧ 切勿在机器使用过程中直视光栅发射器，避免眼睛受到伤害。

⑨ 切勿用坚硬物体触碰标定块表面。

⑩ 小心使用电源线，避免过度弯曲。破损的电源线可能引起触电或火灾。

⑪ 小心不要触摸镜头，以避免影像模糊而影响扫描数据质量。擦拭镜头时请使用镜头纸。

⑫ 转动云台或升降三脚架后，须锁紧安全钮，防止设备跌倒。

⑬ 关闭电源，需待风扇停转后（电源关闭，风扇继续运转 60 s）才可将电源断开。

⑭ 为确保程序正常运行，只能使用随机光盘中的软件。

⑮ 请指定专人使用本扫描仪。

⑯ 在计算机背面插入加密狗，并保证在带电的情况下不热插拔加密狗，否则会造成加密狗的损坏。

2. 工业扫描仪菜单

系统启动：

① 事先确保硬件接线正确，接通所有硬件的电源；

② 启动计算机，启动光栅发射器；

③ 启动程序，打开向导窗口。

主框架菜单项如下：文件(F)　工程(P)　数据(D)　工具(T)　帮助(H)

（1）文件（F）菜单

包括新建工程、打开工程等菜单选项，如图 4–40 所示。

① 新建工程：结束当前扫描，开始新的扫描。

② 打开工程：用于打开 RECAM 文件，单击后弹出如图 4–41 所示对话框。

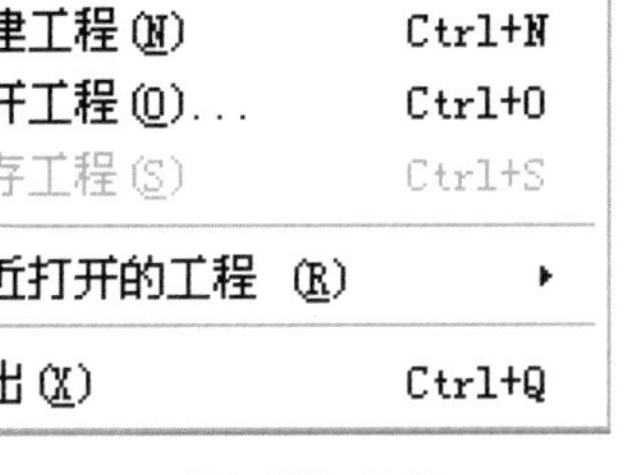

图 4–40 “文件”菜单

图 4–41 文件选择

③ 最近打开的工程：会给出最近已打开的文件，最多八个。

④ 退出：关闭应用程序并退出。

（2）工程（P）菜单

包括标定系统、拍摄图像、物体立体拍摄、三维数据拼接，如图 4–42 所示。

① 标定系统：遇到下列情况时，需要对相机进行定标计算。

a. 第一次使用扫描仪；

b. 调整相机或镜头位置；

c. 经过长途运输；

d. 当拼接精度下降时。

② 拍摄图像：只拍摄平面照片，不生成三维数据。

③ 物体立体拍摄：只生成单面点云数据，不进行拼接。

④ 三维数据拼接：建立拼接数据。

（3）数据（D）菜单

包括导入、导出、查看、删除和属性菜单，如图 4–43 所示。

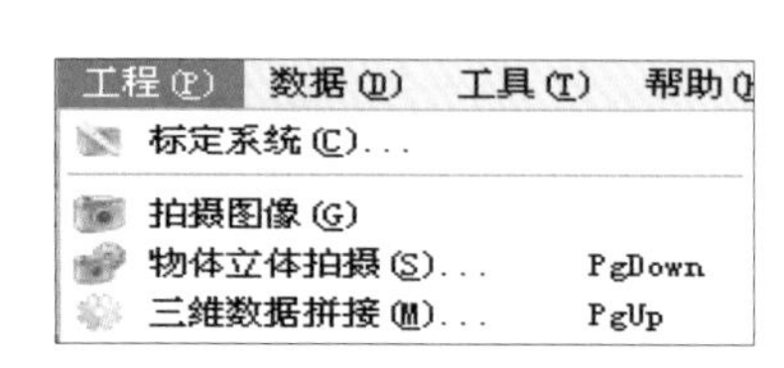

图 4–42 “工程”菜单

图 4–43 “数据”菜单

① 导入：可以导入以前保存过的中间结果数据。

② 导出：导出点云数据并保存成 .asc、.stl 或 .ply 格式数据。

③ 查看：打开选中的点云数据或者拼接数据。

④ 删除：删除选中的文件。

⑤ 属性：查看当前选中文件的相关信息。

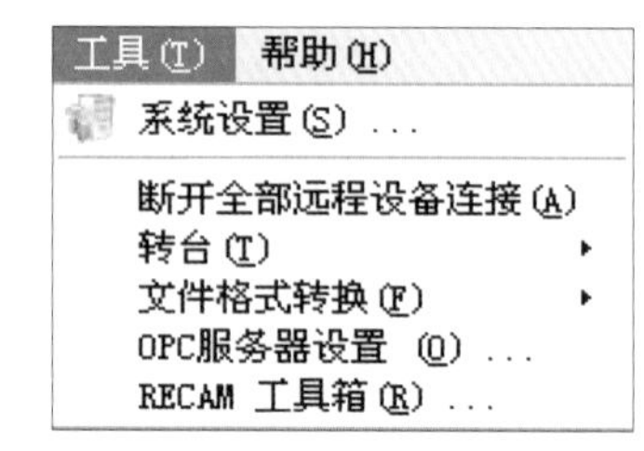

图 4–44 “工具”菜单

（4）工具（T）菜单

图 4–44 所示为“工具”菜单。

系统设置：扫描过程中的参数设置。选择“系统设置”选项，弹出系统设置对话框，通过不同的选项卡设置相关参数如图 4–45 所示。

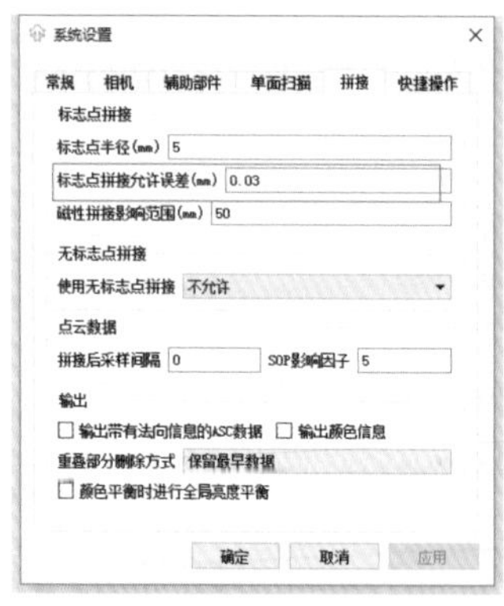

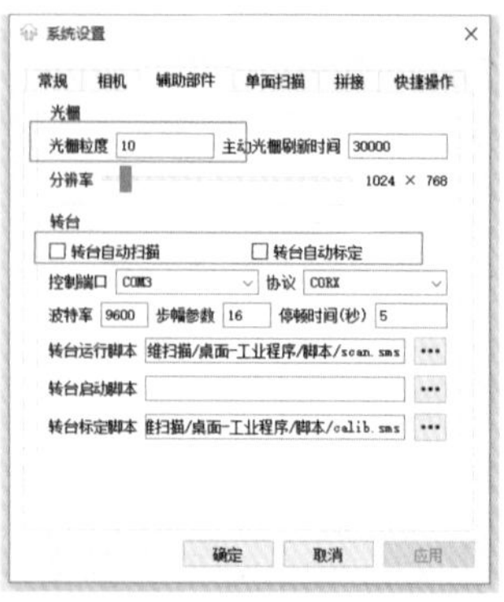

图 4–45 系统设置

图 4–45　系统设置（续）

3. 扫描数据的处理

（1）拍摄距离调整

将标定块放在视场中央，左右相机拍摄场景会实时显示拍摄的图像，调整标定块的位置使相机同时看到尽可能多的圆点，如图 4–46 所示。

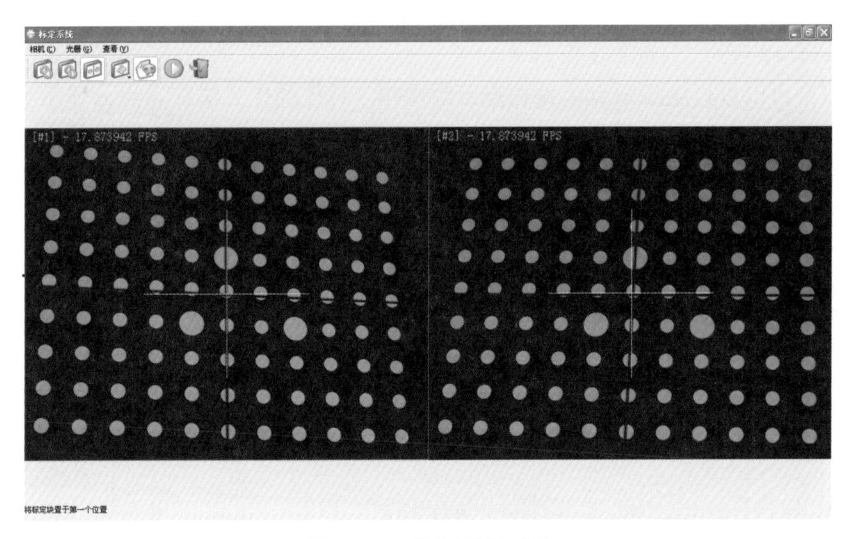

图 4–46　拍摄距离调整

单击“预投十字中心线”按钮，相机拍摄窗口中会显示黄色中心线，同时光栅发射器投射出黑色中心线到标定块上。调整三脚架高度，直到相机窗口中黄色中心线和标定块上黑色中心线重合为止。这是相机距离标定块的最佳高度，关闭中心线，如图 4–47 所示。

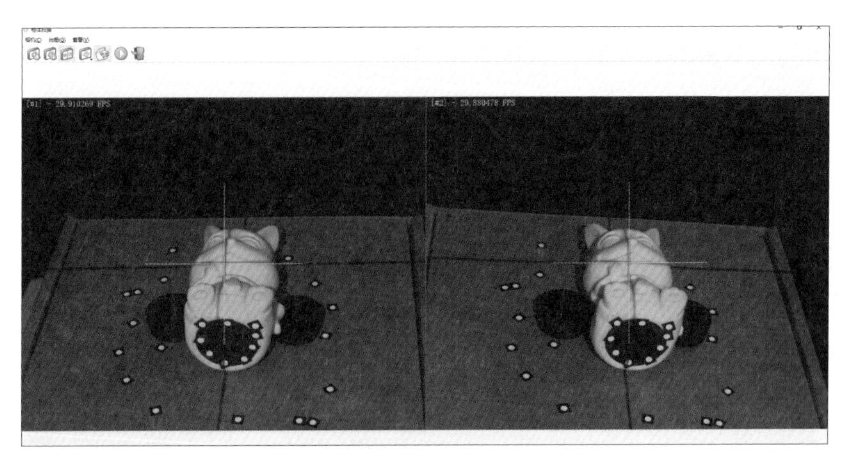

图 4–47　模型选择与光标定位

（2）立体拍摄

立体拍摄是利用两次拍摄之间的公共标志点信息来实现两次拍摄的数据的拼接。使用标志点前，要对待测物体进行分析，在需要、合适的位置上贴上标志点，通过多次扫描及拼接得到需要的数据。

标志点贴法有如下注意事项：

① 标志点只能贴在物体曲率变化不大的部分上，如果贴在曲率变化较大的部分，会产生较大的误差。

② 每两次扫描的公共标志点个数要不少于四个，如果公共标志点个数少于四个，那么系统会提示拼接错误。

拍摄的具体过程如下：

① 单击“拍摄”按钮，开始扫描，计算过程会有进度条显示计算进度。扫描完成后，会弹出结果显示窗口，显示扫描的结果。

在此窗口中可以进行删除杂点、光顺点云等操作。具体操作方法在“点云显示与处理”中详细说明。

② 将工件变换另一位置，注意要保证与第一个位置最少有四个公共标志点。在拍摄窗口中可右击“识别标志点”来查看是否最少有四个公共标志点。关闭点云显示窗口，在“单面扫描”窗口中单击“拍摄”按钮，开始计算，扫描完成后会弹出结果显示窗口，显示扫描的结果。

③ 多次重复②的操作以致把整个物体扫描完整并处理完单面数据。单击“取消”按钮，以结束对物体的扫描。

④ 单击“拼接”按钮，弹出如图 4–48 所示对话框。

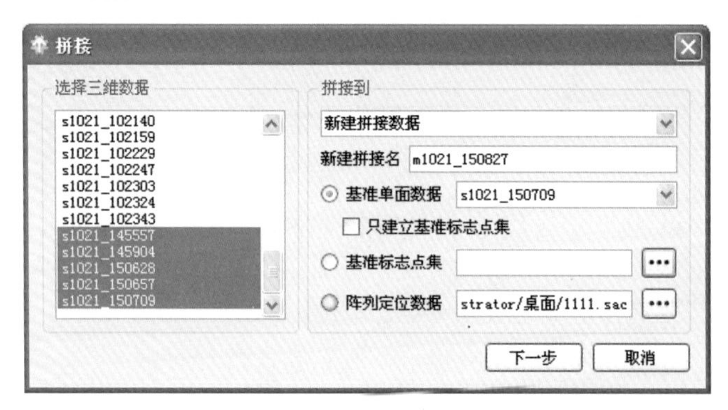

图 4–48　模型数据拼接

选择要拼接的单面数据，单击“下一步”按钮，系统会根据标准点把数据拼接成一个整体。

4. 点云显示与处理

点云文件显示窗口主要用在扫描完成后显示扫描结果，并对点云数据进行降噪、修补、光顺化等操作。用户也可以在此窗口对不易自动拼接的数据进行手动拼接操作。

在点云显示窗口中，按住鼠标左键为点云旋转，按住鼠标中键为点云移动，滑动鼠标滚轮或键盘上、下键可放大、缩小点云。

（1）点的选择

① 成片选择：在点云显示窗口中右击，选择“成片选择”命令，单击成片点云的区域，即可选中此片点云。

② 矩形选择：在点云显示窗口中右击，选择“矩形选择”命令，拖动鼠标画出矩形框选中点云。

③ 套索选择：在点云显示窗口中右击，选择“套索选择”命令（见图 4–49），单击选择一个

封闭的多边形区域，包含要被删除的点。

④ 画刷选择：在点云显示窗口中右击，选择“画刷选择”命令，按住鼠标左键并拖动，覆盖要被删除的点后松开，即可选中点云。

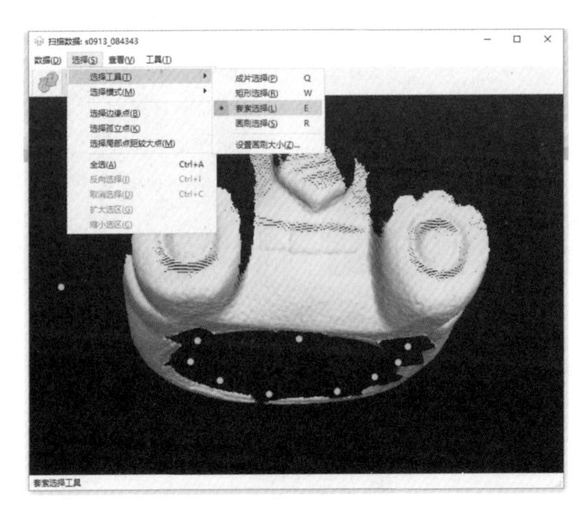

图 4–49 套索选择

（2）取消选择

在点云显示窗口中右击，选择“取消选择”命令，可取消所有选中的点云。

取消部分选择的数据时，按住【Alt】键，再选中要取消的部分即可。

（3）点的删除

选择点云后，单击“删除”按钮，即可删除被选择的点云。

在点云显示窗口中右击，选择“删除边缘点”命令，可将脱离整体点云较远的数据自动删除。

（4）填补空洞

在点云显示窗口中选中空洞部分的数据，右击，选择“填补空洞”命令，即按曲率变化将空洞修补好。

（5）数据光顺化

在点云显示窗口中右击，选择“光顺化”命令，对点云数据进行整体光顺处理。此操作会使数据顺化，但同时也会损失精度。图 4–50、图 4–51 分别是点云数据处理和点云数据表面构建。

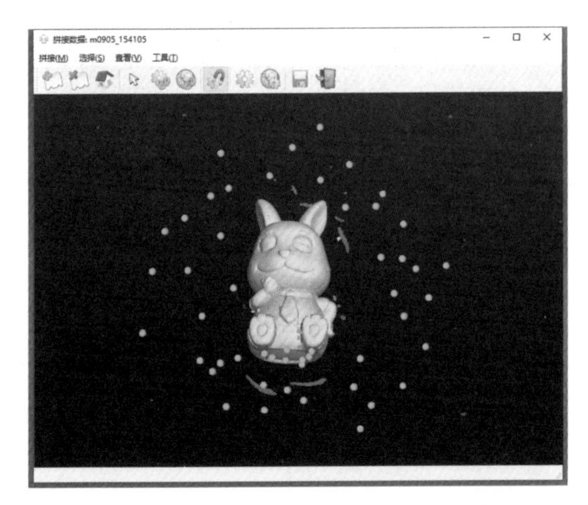

图 4–50 点云数据处理

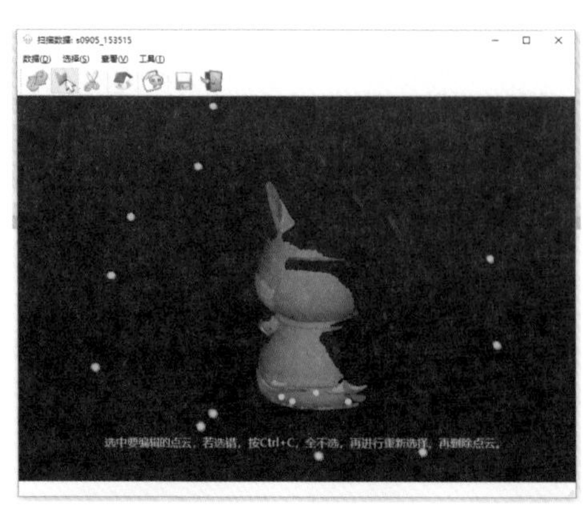

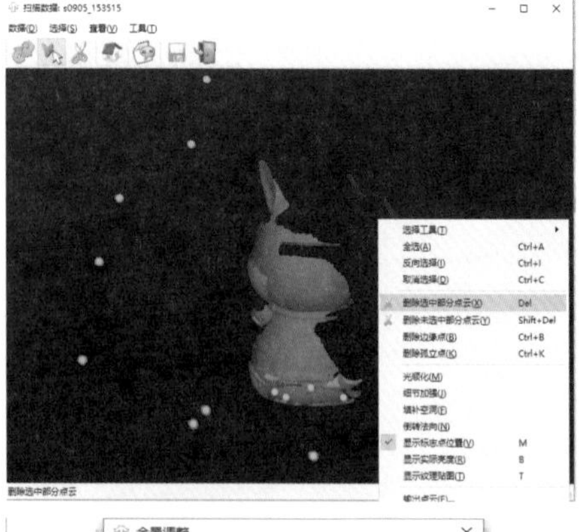

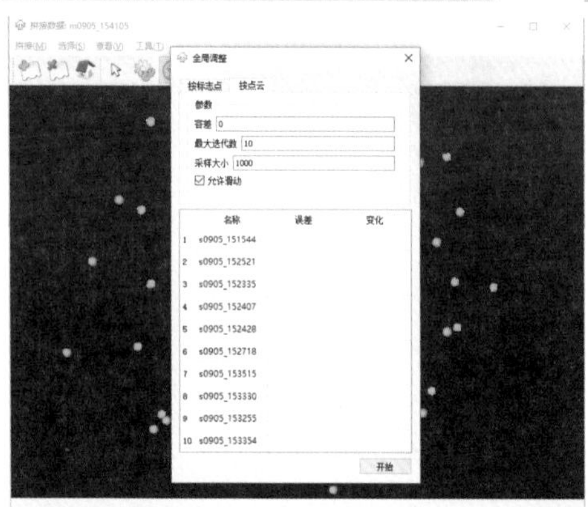

图 4-50 点云数据处理（续）

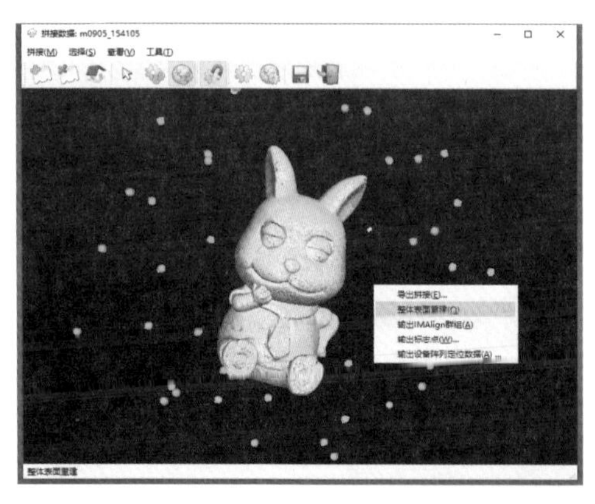

图 4-51 点云数据表面构建

三、Geomagic Studio 杰魔封装点云

（1）Geomagic Studio 杰魔封装

① 打开计算机上安装好的 Geomagic Studio 杰魔软件。

② 软件打开后单击“打开”按钮，找到 0912.stl 文件后打开，此时弹出“文件”选项，比例默认 100%，单击“确定”按钮。

③ 单击工具栏中的“选择非连接项”，分割选择“低”，然后单击“确定”按钮。

④ 单击“体外孤点”敏感性改为“70”单击“确定”按钮。

⑤ 单击“减少噪音”，参数改为“自由曲面形状”，偏差限制改为“0.1”，然后单击“确定”按钮。

⑥ 单击“封装”按钮，目标三角形改为“50000”，然后单击“确定”按钮。

（2）Geomagic Studio 杰魔修复网格面

① 单击工具栏中的“开流行”按钮。按【Alt】+ 鼠标中键移动界面，如图 4–52 所示。

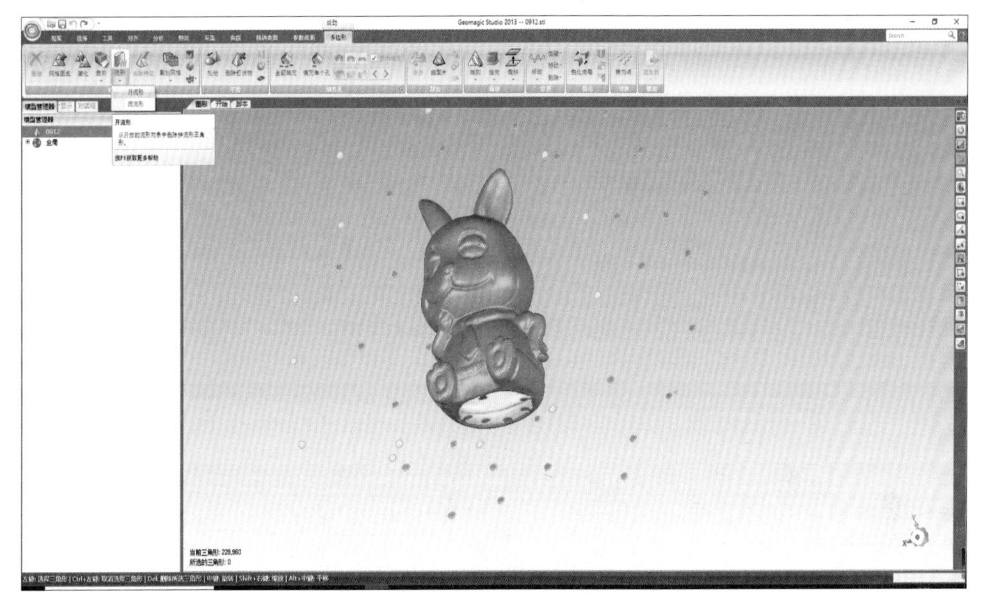

图 4–52 模型开流行前

开流行后，单独点和标定点消失，如图 4–53 所示。

图 4–53 模型开流行后

② 单击“修复相交区域”，模式改为“去除特征”，然后单击“确定”按钮。

③ 单击“填充孔”把孔洞一一填充，如图 4–54 所示。

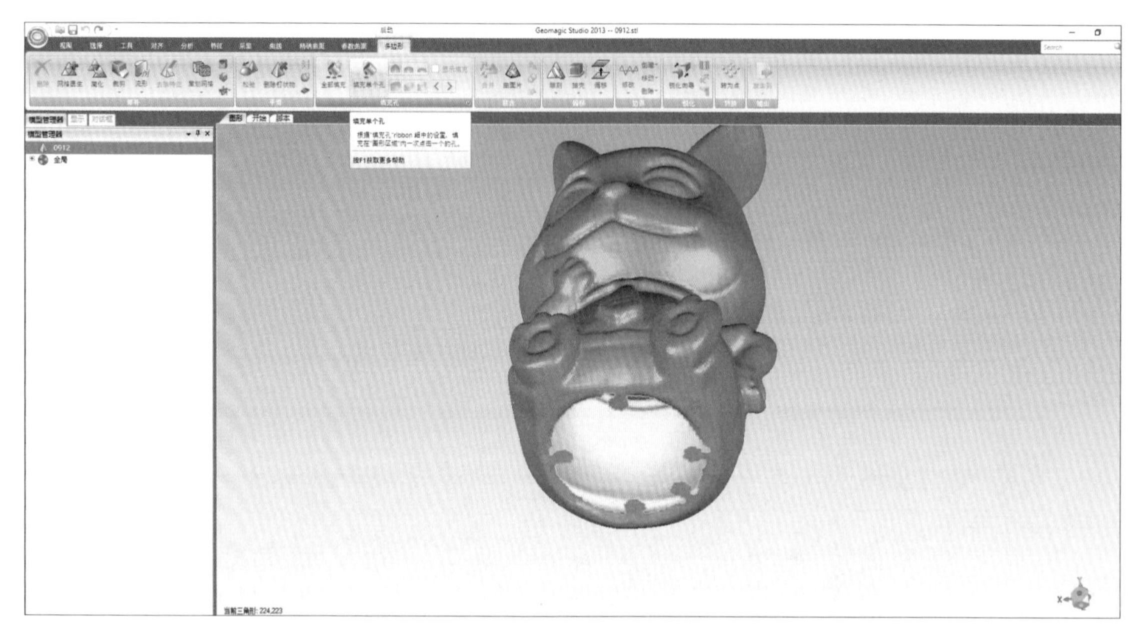

图 4–54　修复模型孔洞

④ 单击网格医生，勾选所有复选框，然后应用，接着单击“确定”按钮，如图 4–55 所示。

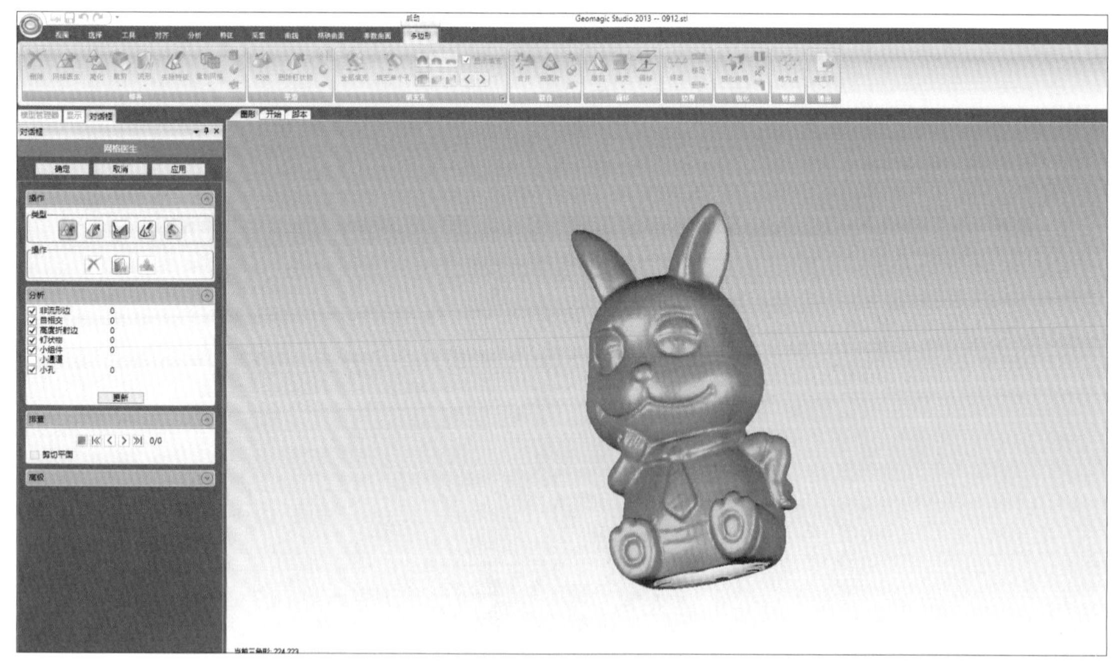

图 4–55　模型表面缺陷修补

⑤ 选择“特征”→“平面”→“最佳拟合”命令，随机选择底面三个区域，创建平面，如图 4–56 所示。

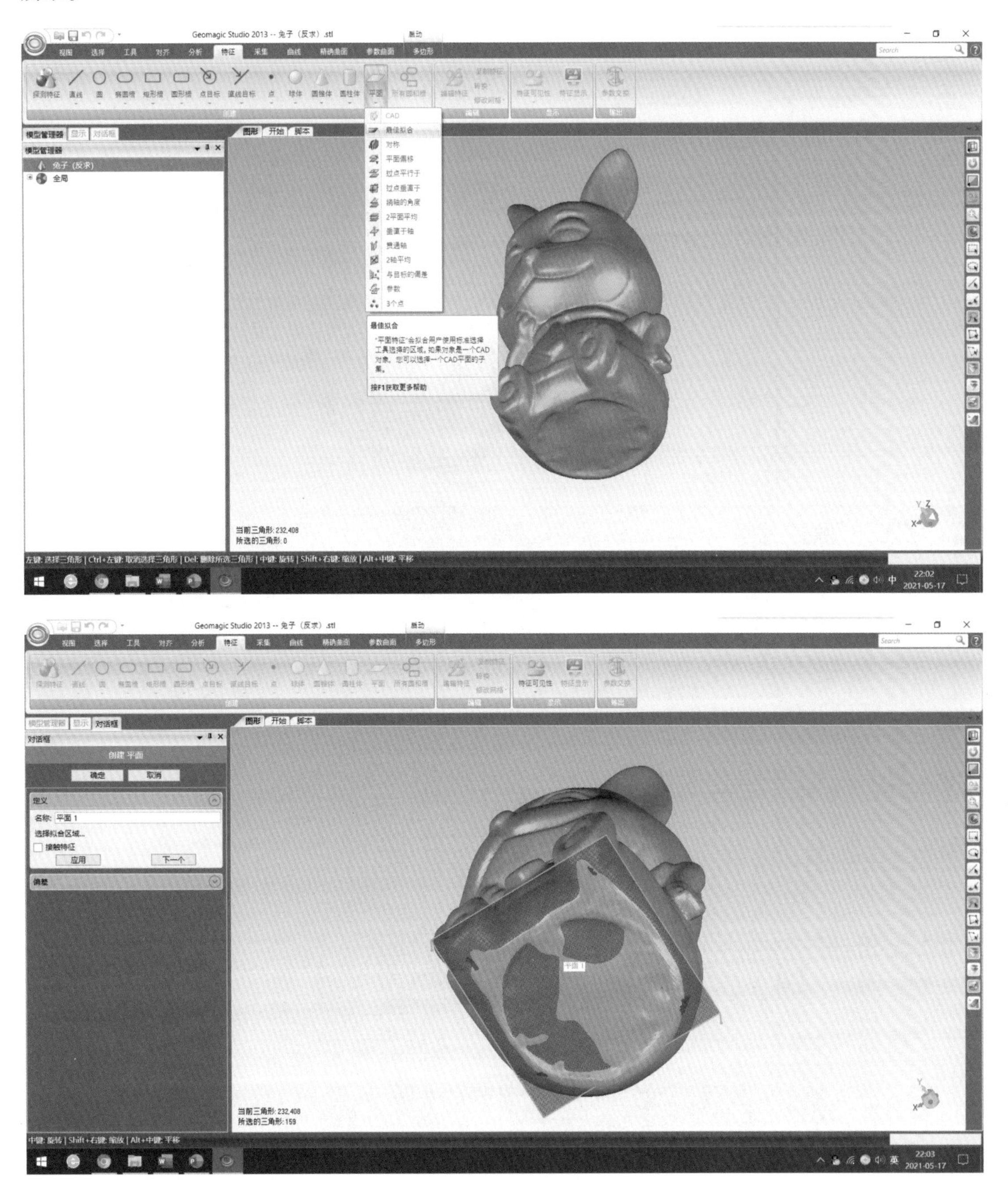

图 4–56　创建平面

⑥单击“对齐”→“对齐到全局”按钮，将模型底面与 XY 平面对齐，如图 4–57 所示。

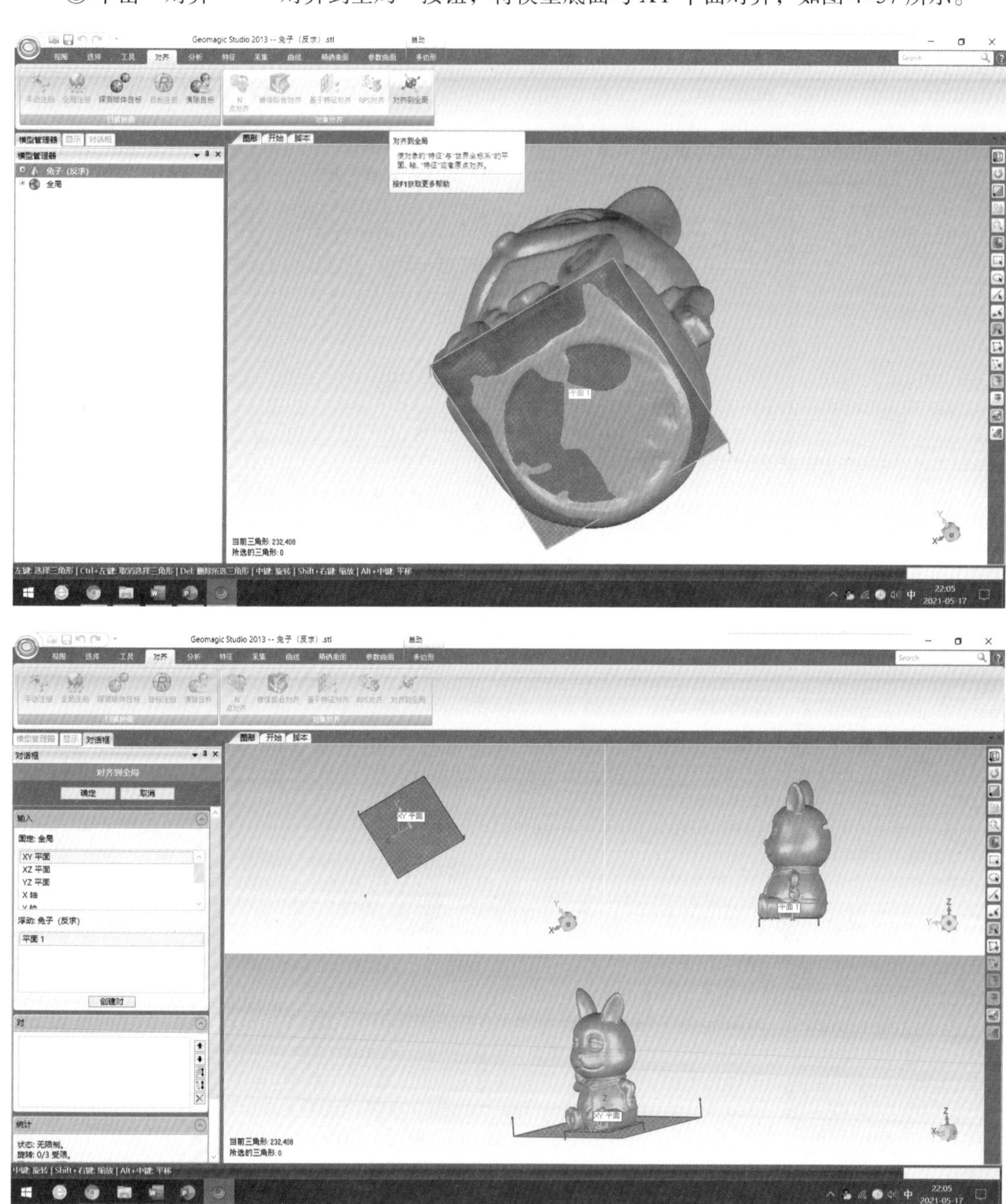

图 4–57　与 XY 平面对齐

⑦ 选择“工具”→“移动”→“精确移动”，旋转模型，使其与 X 轴、Y 轴、Z 轴相适应，如图 4–58 所示。

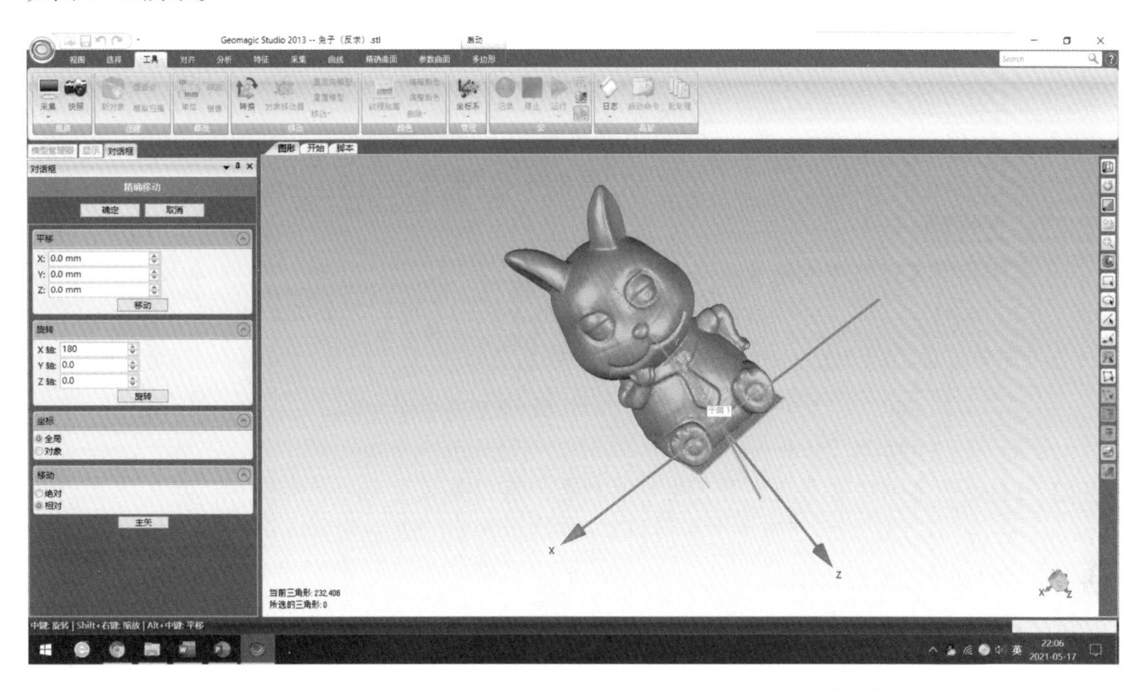

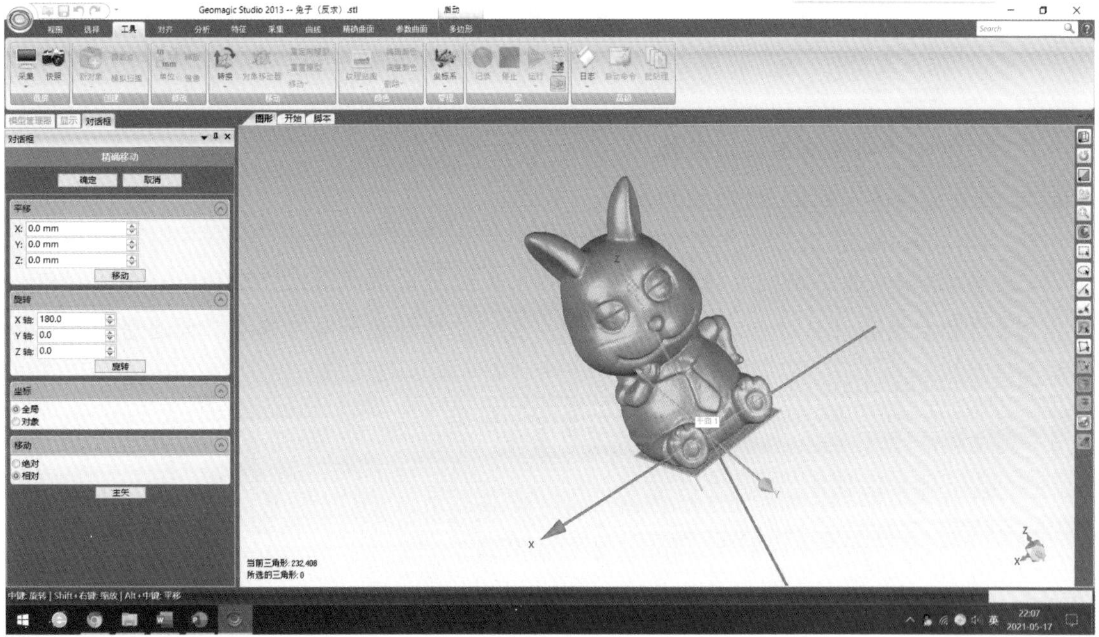

图 4–58　模型旋转，与坐标系平齐

⑧ 处理完成后保存模型为 *.STL 格式。

巩固与练习

一、填空题

1. FDM 技术是指________。

2. 3D 打印技术包括________、3D 打印过程和 3D 打印后处理。

3. 相对于传统制造方式，3D 打印的优点是满足少量化、________生产需求。

二、选择题

1. 3D 打印文件的格式是（　　）。

   A. SAL　　B. STL　　C. SAE　　D. RAT

2. 市场上常见的 3D 打印机所用的打印材料直径为（　　）。

   A. 1.75 mm 或 3 mm　　B. 1.85 mm 或 3 mm

   C. 1.85 mm 或 2 mm　　D. 1.75 mm 或 2 mm

3. FDM 设备制件容易使底部产生翘曲形变的原因是（　　）。

   A. 设备没有成型空间的温度保护系统

   B. 打印速度过快

   C. 分层厚度不合理

   D. 底板没有加热

4. FDM 3D 打印技术成型件的后处理过程中最关键的步骤是（　　）。

   A. 取出成型件　B. 打磨成型件　C. 去除支撑部分　D. 涂覆成型件

三、思考题

1. 简述 3D 打印原理与一般过程。

2. 用自己的语言概括 3D 打印的优势。

3. 简述 Geomagic Studio 杰魔软件的封装步骤。

4. 逆向设计通常会用到三维扫描仪，它被用来探测搜集现实环境里物体的形状和外观信息，获得的数据通过三维重建，在虚拟环境中创建实际物体的数字模型。简述逆向工程的基本流程。

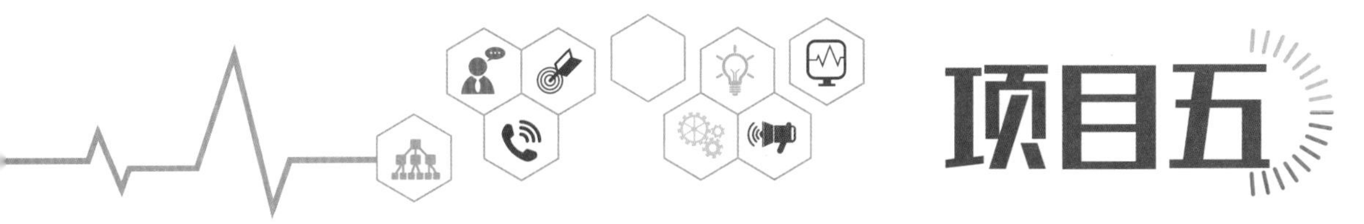

项目五

微型机床的创新加工

车床主要是用车刀对旋转的工件进行车削加工的机床。在车床上还可用钻头、扩孔钻、铰刀、丝锥、板牙和滚花工具等进行相应的加工。

铣床主要指用铣刀对工件多种表面进行加工的机床。通常铣刀以旋转运动为主运动，工件和铣刀的移动为进给运动。它可以加工平面、沟槽，也可以加工各种曲面、齿轮等。

本项目是应用小型仪表车床和仪表铣床来加工一些小型零件。

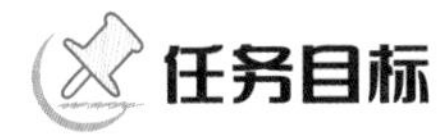

任务一 双节棍的加工

任务目标

1. 思政元素

培养学生求真务实、实践创新、精益求精的工匠精神；培养学生踏实严谨、耐心专注、吃苦耐劳、追求卓越等的优秀品质；培养学生成为心系社会并有时代担当的技术性人才。

2. 知识目标

① 掌握仪表车床的概念、组成、特点及应用；

② 熟悉仪表车床的结构及工作原理；

③ 了解仪表车床的应用场合；

④ 熟悉仪表车床的操作。

3. 能力目标

通过仪表车床相关知识的学习，能了解仪表车床在加工制造场合的应用，熟练掌握仪表车床的结构组成及工作原理，能使用仪表车床根据图纸加工出一些小型零件。

4. 素质目标

增强学生的工科素养，培养学生的团队协作能力、操作规范性和良好的组织纪律性。

任务描述

操作仪表车床根据图纸加工出一个双节棍，完成外圆车削、倒角、滚花、钻孔等工艺的加工。

任务实现

一、仪表车床简介

1. 仪表车床概念及分类

仪表车床属于简单的卧式车床。一般来说，最大工件加工直径在 250 mm 以下的机床，多属于仪表车床。仪表车床分为普通型、六角型、精整型、自动型。

2. 仪表车床组成

本任务使用的仪表车床是上海西马特公司生产的 C2 仪表车床。C2 仪表车床的结构组成如图 5–1 所示。

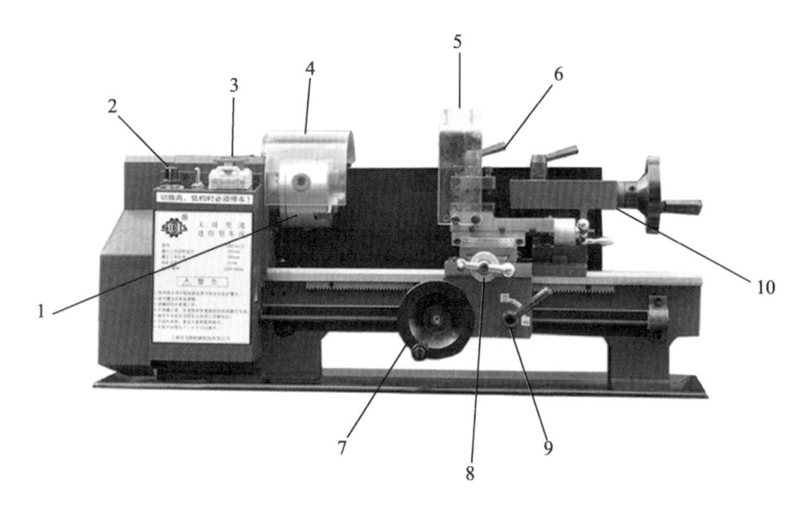

图 5–1　C2 仪表车床的结构组成

1—三爪卡盘；2—调速开关；3—急停开关；4—主轴防护罩；5—刀架防护罩；6—四工位刀架；
7—Z 向进刀手轮；8—Y 向进刀手轮；9—小托板手轮；10—尾座

3. 仪表车床工作原理及特点

仪表车床采用弹簧夹头快速夹紧，电动机直接带动主轴，大小圆盘快速手扳式操作，纵横向定位控制车削，部分仪表车床配有法兰、尾架装置、压模跟车螺纹装置，能加工外圆、内圆、切断、端面、割槽、车锥度、钻孔、铰孔、攻螺纹、铣削、磨削等。

由于采用手推式进刀，弹簧夹头快速装夹，顶针式限位装置，快速手扳式操作，电动机直接带动主轴运转，定位控制车削，对单一固定种类的工件与外形进行连续加工，可比普通车床提高工效 10 倍以上，特别适用于大批量、小零件的加工。可代替其他机床，以减少能源消耗。

4. 仪表车床应用

仪表车床广泛用于电器、紧固件、汽车、摩托车配件、仪器仪表、五金电器、文教用品、影视器材、机电产品、水暖管件、阀门、轴承套圈、轴类等小零件、眼镜制造等小型工件的生产加工，是五金机械加工行业最理想的高效率设备。

二、双节棍加工

1. 任务简介

本任务是操作仪表车床根据图纸加工出每个单棍长 120 mm，直径为 ϕ12 mm 的双节棍，尺寸公差为 ±0.1 mm，完成外圆车削、倒角、滚花、钻孔等工艺的加工。双节棍的零件图如图 5–2 所示。

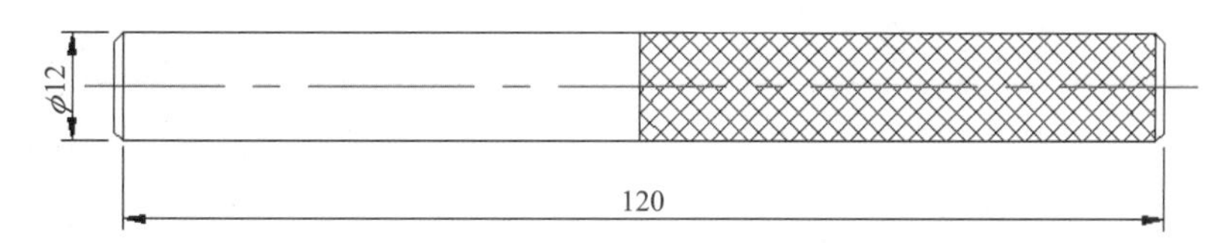

图 5-2 双节棍零件图

2. 加工工艺

本任务采用的毛坯件是尼龙棒料，毛坯件原始尺寸长度为 250 mm，直径为 ϕ15 mm，如图 5-3 所示。

图 5-3 毛坯件图

加工工艺如下：

（1）加工端面

用三爪卡盘夹住毛坯件，伸出长度为直径两倍，按七步进退刀方法加工端面，切削深度为 1 mm，将端面加工平整。加工后的端面如图 5-4 所示。

（2）顶出中心孔

用顶尖在已加工好的端面顶出一个中心孔，如图 5-5 所示。

图 5-4 加工后的端面

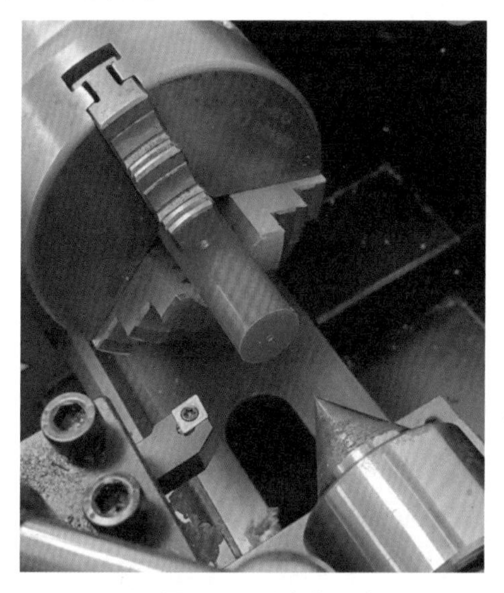

图 5-5 顶出中心孔

（3）加工另一端端面及中心孔

用如上方法加工好工件的另一端端面及中心孔，如图 5-6 所示。

（4）加工外圆

夹住一端，伸出长度 140 mm，另一端用顶尖顶住中心孔，加工外圆，最大切削深度不超过 1 mm，可分多刀切削，加工至直径为 ϕ12 mm，公差为 ±0.1 mm，加工长度为 130 mm，加工好的外圆如图 5-7 所示。

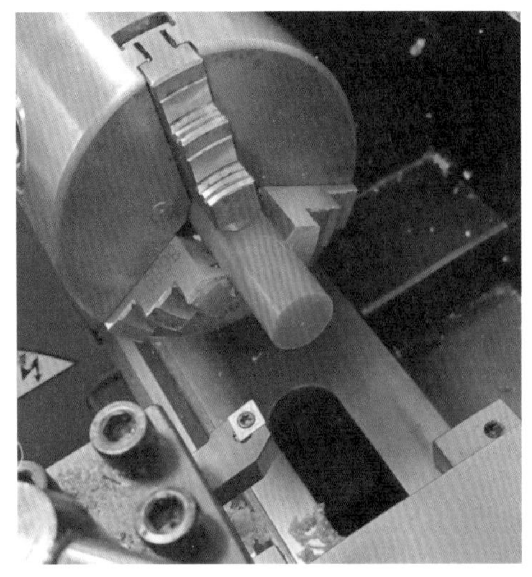

图 5–6　另一端端面及中心孔的加工

图 5–7　加工好的外圆

（5）加工另一半外圆

用如上方法加工好另一半外圆，同样加工至直径为 ϕ12 mm，公差为 ±0.1 mm。

（6）倒角

将两个端面分别倒角，倒角尺寸为 1×45°，倒角后的工件如图 5–8 所示。

（7）滚花

仪表车床上夹住工件的一端，伸出长度为 180 mm，用滚花刀将伸出的一端滚花，滚花长度为 60 mm，用同样的方法将另一端滚花，两端滚花尺寸相同，如图 5–9 所示。

图 5–8　倒角后的工件

图 5–9　工件两端滚花

（8）锯断、平整端面、加工中心孔、倒角

从中间将工件锯断，将锯断的两个端面采用上面的端面加工方法车平，并且顶出中心孔，方便后面钻孔加工，然后倒角，倒角尺寸为 1×45°，如图 5–10 所示。

（9）钻孔

在钻床上将锯断的两个工件无滚花一端的端面中心钻出直径为 ϕ1.2 mm，深度为 10 mm 的孔，如图 5-11 所示。

图 5-10 端面车平、中心孔加工及倒角

图 5-11 工件端面钻孔

（10）安装羊眼螺钉和链条

将羊眼螺钉分别拧进两个工件端面的钻孔中，用链条将两个羊眼螺钉连接起来，如图 5-12 所示。

3. 成品展示

加工好的双节棍如图 5-13 所示。

图 5-12 羊眼螺钉和链条的连接

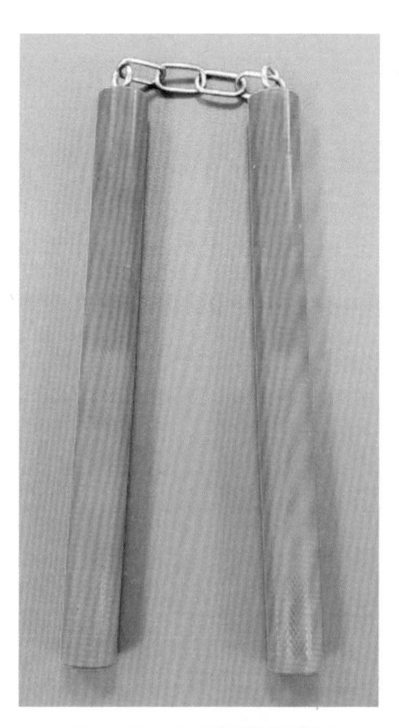

图 5-13 加工好的双节棍

任务二 立方体的加工

任务目标

1. 思政元素

培养学生的责任意识和职业操守，树立爱国情怀、民族自豪感，引导学生对国家制造装备、智能制造政策、核心价值观的认同。

2. 知识目标

① 掌握仪表铣床的概念、组成、特点及应用；

② 熟悉仪表铣床的结构及工作原理；

③ 了解仪表铣床的应用场合；

④ 熟悉仪表铣床的操作。

3. 能力目标

通过仪表铣床相关知识的学习，能了解仪表铣床在加工制造场合的应用，熟练掌握仪表铣床的结构组成及工作原理，能使用仪表铣床根据图纸加工出一些小型零件。

4. 素质目标

增强学生的工科素养，培养学生的团队协作能力、操作规范性和良好的组织纪律性。

任务描述

操作仪表铣床根据图纸加工出一个立方体，完成立方体各个表面的铣削加工。

任务实现

一、仪表铣床简介

1. 仪表铣床概念

仪表铣床属于简单的立式铣床，主要用于普通钢、铜铝及非金属的铣削、钻孔、攻牙等加工工艺，适合小批量的生产、单机生产。

2. 仪表铣床组成

本任务使用的仪表铣床是上海西马特公司生产的 X2 仪表铣床。X2 仪表铣床的结构组成如图 5-14 所示。

3. 仪表铣床工作原理及特点

仪表铣床主要是通过刀具主运动，工件做进给运动来完成铣削加工。

仪表铣床适用于各种中小型零件的加工，特别是有色金属材料、塑料、尼龙的切削，具有结构简单、价格低、实用性强、操作灵活等优点。

4. 仪表铣床应用

仪表铣床可用于金属件（铝、铜、球墨铸铁、钢等）及软材料（木材、尼龙等）的切削，适用于家庭、学校、实验室、中小型工厂小批量零件加工，以及 DIY 与模型制作。

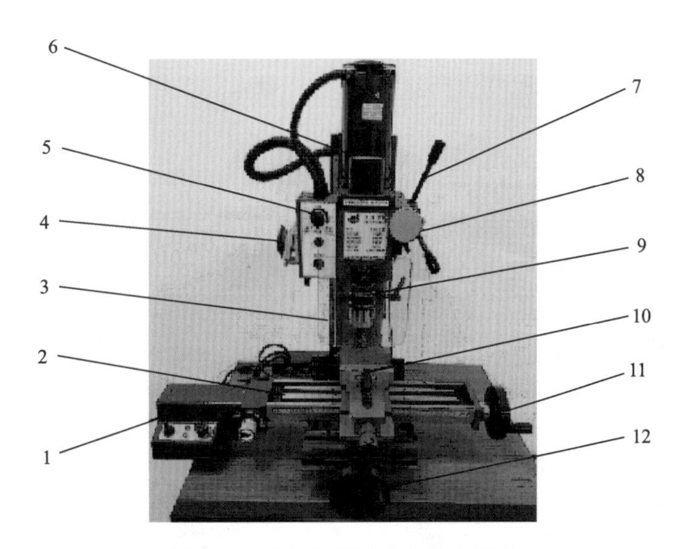

图 5–14 X2 仪表铣床的结构组成

1—进给电动机；2—工作台；3—主轴防护罩；4—急停开关；5—主轴调速旋钮；6—主轴电动机；7—Z 向进给手轮；8—Z 向微调手轮；9—主轴；10—平口钳；11—X 向进给手轮；12—Y 向进给手轮

二、立方体加工

1. 任务简介

本任务是操作仪表铣床根据图纸加工出一个边长为 29 mm 的立方体，完成立方体各个表面的铣削加工。立方体零件图如图 5–15 所示。

2. 加工工艺

本任务采用的毛坯件是尼龙棒料，毛坯件原始尺寸长度为 31 mm，直径为 ϕ42 mm，毛坯件如图 5–16 所示。

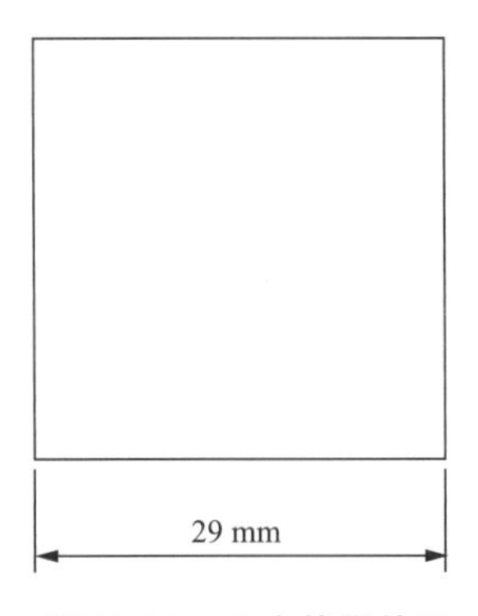

图 5–15 立方体零件图

图 5–16 毛坯件

加工工艺如下：

（1）铣削毛坯件两个平行面

用平口钳夹住毛坯件外圆，铣削两个平行面，铣削加工后两个平行面的厚度为 29 mm，尺寸公差为 ±0.1 mm，保证两个平行面的平行度误差为 0.05 mm，铣削后的平行面如图 5–17 所示。

（2）铣削另两个平行面

用平口钳夹住已加工好的两个平行面，铣削另外两个平行面，两个平行面的厚度尺寸同样为

29 mm，尺寸公差为 ±0.1 mm，两个平行面的平行度误差为 0.05 mm，如图 5-18 所示。

图 5-17　铣削后的平行面

图 5-18　铣削后的另两个平行面

（3）铣削最后两个平行面

用平口钳夹住刚加工好的两个平行面，铣削最后两个平行面，两个平行面的厚度尺寸同样为 29 mm，尺寸公差为 ±0.1 mm，两个平行面的平行度误差为 0.05 mm，如图 5-19 所示。

3. 成品展示

加工好的立方体如图 5-20 所示。

图 5-19　铣削后的最后两个平行面

图 5-20　加工好的立方体

巩固与练习

一、填空题

1. 车床主要用车刀对________进行车削加工的机床。

2. 铣床主要指用铣刀对工件多种表面进行加工的机床。通常以________为主运动，________为进给运动。

3. 仪表车床属于简单的卧式车床，一般来说，最大工件加工直径在________以下的机床，多属于仪表车床。

4. 仪表铣床属于简单的立式铣床，主要用于普通钢、铜铝及非金属的铣削、________、________等加工工艺，适合小批量的生产，单机生产。

二、选择题

1. 背吃刀量是指主刀刃与工件切削表面接触长度（　　）。

A. 在切削平面的法线方向上测量的值

B. 正交平面的法线方向上测量的值

C. 在基面上的投影值

D. 在主运动及进给运动方向所组成的平面的法线方向上测量的值

2. 车削的主运动由（　　）来完成。

A. 工件　　B. 刀具　　C. 工件和刀具　　D. 刀具和工件

3. 在切削加工中主运动只有（　　）。

A. 2 个　　B. 3 个　　C. 1 个　　D. 多个

4. 工件在机械加工中允许存在合理的加工误差，这是因为（　　）。

A. 生产中不可能无加工误差　　B. 零件允许存在一定的误差

C. 精度要求过高、制造费用太高　　D. 包括上述所有原因

三、判断题

1.（　　）粗加工的主要任务是切除大部分加工余量，对加工精度和表面质量要求不高。

2.（　　）经济精度是指尽量减小获得加工精度的经济成本。

3.（　　）先加工平面后加工孔，是因为有利于保证孔的精度或是孔与平面的相对精度。

4.（　　）工件表面加工遵循先主后次是因为主要表面精度高容易出废品。

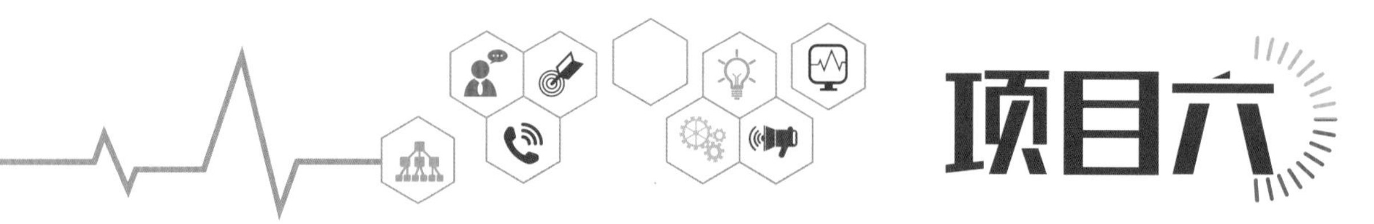

项目六 大数据应用技术

大数据应用技术是指与大数据相关的应用技术，包括API、智能感知、挖掘建模等技术。技术发展涉及机器学习、多学科融合、大规模应用开源技术等领域。大数据价值创造的关键在于大数据的应用，随着大数据技术飞速发展，大数据应用已经融入各行各业。大数据产业正快速发展成为新一代信息技术和服务业态，即对数量巨大、来源分散、格式多样的数据进行采集、存储和关联分析，并从中发现新知识、创造新价值、提升新能力。

任务一 认识大数据技术

任务目标

1. 思政元素

了解我国大数据发展状况、华为公司为大数据技术所做的贡献、华为大数据平台FusionInsight框架，深植家国情怀，养成文化认同，增强民族自信；提升大数据学习兴趣，树立职业素养和社会责任感。

2. 知识目标

① 了解大数据时代、大数据起源与发展、大数据定义及特征；

② 了解大数据应用领域、大数据关键技术、大数据计算模式及大数据在企业中的应用架构；

③ 熟悉大数据处理架构Hadoop功能及其生态系统；

④ 了解华为企业对大数据技术的贡献、华为大数据解决方案FusionInsight产品框架及功能，从而明确大数据平台的设计思路和部署方法；

⑤ 掌握华为大数据实验平台的登录方法，了解平台上大数据专业的课程体系、课程资源，并学会平台的运用。

3. 能力目标

了解大数据技术相关理论知识，熟悉大数据的数据采集、存储、分析和结果呈现等基本处理流程；明确大数据在企业中的应用架构，了解Hadoop生态系统各组件功能。

4. 素质目标

树立严谨的学习态度，通过对新一代IT技术的学习，提升学习兴趣；通过大数据应用领域的学习，自觉养成将大数据技术运用于自己专业的科学思维，探索大数据技术运用新举措；养成运用学习资源和学习工具，自主学习和终身学习的习惯。

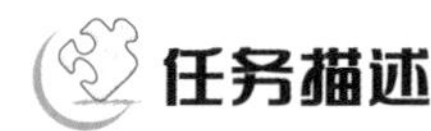

任务描述

通过本任务的学习，掌握大数据定义、5V 特征、大数据存储单位及其之间的换算关系。了解大数据技术的起源、发展及应用领域。理解结构化、半结构化和非结构化数据概念。理解数据采集与预处理、数据存储和管理、数据处理与分析、数据安全和隐私保护等大数据技术。了解批处理、查询分析、图计算、流计算等大数据计算模式。熟悉 Hadoop 生态系统各组件功能。了解大数据在企业中的架构和华为大数据平台 FusionInsight 框架。

任务实现

一、背景介绍

伴随着互联网技术的快速发展，物联网、社交网络、云计算等技术兴起，互联网上数据信息正以前所未有的速度增长和积累。物联网传感器感应的实时信息，每时每刻都在产生大量的结构化和非结构化数据，这些数据分散在整个互联网网络体系内，体量极其巨大，全球数据量呈现爆发增长、海量集聚等特点，海量数据令人难以抉择，作为信息化发展的新阶段，大数据应运而生。大数据引领新时代的工业革命，大数据时代已经来临。

二、大数据技术基本理论

1. 大数据时代

大数据，顾名思义，是指规模巨大的数据。三分技术七分数据，得“数据”者得天下。大数据的大量、高速以及多样性，能够快速获取资源，而云计算则可以提供存储。“大数据”牵引、拉动信息化建设向更高层发展。

大数据是指无法在一定时间范围内，用常规软件工具进行捕捉、管理和处理的数据集合，是具有更强的决策力、洞察力、发现力和流程优化能力的海量、高增长率和多样化的信息资产。维基百科对大数据的定义是：大数据是指利用常用软件工具捕获、管理和处理数据所耗时间超过可容忍时间的数据集。

大数据的“5V”特征是指体量巨大（volume）、处理速度快（velocity）、类型繁多（variety）、价值密度低（value）、数据准确可信赖（veracity）。

因大数据体量巨大，需要有更大的存储单位来表示大数据的容量。常用的数据存储单位有比特（Bit）、字节（Byte）、千字节（KB）、兆字节（MB）、吉字节（GB），太字节（TB）、拍字节（PB）、艾字节（EB）、泽字节（ZB）和尧字节（YB），它们之间的换算关系如表 6-1 所示。

表 6-1　数据存储单位之间的换算关系

单　　位	换算关系
Byte (字节)	1 Byte=8 Bit
KB (Kilobyte 千字节)	1 KB=2^{10} Byte=1 024 Byte
MB (Megabyte 兆字节)	1 MB=2^{10} KB=1 024 KB
GB (Gigabyte 吉字节)	1 GB=2^{10} MB=1 024 MB
TB (Trillionbyte 太字节)	1 TB=2^{10} GB=1 024 GB
PB (Petabyte 拍字节)	1 PB=2^{10} TB=1 024 TB
EB (Exabyte 艾字节)	1 EB=2^{10} PB=1 024 PB
ZB (Zettabyte 泽字节)	1 ZB=2^{10} EB=1 024 EB
YB (Yottabyte 尧字节)	1 YB=2^{10} ZB=1 024 ZB

大数据在不同行业及领域都有其广泛的使用，为不同行业提供有用的价值，提高工作效率，保证工作质量。

大数据帮助城市实现智慧交通，提升紧急应急能力；大数据帮助企业提升营销的针对性，降低物流和库存的成本，减少投资的风险；大数据帮助实现流行病预测、智慧医疗、健康管理；大数据帮助医药行业提升药品的临床使用效果。

大数据在高频交易、社交情绪分析、信贷风险分析、三大金融创新领域发挥重大作用。大数据帮助人们解读DNA，了解更多的生命奥秘。总之，实施大数据分析的结果是积极的，参与其中的每个人都在享受着改善决策、提高生产力、改善作业现场安全和降低最小风险。未来大数据的身影将无处不在，就算无法准确预测大数据会将人类社会带往到哪种最终形态，但只要发展脚步在继续，因大数据而产生的变革浪潮，将很快覆盖地球的每一个角落。人类以前延续的是文明，现在传承的是信息，世界已进入新时代，大数据、万物互联、云计算、云存储、云分享等正改变着人们的生活，让这个时代更加精彩。

2. 大数据的起源

"大数据"作为一种概念和思潮由计算领域发端，之后逐渐延伸到科学和商业领域。1998年美国高性能计算公司SGI的首席科学家约翰•马西（John Mashey）在一个国际会议报告中首次提出"Big Data（大数据）"的概念。2007年，数据库领域的先驱人物吉姆•格雷（Jim Gray），开启了从科研视角审视大数据的热潮。2012年，牛津大学教授维克托•迈尔-舍恩伯格（Viktor Mayer-Schnberger）的畅销著作"Big Data: A Revolution That Will Transform How We Live,Work,and Think"引发商业应用领域对大数据方法的广泛思考与探讨。大数据于2012年、2013年达到其宣传高潮，2014年大数据生态系统逐渐成形。

3. 大数据发展现状及趋势

世界各国都将大数据作为国家战略。2011年12月12日欧盟正式推出《数据价值链战略计划》,用大数据改造传统治理模式,降低公共部门成本,并促进经济增长和就业增长。2013年6月，安倍内阁正式公布新IT战略《创建最尖端IT国家宣言》，以开放大数据为核心的IT国家战略。2013年6月17日、18日，美、英、法、德、意、加、日、俄召开G8峰会，发布了《G8开放数据宪章》，提出要加快推动数据开放和利用。2014年英国政府发布《英国数据能力发展战略规划》,旨在利用数据产生商业价值、提振经济增长，承诺开放交通、天气、医疗方面的核心数据库。

中国也正在实施国家大数据战略，加快建设数字中国。党的十八届五中全会将大数据上升为国家战略。中共中央总书记习近平强调，大数据发展日新月异，我们应该审时度势、精心谋划、超前布局、力争主动，深入了解大数据发展现状和趋势及其对经济社会发展的影响，分析我国大数据发展取得的成绩和存在的问题，推动实施国家大数据战略，加快完善数字基础设施，推进数据资源整合和开放共享，保障数据安全，加快建设数字中国，更好地服务我国经济社会发展和人民生活改善。要推动大数据技术产业创新发展、构建以数据为关键要素的数字经济、运用大数据提升国家治理现代化水平、运用大数据促进保障和改善民生、切实保障国家数据安全。

回顾过去几年的发展，我国大数据发展可总结为："进步长足，基础渐厚；喧嚣已逝，理性回归；成果丰硕，短板仍在；势头强劲，前景光明"。2019中国国际大数据产业博览会发布的《大数据蓝皮书：中国大数据发展报告No.3》，对中国大数据发展的十大趋势进行了展望，即①5G商用创造数字经济发展新风口；②中国开启数字贸易规则新探索；③无人经济催生未来人机共生新格局；④数字农业带动农村经济新转型；⑤数字孪生成为智慧城市升级新方向；⑥中国加快推进《数据安全法》立法新进程；⑦大数据局成为地方政府机构改革新标配；⑧数字民主促进多元主体协商共治新模式；⑨数字评估与监督加快信用政府建设新步伐；⑩人工智能等领域搭建学科建设新体系。

4. 大数据关键技术

（1）结构化、半结构化和非结构化数据

大数据技术是指伴随着大数据的采集、存储、分析和应用的相关技术，是一系列使用非传统的工具来对大量的结构化、半结构化和非结构化数据进行处理，从而获得分析和预测结果的一系列数据处理和分析技术。

① 结构化数据。结构化数据是指可以使用关系型数据库表示和存储，表现为二维形式的数据。数据以行为单位，一行数据表示一个实体的信息，每一行数据的属性相同。结构化数据的存储和排列很有规律，这对查询和修改等操作很有帮助。但结构化数据的扩展性差。当字段不固定时，就需要反复修改数据结构，容易导致后台接口从数据库取数据出错。结构化数据主要应用场景如企业 ERP、财务系统、医疗 HIS 数据库、教育一卡通、政府行政审批、其他核心数据库等。存储方案基本包括高速存储、数据备份、数据共享以及数据容灾等需求。结构化数据举例如表 6-2 所示。

表 6-2 结构化数据举例

序 号	姓 名	性 别	电 话	地 址
1	张一	女	051783858300	江苏省淮安市开发区枚乘东路 8 号
2	王二	男	051783858200	江苏省淮安市清江浦区和平路 2 号
3	李三	女	051783858201	江苏省淮安市淮安区翔宇大道 80 号

② 半结构化数据。半结构化数据是结构化数据的一种形式，虽不符合关系型数据库或其他数据表的形式关联起来的数据模型结构，但包含相关标记，用来分隔语义元素以及对记录和字段进行分层。半结构化数据也被称为自描述的结构。半结构化数据的典型应用场景有邮件系统、WEB 集群、教学资源库、数据挖掘系统、档案系统等，存储需求主要是数据存储、数据备份、数据共享和数据归档等。常见的半结构化数据有 XML 和 JSON。下面是一个半结构化数据的实例。

```
<person>
    <name>A</name>
    <age>13</age>
    <gender>female</gender>
</person>
```

③ 非结构化数据。非结构化数据是数据结构不规则或不完整，没有预定义的数据模型，不方便用数据库二维逻辑表来表现的数据。常见的非结构化数据包括视频、音频、图片、图像、文档、文本等。典型应用案例如医疗影像系统、教育视频点播、视频监控、国土 GIS、设计院、文件服务器（PDM/FTP）、媒体资源管理等，存储需求主要是数据存储、数据备份和数据共享等。非结构化数据其格式非常多样，标准也是多样性的，而且在技术上非结构化信息比结构化信息更难标准化和理解，存储、检索、发布以及利用需要更加智能化的 IT 技术，比如海量存储、智能检索、知识挖掘、内容保护、信息的增值开发利用等。

（2）大数据技术

从数据分析全流程的角度，大数据技术主要包括数据采集与预处理、数据存储和管理、数据处理与分析、数据安全和隐私保护等几个层面的内容。

数据采集是将分散在各处的数据，采用相应的设备或软件进行采集。数据无处不在，如互联网网站、政务系统、零售系统、办公系统、自动化生产系统、监控摄像头、传感器等，每时每刻都在不断产生数据。采集到的数据通常无法直接用于后续的数据分析，因为来源众多、类型多样的数据，不可避免地存在数据缺失和语义模糊等问题，必须采取数据预处理过程，把数据变成一个可用的状态。数据经过预处理后，会被存放到文件系统或数据库系统中进行存储与管理，然后采用数据挖掘工具对数据进行分析处理，最后用可视化工具为用户呈现结果。在整个数据处理过程中，还必须注意隐私保护和数据安全问题。

5. 大数据计算模式

大数据计算模式有批处理计算、流计算、图计算、查询分析计算等。

（1）批处理计算

批处理计算主要解决针对大规模数据的批量处理，也是我们日常数据分析工作中非常常见的一类数据处理需求。MapReduce 是最具有代表性和影响力的大数据批处理技术，可以并行执行大规模数据处理任务，用于大规模数据集（大于 1 TB）的并行运算。MapReduce 可极大方便分布式编程工作，它将复杂的、运行于大规模集群上并行计算过程高度地抽象到两个函数——Map 和 Reduce 上，编程人员在不会分布式并行编程的情况下，也可以很容易地将自己的程序运行在分布式系统上，完成海量数据集的计算。

Spark 是一个针对超大数据集合的低延迟的集群分布式计算系统，比 MapReduce 快许多。Spark 启用了内存分布数据集，除了能够提供交互式查询外，还可以优化迭代工作负载。在 MapReduce 中，数据流从一个稳定的来源进行一系列加工处理后，流出到一个稳定的文件系统（如 HDFS）。而 Spark 则使用内存替代 HDFS 或本地磁盘来存储中间结果，因此 Spark 要比 MapReduce 的速度快许多。

（2）流计算

流数据（或数据流）是指在时间分布和数量上无限的一系列动态数据集合体，数据的价值随着时间的流逝而降低，因此必须采用实时计算的方式给出秒级响应。流计算可以实时处理来自不同数据源的、连续到达的流数据，经过实时分析处理，给出有价值的分析结果。目前业内已涌现出许多的流计算框架与平台：第一类是商业级流计算平台，包括 IBM InfoSphere Streams 和 IBM StreamBase 等；第二类是开源流计算框架，包括 Twitter Storm、Yahoo! S4 (Simple Scalable Streaming System)、Spark Streaming 等；第三类是公司为支持自身业务开发的流计算框架，如 Facebook 使用 Puma 和 HBase 相结合来处理实时数据，百度开发了通用实时流数据计算系统 DStream，淘宝开发了通用流数据实时计算系统——银河流数据处理平台。

（3）图计算

在大数据时代，许多大数据都是以大规模图或网络形式呈现，如社交网络、传染病传播途径、交通事故对路网的影响等，此外，许多非图结构的大数据也常常会被转换为图模型后再进行处理分析。因此，针对大型图的计算，需要采用图计算模式，目前已经出现了不少相关图计算产品，如 Pregel、GraphX、Giraph、PowerGraph、Hama、GoldenOrb 等。

（4）查询分析计算

针对超大规模数据的存储管理和查询分析，需要提供实时或准实时的响应，才能很好地满足企业经营管理需求。谷歌公司开发的 Dremel 是一种可扩展的、交互式的实时查询系统，用于只读嵌套数据的分析。通过结合多级树状执行过程和列式数据结构，它能在几秒内完成对万亿张表的聚合查询。

6. 大数据在企业中的应用架构

许多大型公司都应用 Hadoop，如 Facebook 公司采用 Hadoop 集群用于日志处理、推荐系统和数据仓库等方面。在企业中对大量数据源抓取并进行分析，最典型的应用包括数据分析、数据实时查询、数据挖掘等。从底层数据源得到数据后，为支持上层应用，要通过中间的大数据层，即整个 Hadoop 相关技术来支撑。大数据层提供整个 Hadoop 软件框架技术，不同的 Hadoop 组件可实现不同的企业分析，底层用 Hadoop 平台中的分布式文件存储 HDFS 来满足企业大量的数据存储需求，以供数据分析。第一类数据分析是离线分析，可对许多数据进行批量处理，最典型的批量处理工具是 MapReduce，也可以利用 Hadoop 平台中的数据仓库 Hive 和 Pig 来实现离线数据分析。第二类是实时数据查询，典型的工具是 HBase 数据库，HBase 是分布式的、面向列的、可支持几十亿行的数据存储。第三类是数据挖掘，典型的工具是 Hadoop 平台中的 Mahout，Mahout 可以用 MapReduce 实现大量的数据挖掘、机器分析和商务智能算法。Hadoop 在企业中的应用架构如图 6-1 所示，其中商业智能 BI(business intelligence) 是由数据仓库、查询报表、数据分析、数据挖掘、数据备份和恢复等部分组成，可有效整合企业的现有数据，快速准确地提供报表并提出决策依据，帮助企业做出明智的业务经营决策。

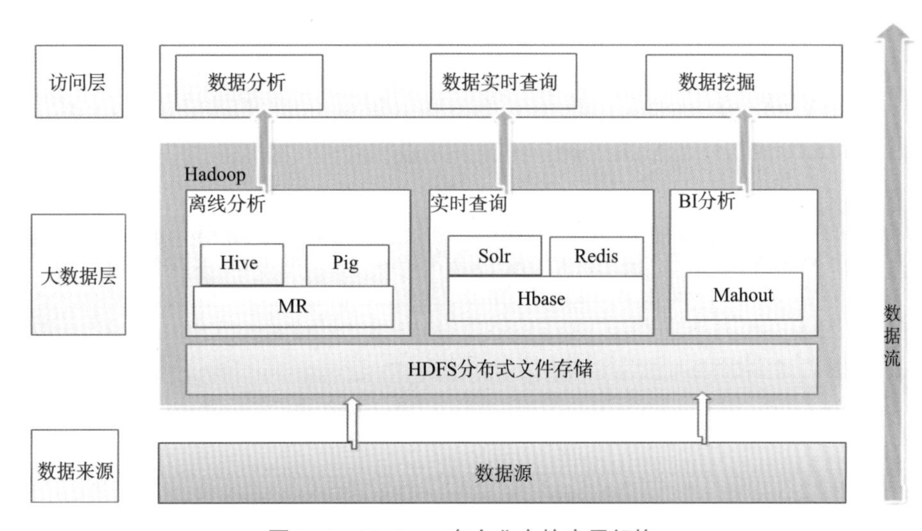

图 6-1 Hadoop 在企业中的应用架构

7. 大数据处理架构 Hadoop

1）Hadoop 简介

Hadoop 是 Apache 软件基金会旗下的一个开源分布式计算平台，为用户提供了系统底层细节透明的分布式基础架构。Hadoop 是基于 Java 语言开发的，具有很好的跨平台特性，可部署在廉价的计算机集群中。Hadoop 的核心是分布式文件系统（Hadoop distributed file system，HDFS）和 MapReduce。HDFS 面向普通硬件环境，具有较高的读写速度、很好的容错性和可伸缩性，支持大规模数据的分布式存储，其冗余数据存储的方式很好地保证了数据的安全性。MapReduce 允许用户在了不解分布式系统底层细节的情况下开发并行应用程序。采用 MapReduce 来整合分布式文件系统上的数据，可保证分析和处理数据的高效性。借助于 Hadoop，程序员可以轻松地编写分布式并行程序，并将其运行于廉价计算机集群上，完成海量数据的存储与计算。

Hadoop 被公认为行业大数据标准开源软件，在分布式环境下提供海量数据处理能力。几乎所有主流厂商都围绕 Hadoop 提供开发工具、开源软件、商业化工具和技术服务，如谷歌、雅虎、微软、思科等支持 Hadoop，国内采用 Hadoop 的公司主要有百度、淘宝、网易、华为、中国移动等。Hadoop 具有高可靠性、高效性、高可扩展性、高容错性、低成本、Linux 平台、支持多种语言等特性。

2）Hadoop 生态系统

Hadoop 的项目结构不断丰富发展，已经形成一个丰富的 Hadoop 生态系统。目前已包含多个子项目，除了 HDFS 和 MapReduce 两大核心以外，Hadoop 生态系统还包括 HBase、Hive、Pig、Mahout、Zookeeper、Flume、Sqoop、Ambari 等功能组件。Hadoop 2.0 中还新增了一些重要的组件，即 HDFS HA 和分布式资源调度管理框架 YARN。Hadoop 生态系统如图 6–2 所示。

（1）HDFS

Hadoop分布式文件系统（Hadoop distributed file system，HDFS）具有处理超大数据、流式处理、可以运行在廉价商用服务器上等优点。HDFS在设计之初就是要运行在廉价的大型服务器集群上，把硬件故障作为一种常态来考虑，保证在部分硬件发生故障的情况下仍然能够保证文件系统的整体可用性和可靠性。HDFS 实现以流的形式访问文件系统中的数据，在访问应用程序数据时，具有很高的吞吐率，适用于超大数据集的应用程序底层数据存储。

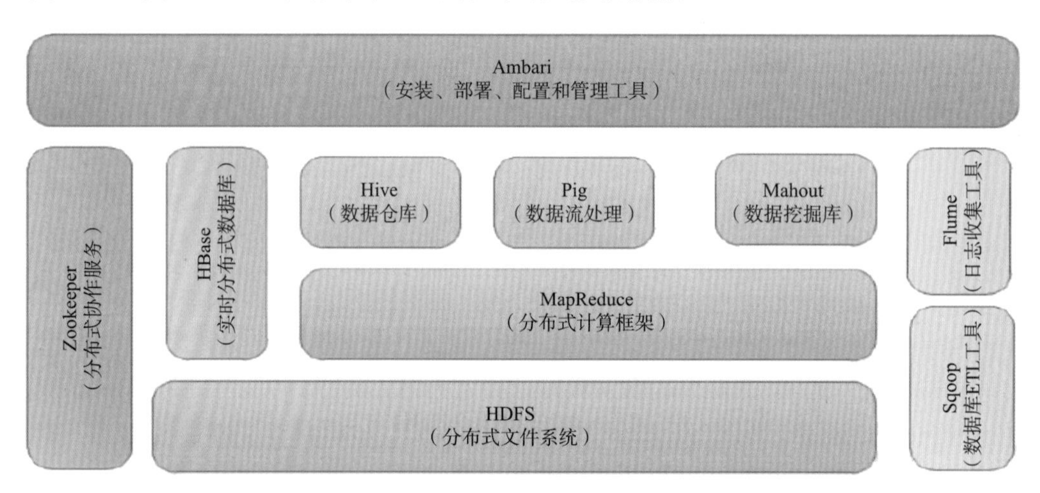

图 6–2　Hadoop 生态系统

（2）MapReduce

Hadoop MapReduce 是一种编程模型，可以把输入的数据集切分为若干独立的数据块，分发给一个主节点管理下的各个分节点来共同并行完成计算任务，通过整合各个节点的中间结果得到最后结果。

（3）HBase

HBase 是一个提供高可靠性、高性能、可伸缩、实时读写、分布式的列式数据库，一般采用 HDFS 作为其底层数据存储。HBase 与传统关系数据库的一个重要区别是，前者采用基于列的存储，而后者采用基于行的存储。HBase 具有良好的横向扩展能力，可以通过不断增加廉价的商用服务器来增加存储能力。

（4）Hive

Hive 是一个基于 Hadoop 的数据仓库工具，可以用于对 Hadoop 文件中的数据集进行数据整理、特殊查询和分析存储。Hive 提供了类似于关系数据库 SQL 语言的查询语言——Hive QL。可以快速实现简单的 MapReduce 统计，将 Hive QL 语句转换为 MapReduce 任务运行，而不必开发专门的 MapReduce 应用，十分适合数据仓库的统计分析。

（5）Pig

Pig 是一种数据流语言和运行环境，适合使用 Hadoop 和 MapReduce 平台来查询大型半结构化数据集。Pig 的出现大大简化了 Hadoop 常见的工作任务，它在 MapReduce 的基础上创建了更简单的过程语言抽象，为 Hadoop 应用程序提供了一种更加接近结构化查询语言（SQL）的接口。Pig 是一个相对简单的语言，它可以执行语句，因此当需要从大型数据集中搜索满足某个给定搜索条件的记录时，采用 Pig 要比 MapReduce 具有明显的优势。前者只需要编写一个简单的脚本在集群中自动并行处理与分发，而后者则需要编写一个单独的 MapReduce 应用程序。

（6）Mahout

Mahout 提供一些可扩展的机器学习领域经典算法实现，旨在帮助开发人员更加方便快捷地创建智能应用程序。Mahout 包含聚类、分类、推荐过滤、频繁子项挖掘等许多实现，也可通过使用 Apache Hadoop 库，将 Mahout 有效扩展到云中。

（7）Zookeeper

Zookeeper 是一个高效和可靠的协同工作系统，提供分布式锁之类的基本服务(如统一命名服务、状态同步服务、集群管理、分布式应用配置项的管理等)，用于构建分布式应用，减轻分布式应用程序所承担的协调任务。Zookeeper 使用 Java 语言编写，它使用了一个和文件树结构相似的数据模型，可以使用 Java 语言或者 C 语言来进行编程接入。

（8）Flume

Flume 是一个高可用的、高可靠的、分布式的海量日志采集、聚合和传输的系统。Flume 支持在日志系统中定制各类数据发送方，用于收集数据；同时，Flume 提供对数据进行简单处理并写到各种数据接受方的能力。

（9）Sqoop

Sqoop 是 SQL-to-Hadoop 的缩写，主要用来在 Hadoop 和关系数据库之间交换数据，可以改进数据的互操作性。通过 Sqoop 可以方便地将数据从 MySQL、Oracle、PostgreSQL 等关系数据库中导入 Hadoop（可以导入 HDFS、HBase 或 Hive），或者将数据从 Hadoop 导出到关系数据库，使得传统关系数据库和 Hadoop 之间的数据迁移变得非常方便。Sqoop 主要通过 JDBC（Java database connectivity）和关系数据库进行交互。理论上，支持 JDBC 的关系数据库都可以使 Sqoop 和 Hadoop 进行数据交互。Sqoop 是专门为大数据集设计的，支持增量更新，可以将新记录添加到最近一次导出的数据源上，或者指定上次修改的时间戳。

（10）Ambari

Apache Ambari 是一种基于 Web 的工具，支持 Apache Hadoop 集群的安装、部署、配置和管理。Ambari 目前已支持大多数 Hadoop 组件，包括 HDFS、MapReduce、Hive、Pig、HBase、Zookeeper、Sqoop 等。

8. 华为大数据解决方案 FusionInsight 的架构框架

主流厂商都围绕 Hadoop 提供开发工具、开源软件、商业化工具和技术服务，比较典型的大数据产品有雅虎的 Hortonworks，由 Facebook、谷歌、雅虎和甲骨文共同创建的 Cloudera，惠普的 MapR，华为的 FusionInsight 等。2015—2016 年，华为 FusionInsight 在 Hadoop 社区开源贡献排名全球第三，如图 6-3 所示。

华为大数据解决方案 FusionInsight 的架构框架如图 6-4 所示。其中 Hadoop 层提供大数据处理环境，基于社区开源软件增强。DataFarm 层提供支撑端到端数据洞察，建立“数据→信息→知识→智慧”的数据供应链。其中，Porter 是数据集成服务、Miner 是数据挖掘服务、Farmer 是数据服务框架；Manager 是一个分布式系统管理框架，管理员可以从单一接入点操控分布式集群，包括系统管理、服务治理和数据安全管理。

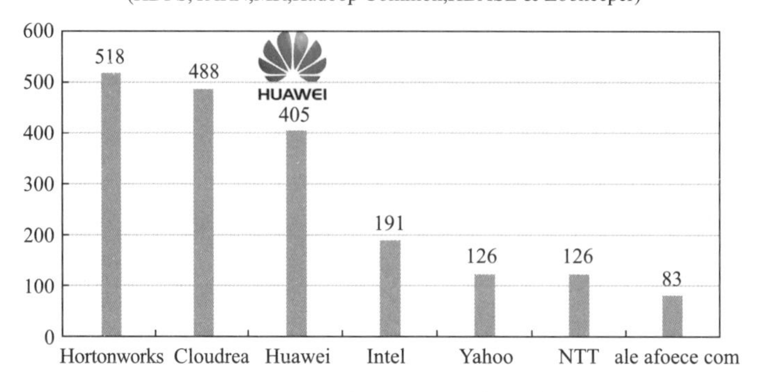

图 6-3　2015—2016 年各大数据产品的开源贡献度

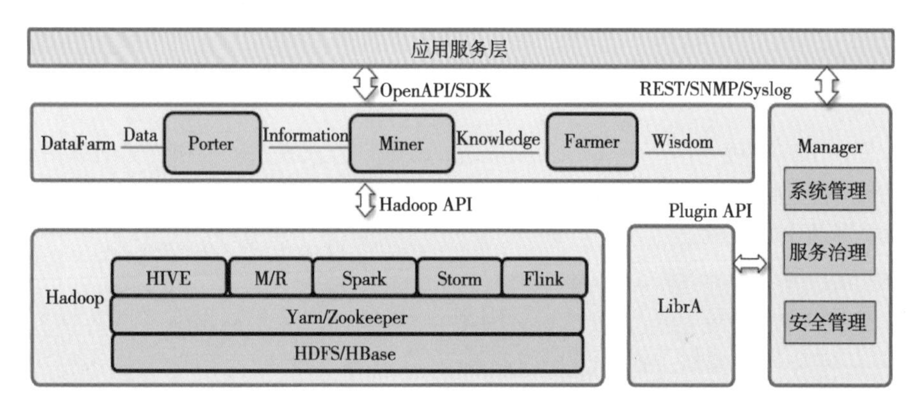

（a）

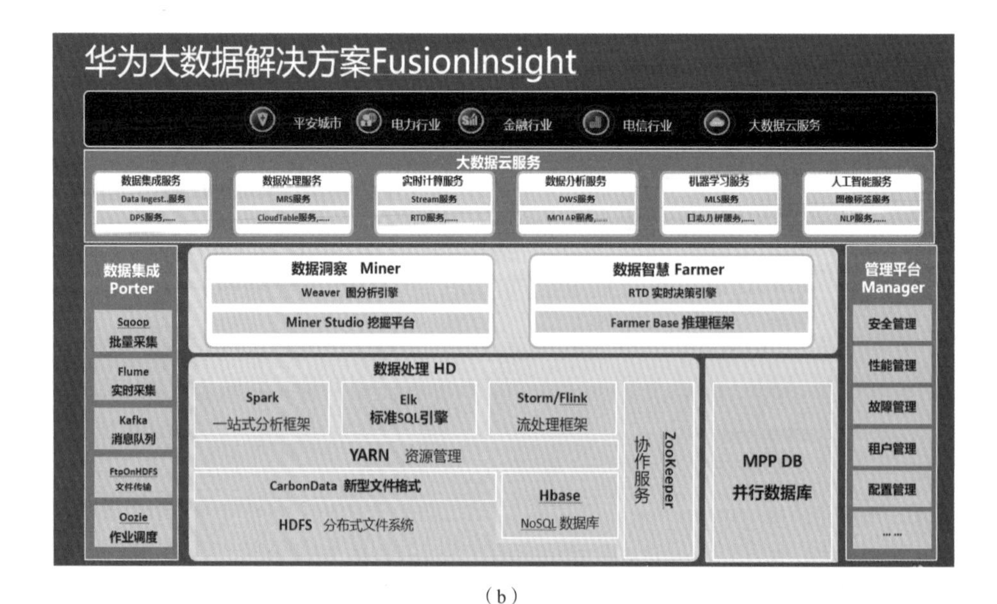

（b）

图 6-4　华为大数据解决方案 FusionInsight 的架构框架

任务二　华为大数据实验平台

任务目标

1. 思政元素

了解华为大数据实验平台功能及架构，深植家国情怀，养成文化认同，增强民族自信；提升大数据技术学习兴趣，养成职业素养和社会责任感。

2. 知识目标

① 掌握华为大数据实验平台的登录方法，了解平台上大数据专业的课程体系、课程资源；

② 学会大数据实验平台的操作与运用。

3. 能力目标

通过华为大数据实验平台的运用，学会主动利用学习资源，提升自己大数据技术的学习和应用能力，并能将大数据技术与自己的专业有机结合。

4. 素质目标

树立严谨的学习态度，通过对新一代 IT 技术的学习，提升学习兴趣；养成运用学习资源和学习工具，自主学习和终身学习的习惯。

任务描述

通过本任务学习，掌握华为大数据实验平台的注册、登录方法，熟悉平台各项功能，了解平台上大数据专业课程体系及课程资源，学会课程课件的打开和使用，熟悉实验环境，并通过实验指导书完成实验任务。完成“Python 可视化”课程的所有实验任务，体验实验环境的使用。

任务实现

一、背景介绍

根据调研，与大数据技术相关的岗位类型有市场营销类、系统集成与项目实施类、系统运维类、大数据开发类，岗位名称有大数据客户经理、大数据售前技术工程师、大数据实施工程师、大数据运维工程师、爬虫工程师、ETL 工程师、可视化工程师等见表 6–3。

表 6–3　大数据相关岗位

岗位类型	岗位名称
市场营销类	大数据客户经理
	大数据售前技术工程师
系统集成与项目实施类	大数据实施工程师
系统运维类	大数据运维工程师
大数据开发类	爬虫工程师
	ETL 工程师
	可视化工程师

二、华为大数据实验平台课程体系

为了培养适应企业需要的大数据专业人才，华为公司自主研发了 DaaS 大数据及实验平台。

该平台是基于中小型企业的行业应用实践进行教育化后的二次开发而来，可灵活部署在私有云上，可为院校提供高可用性、低成本的大数据实验环境。该平台集课程教学与实验实训、在线考试与能力测评、互动与分享、教学与科研、虚拟机管理、教学管理、竞赛与AI实验于一体，为教师教学和学生学习提供便利。大数据教学+实训综合平台功能如图6–5所示。

图6–5　大数据教学+实训综合平台功能

华为大数据实验室设备部署拓扑图及实验室设备清单如图6–6所示。用户可在校园内通过PC浏览器访问实验平台，进行科研和实训操作。

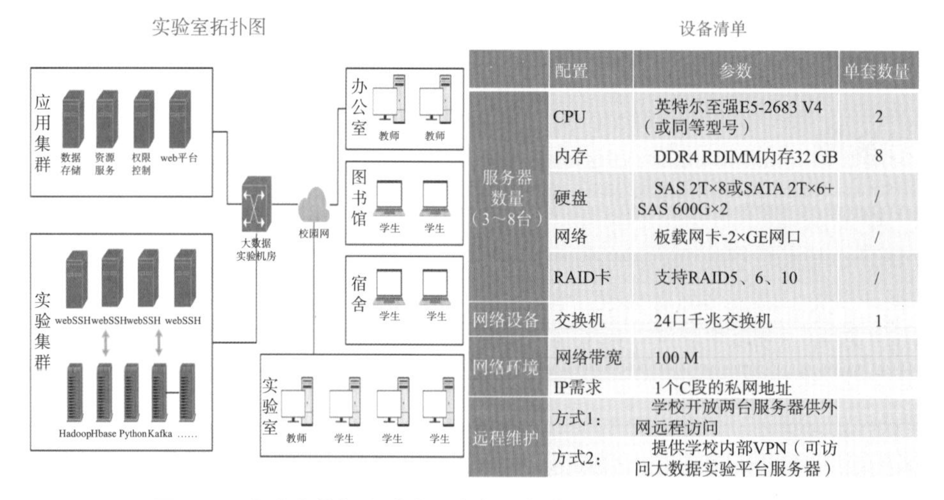

设备清单

	配置	参数	单套数量
服务器数量（3～8台）	CPU	英特尔至强E5-2683 V4（或同等型号）	2
	内存	DDR4 RDIMM内存32 GB	8
	硬盘	SAS 2T×8或SATA 2T×6+SAS 600G×2	/
	网络	板载网卡-2×GE网口	/
	RAID卡	支持RAID5、6、10	/
网络设备	交换机	24口千兆交换机	1
网络环境	网络带宽	100 M	
	IP需求	1个C段的私网地址	
远程维护	方式1：	学校开放两台服务器供外网远程访问	
	方式2：	提供学校内部VPN（可访问大数据实验平台服务器）	

图6–6　华为大数据实验室设备部署拓扑图及实验室设备清单

平台上开发了大数据专业核心课程体系，提供丰富的课程学习PPT、视频、实验指导书和真实的实验环境，并以浏览器/服务器（B/S）模式保证随时随地上网即可学习和实验。课程体系及建议学时如图6–7所示。

实验平台上的课程体系现有7个模块16门课程，即认识模块包含Scala程序设计、Python程序设计、Linux Shell脚本编程等3门课程；平台模块包含Hadoop技术原理、大数据流式计算引擎等2门课程；数据采集模块包含网络爬虫技术、数据采集与ETL等2门课程；数据分析模块有数据挖掘基础、机器学习基础、和深度学习基础等3门课程；数据展示模块有数据可视化技术与应用课程；综合实训模块有金融风控违约预测实战、金融小微贷反欺诈实战、运营商分析挖掘实战等 3 门课程；岗位认证模块有 HCIA-Big Data、HCIP-Big Data 等 2 门课程。华为大数据实验平台课程模块及课程学习时序安排如图 6–8 所示。

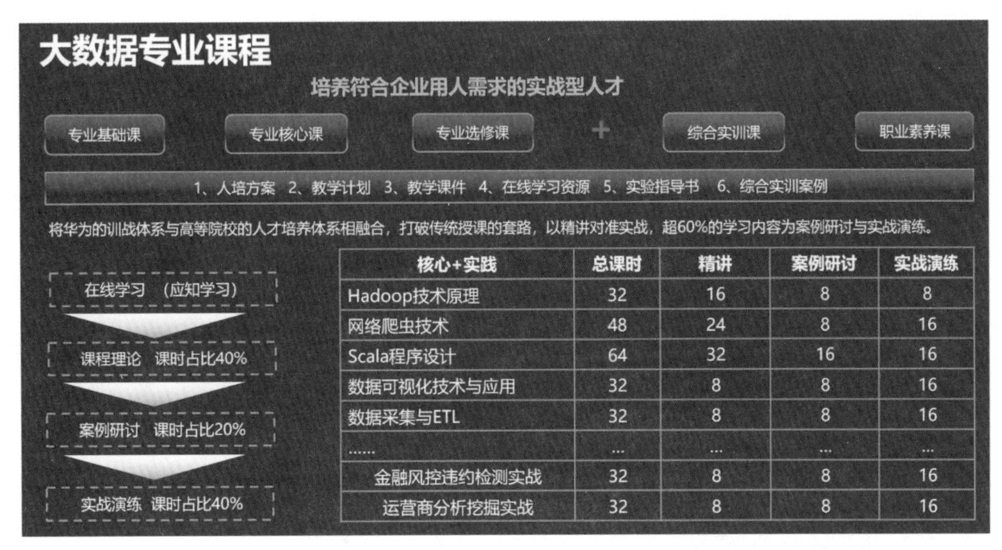

核心+实践	总课时	精讲	案例研讨	实战演练
Hadoop技术原理	32	16	8	8
网络爬虫技术	48	24	8	16
Scala程序设计	64	32	16	16
数据可视化技术与应用	32	8	8	16
数据采集与ETL	32	8	8	16
......	...	...	...	...
金融风控违约检测实战	32	8	8	16
运营商分析挖掘实战	32	8	8	16

图 6–7 华为大数据实验平台课程及学时

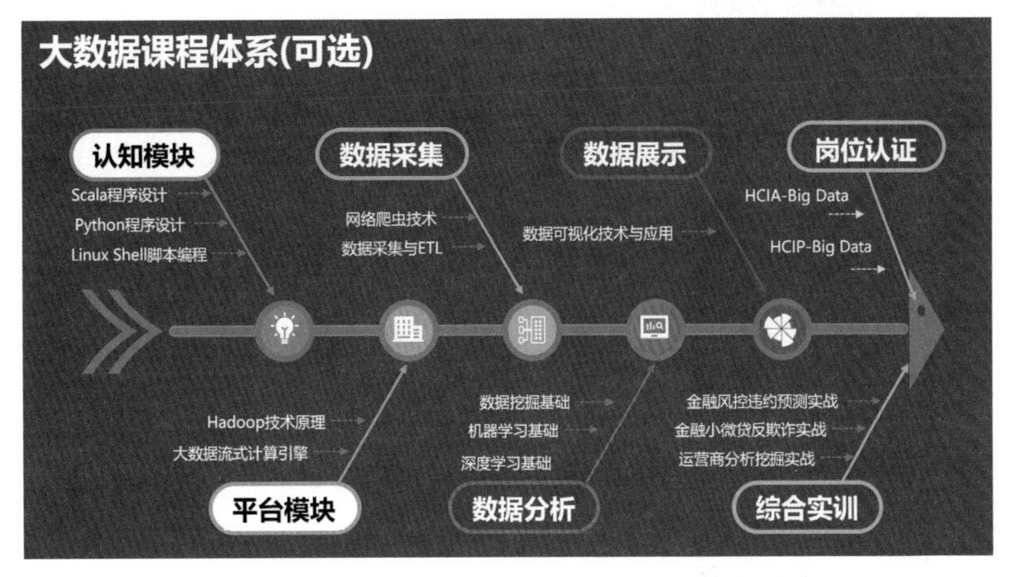

图 6–8 华为大数据实验平台课程模块及课程学习时序安排

三、华为大数据实验平台使用体验

1. 任务描述

完成“Python 可视化”的所有实验，熟悉平台的使用。

2. 平台使用说明

① 推荐浏览器：火狐 FireFox（V45 版本及以上）、谷歌浏览器 Google Chrome（V5 版本及以上）、IE11 等。

② 注册：管理员登录网址为 10.192.180.33:8089/superadmin，选择“老师管理”，可新建或导入教师账号；选择“班级管理”可创建班级，然后运行“学生管理”，新建或导入学生账号信息。操作界面如图 6–9~ 图 6–13 所示。

图 6–9　管理员主页“院校信息”界面

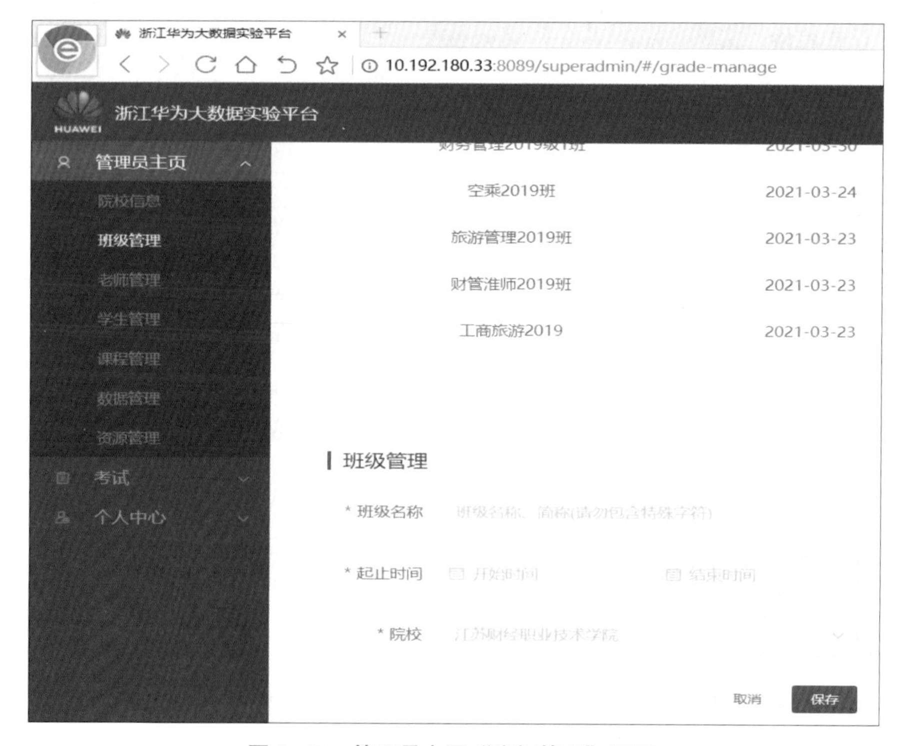

图 6–10　管理员主页“班级管理”界面

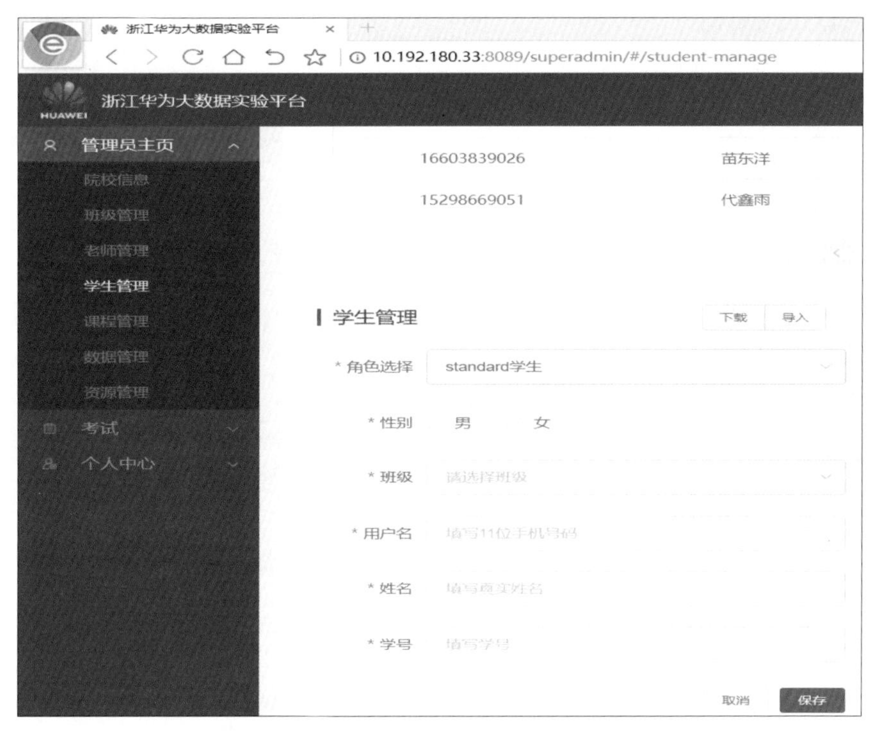

图 6-11　管理员主页“学生管理”界面

图 6-12　管理员主页“老师管理”界面

图 6-13 管理员主页“课程管理”界面

③ 登录：注册完成后用户可以登录平台，网址为 10.192.180.33:8089。

登录账号：注册的手机号。

初始密码：学生账号的初始密码为“123qwe”，登录后改成自己的密码；

老师账号的密码为“123！ @#”，登录后改成自己的密码。

修改密码后再次登录，输入正确的账号和密码，单击“登录”按钮完成登录操作，如图 6-14 所示。

图 6-14 老师和学生登录页

3. 学生端

（1）平台课程资源使用及实验操作

用学生账号登录完成后出现学生首页，如图 6-15 所示。

图 6-15　学生首页

选择“课程”→“我的课程”，出现图 6-16 所示界面。

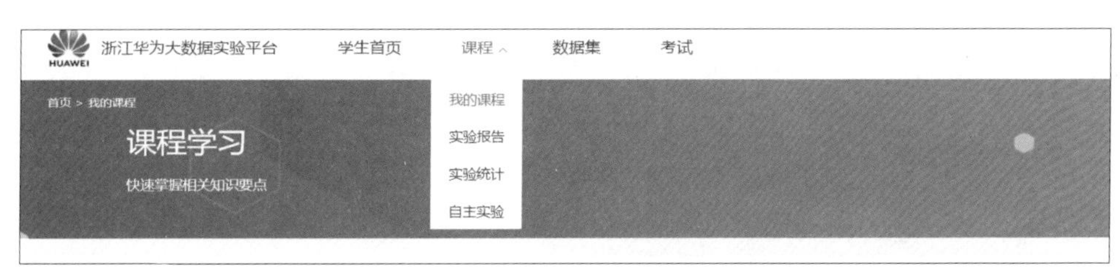

图 6-16　“我的课程”界面

选择核心课程里的“Python 可视化”，如图 6–17 所示。课程内容由简介、课件、实验三部分组成。打开其中的“课件”，即可看到华为讲师的授课视频，在校园网内可随时学习。

图 6–17　Python 可视化界面

选择“实验”，打开课程配套的实验任务，如图 6–18 所示。

图 6–18　课程配套的实验任务

选择“实验 4-1 数据准备”，进入到实验操作界面，如图 6-19 所示。

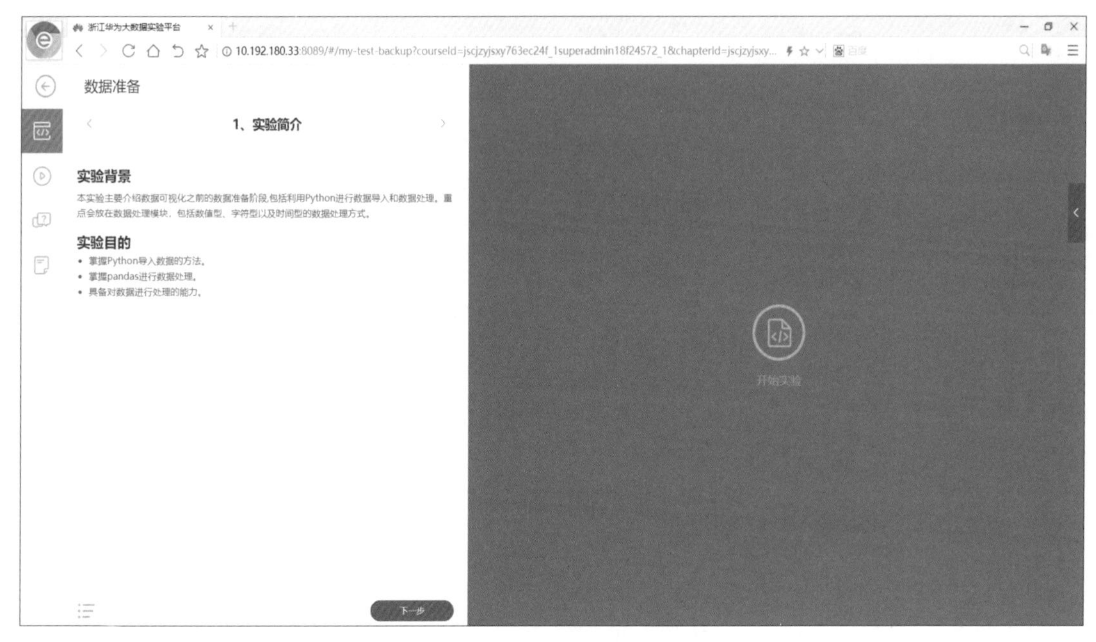

图 6-19　实验操作界面

该界面左侧是实验指导书，右侧是实验环境，单击右侧的“开始实验”按钮，即可打开程序运行界面，进入实验所属环境内。按照左侧实验指导书中的实验步骤，将程序代码复制，再粘贴到右侧的程序运行环境中执行。所有实验的环境都已全部配置好，无须考虑搭建环境的问题。

单击右侧的“开始实验”按钮，选择 Python3 即可打开实验环境，开始实验，如图 6-20、图 6-21 所示。

图 6-20　“开始实验”界面 1

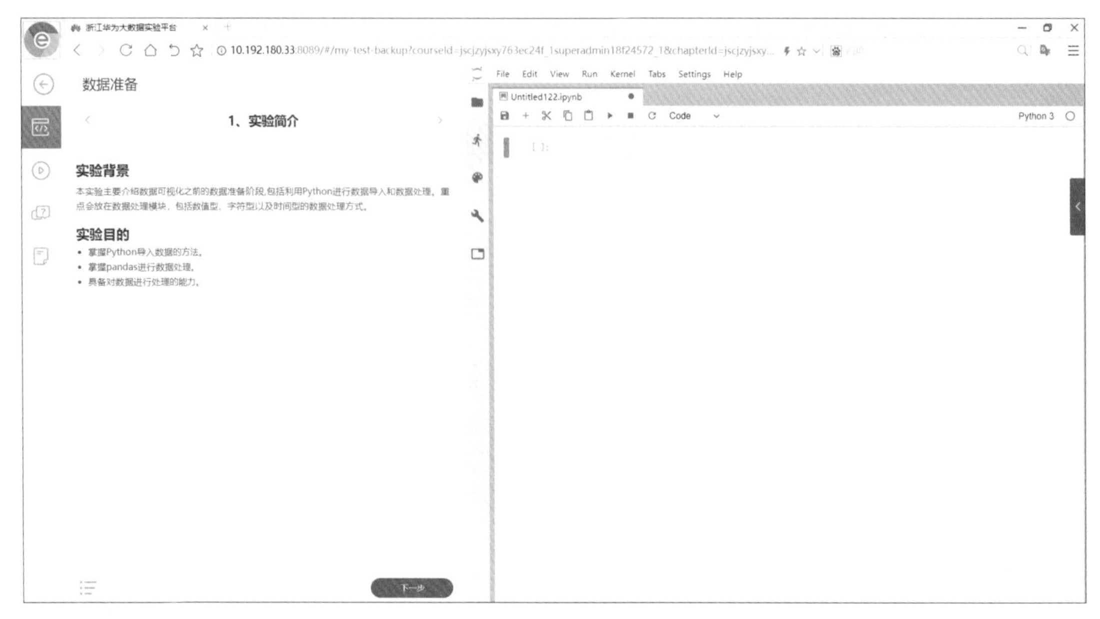

图 6-21 “开始实验”界面 2

单击屏幕左侧下的“下一步”按钮，将实验指导书中的“输入”部分的程序复制，然后粘贴到右侧编程窗口中，再单击“执行”按钮▶，即可得到实验结果，如图 6-22 所示。

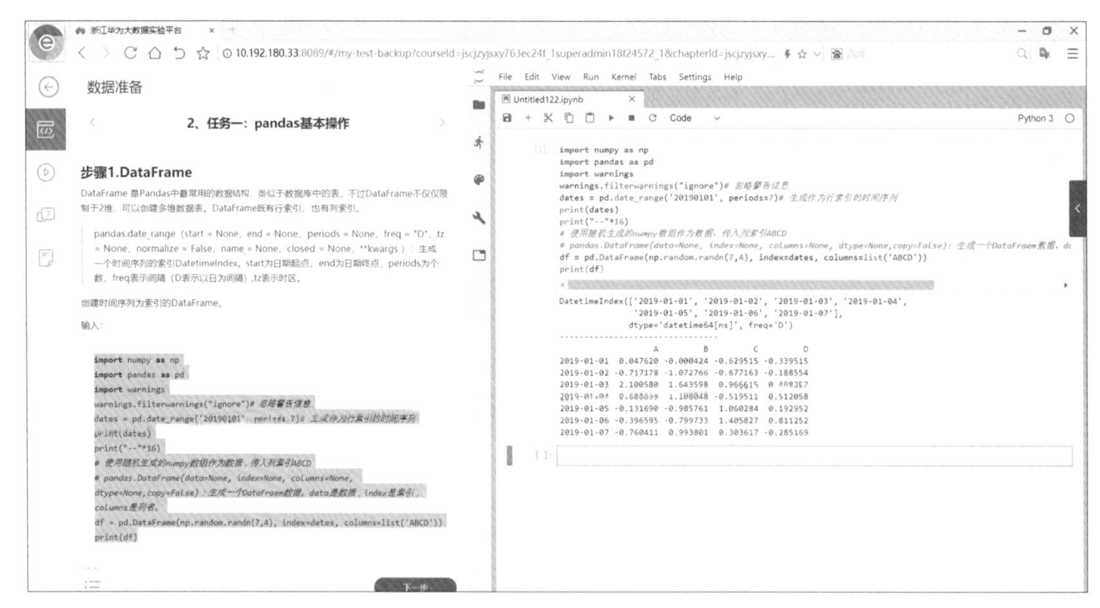

图 6-22 实验运行结果

实验任务完成后，单击右侧“<”按钮，展开右侧窗口，单击“保存报告”按钮，可保存本实验报告，如图 6-23 所示。

一个实验完成后，单击实验标题左侧的 ⓔ 按钮返回，选择下一个实验任务，如图 6-24 所示。

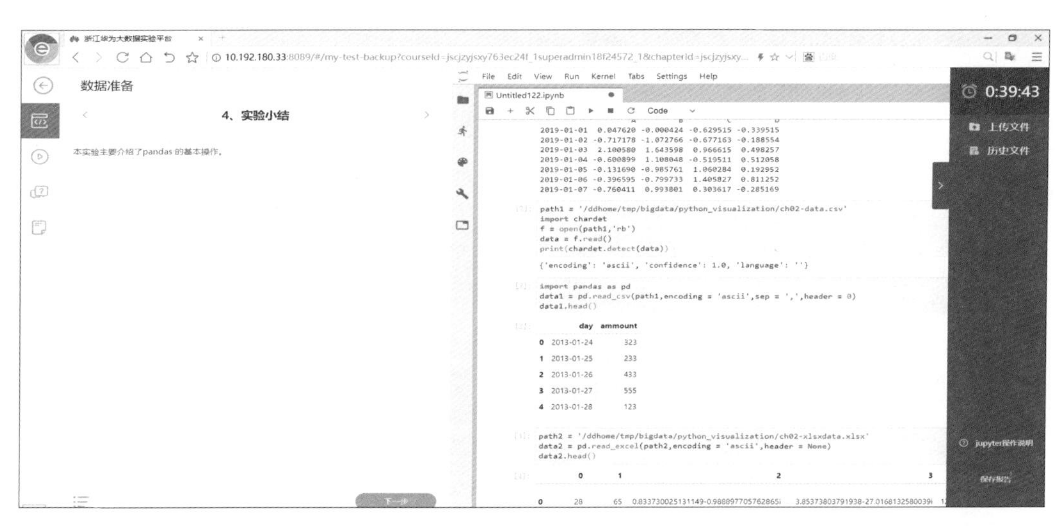

图 6-23　“保存报告”界面

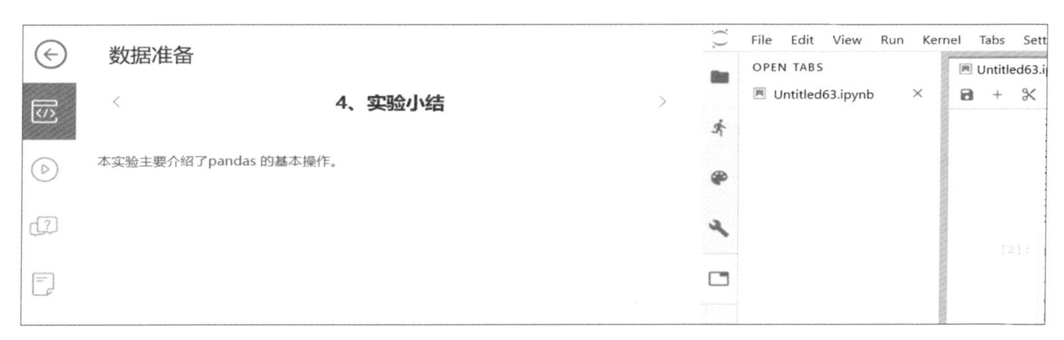

（a）

简介　　课件　　实验

实验环境升级说明

课件1 数据可视化介绍

课件2 基础图表介绍

课件3 数据可视化流程

课件4 数据准备

实验4-1 数据准备

实验4-2 数据处理

课件5 Matplotlib可视化介绍

课件6 Matplotlib常用绘图函数

实验6-1 Matplotlib绘图基础

实验6-2 Matplotlib图形参数

实验6-3 Matplotlib图形细节设置

课件7 Matplotlib绘图基础

课件8 Matplotlib常用图表函数

（b）

图 6-24　选择下一个实验任务

下一个实验任务可以接着上面的实验界面继续往下做，也可以新建一个 Notebook 文件，重新开始一个新编程界面，完成实验任务，如图 6–25 所示。

（a）

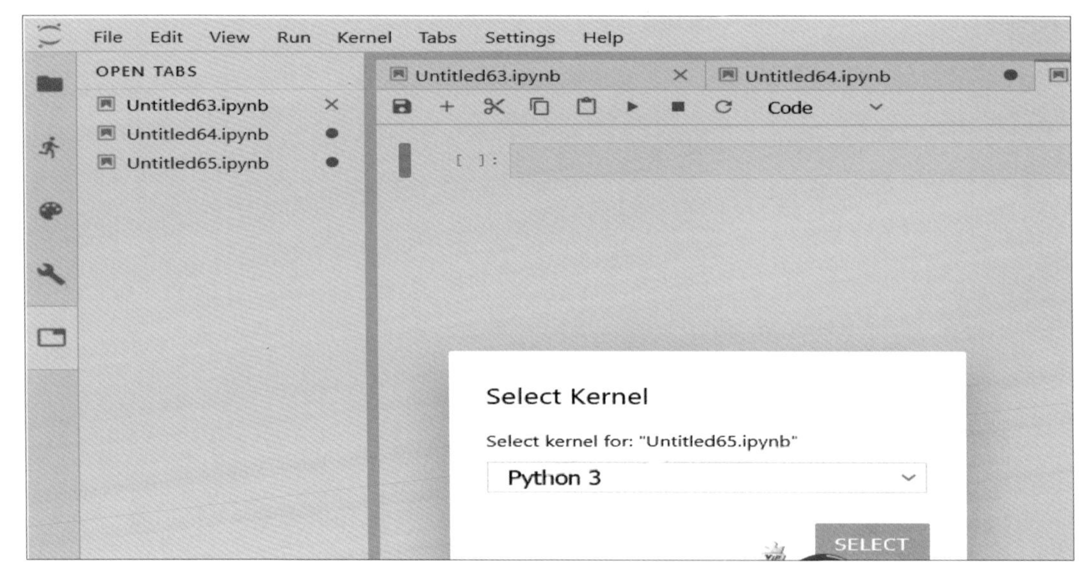

（b）

（c）

图 6–25　新编程界面

（2）实验报告

选择“学生主页”→“实验报告”命令，查看实验报告列表信息。当前实验数据按照时间倒序排列，即最近的实验展示在最上面，实验列表内容展示所有实验报告，每个实验均可支持多次循环实验，但只有一个实验报告，新的报告产生会覆盖原有的报告，如图 6–26、图 6–27 所示。

| 实验报告

所属课程 请输入课程　　实验名称 请输入实验　　搜索

所属课程	实验名称	所属班级	实验日期	实验成绩	操作
数据挖掘实战	实验1 Lasso和Ridge算法基于同数据集效果对比	浙华内部	2019-01-28 16:26:19	40	查看
华为HCNA培训认证	实验1 HDFS文件系统实战	浙华内部	2019-01-23 21:55:29	40	查看

图 6–26　实验报告列表页

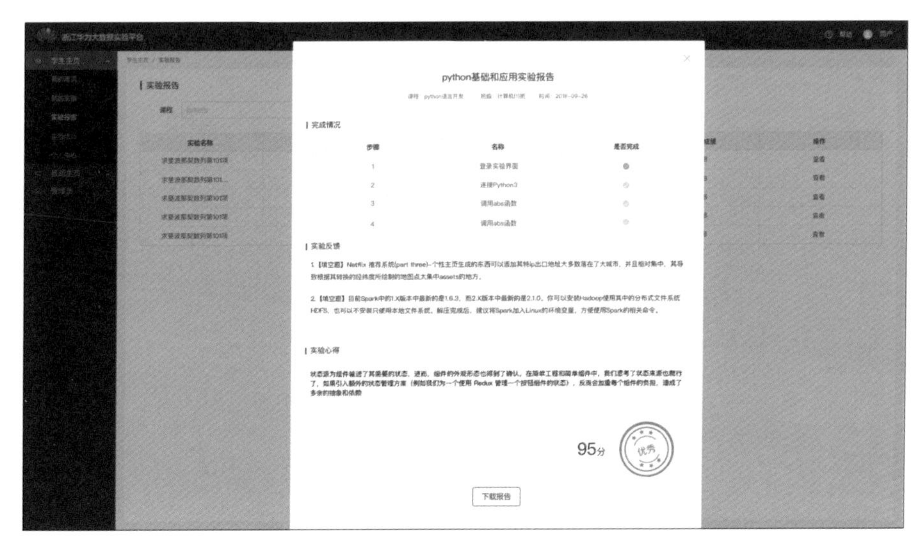

图 6–27　实验报告详情页

“搜索”：用户可以按照课程名称和实验名称筛选报告，在课程和实验输入栏输入关键字后，单击“搜索”按钮搜索报告名称。可以单独搜索一种条件，也可以进行组合搜索，搜索包含两项关键字的报告。

“查看”：单击“查看”按钮，弹出报告详情页，在该页可以看到实验过程的各项记录内容，以及该报告的计分和评级。

（3）实验统计

选择“学生主页”→“实验统计”命令，可以看到用户在平台上学习的数据记录图表，如图 6–28 所示。

“趋势图”：展示最近一段时间每天进行实验的时间和次数，了解学习趋势。

“互动统计”：展示学生在平台上进行各项互动的次数和占比。

“课程数据”：展示目前开课状态课程的时长、互动、分数等数据的对比。

（4）自主实验

选择“学生主页”→“自主实验”命令，进入图 6–29 所示界面，可以看到平台上所有已安装好的实验环境，单击实验环境名称进入该环境的操作界面，可选择自己需要的实验环境自主学习并实验。

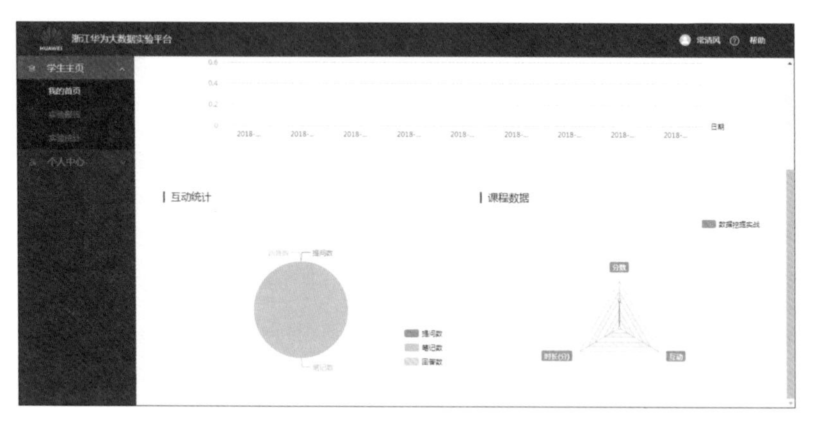

图 6–28　实验统计界面

图 6–29　自主实验界面

巩固与练习

一、填空题

1. 大数据技术主要包括________、________、________、________和隐私保护。
2. 大数据计算模式有________、________、________和流计算等。
3. Hadoop 在企业中的应用架构包含________、________、________三层。

二、问答题

1. 大数据的定义是什么？
2. 大数据有哪 5V 特征？
3. 大数据存储单位有哪些？写出它们之间的换算关系。
4. 请比较结构化、半结构化和非结构化数据的区别。
5. Hadoop 在企业中的应用架构有哪 3 层？
6. Hadoop 生态系统有哪些组件？

三、实验题

在校园网内登录华为大数据实验平台 10.192.180.33: 8089，熟悉平台上的各项功能操作，并完成“Python 可视化”课程的所有实验。

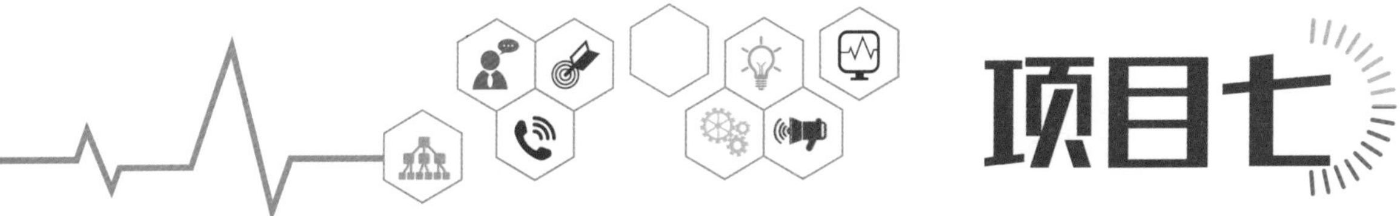

项目七 大数据实训（编程部分）

编程是编定程序的中文简称，就是让计算机代为解决某个问题，对某个计算体系规定一定的运算方式，使计算体系按照该计算方式运行，并最终得到相应结果的过程。为了使计算机能够理解人的意图，人类就必须将需解决问题的思路、方法和手段通过计算机能够理解的形式告诉计算机，使得计算机能够根据人的指令一步一步去工作，完成某种特定的任务。这种人和计算体系之间交流的过程就是编程。

本项目基于大数据平台，以 Python 语言中的 Turtle 库为例，让学生了解计算机程序从构思、编写、运行到调试、优化、成品等全过程。本项目要求学生熟识程序语法，理解程序逻辑，灵活运用程序算法，写出规定程序。

任务一 编程初相识

任务目标

1. 思政元素

充分了解当今社会是计算机科学与网络通信技术高速发展的社会。大数据、人工智能、虚拟现实等信息化技术的发展直接影响到国家信息化事业的发展，影响国家综合竞争力。了解编程在信息化社会发展中的核心地位，响应国家号召，激发编程兴趣，培养编程思维，努力将自己塑造成国家需要的高素质复合型人才。

2. 知识目标

① 了解大数据时代编程的重要地位；

② 了解编程基础知识；

③ 认识 Python 和 Pycharm。

3. 能力目标

① 了解编程基本概念，形成编程思维；

② 理解语言和集成开发环境之间的关系，形成独立开发基本意识；

③ 学会安装 Python 和 Pycharm。

4. 素质目标

① 培养编程思维，掌握编程相关软件操作，熟练计算机操作；

② 提升对编程重要性的认识，培养对编程的兴趣，加强理性思维能力。

任务描述

本任务通过对编程概念、历史、过程介绍，让学生了解编程，形成基本的开发思维。通过带领学生安装相关软件，让学生对编程开发前期准备工作有所接触和了解。

任务实现

一、名言导入

在这个国家，每个人都应该学习如何编程，因为它教你如何思考。

——史蒂夫·乔布斯（苹果公司创始人）

二、程序编写相关概念

1. 编程

编程（Programming）是编定程序的中文简称，就是让计算机代码解决某个问题，对某个计算体系规定一定的运算方式，使计算体系按照该计算方式运行，并最终得到相应结果的过程。为了使计算机能够理解（understand）人的意图，人类就必须将需解决的问题的思路、方法和手段通过计算机能够理解的形式告诉计算机，使得计算机能够根据人的指令一步一步去工作，完成某种特定的任务。这种人和计算体系之间交流的过程就是编程。

2. 语言

编程语言（programming language）可以简单地理解为一种计算机和人都能识别的语言。一种计算机语言让程序员能够准确地定义计算机所需要使用的数据，并精确地定义在不同情况下所应当采取的行动。

编程语言处在不断的发展和变化中，从最初的机器语言发展到如今的 2 500 种以上的高级语言，每种语言都有其特定的用途和不同的发展轨迹。编程语言并不像人类自然语言发展变化一样的缓慢而持久，其发展是相当快速的，这主要是计算机硬件、互联网和 IT 业的发展促进了编程语言的发展。

近几年来，Python 语言上升势头比较迅速，其主要原因在于大数据和人工智能领域的发展。随着产业互联网的推进，Python 语言未来的发展空间将进一步得到扩大。Python 语言是一种高层次的脚本语言，目前应用于 Web 和 Internet 开发、科学计算和统计、教育、软件开发和后端开发等领域，且有着简单易学、运行速度快、可移植、可扩展、可嵌入等优点。

三、相关软件介绍与安装

1. Python 的认识

Python 是一种跨平台的计算机程序设计语言。是一种高层次的结合了解释性、编译性、互动性和面向对象的脚本语言。最初被设计用于编写自动化脚本（shell）。随着版本的不断更新和语言新功能的添加，越来越多地被用于独立的、大型项目的开发。图标如图 7–1 所示。

2. Python 的安装

下载完成后打开，这里下载的是 3.6.4。

① 选中 Add Python 3.6 to PATH 复选框是把 Python 的安装路径添加到系统环境变量的 Path 变量中。选择 Install Now 默认将 Python 安装在 C 盘目录下。选择 Customize installation 可自定义路径，如图 7–2 所示。

图 7–1　Python 图标

② 选择 Customize installation 后，这一步默认全选，未全选的需要全选，再单击 Next 按钮，如图 7–3 所示。

③ 选中 Install for all users 复选框，路径根据自己的需要选择，如图 7–4 所示。

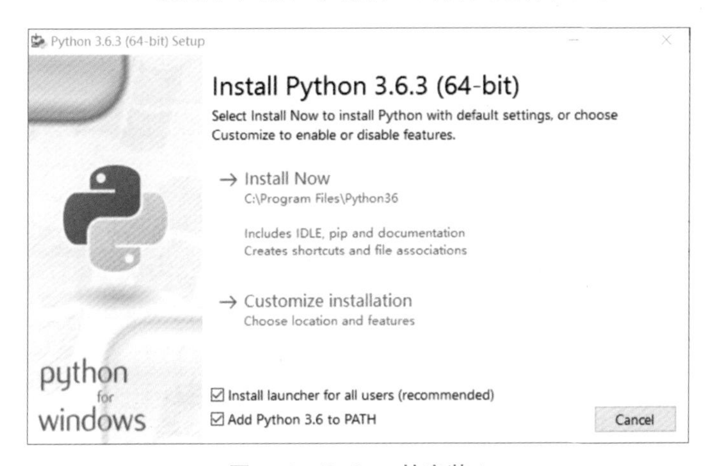

图 7–2　Python 的安装 1

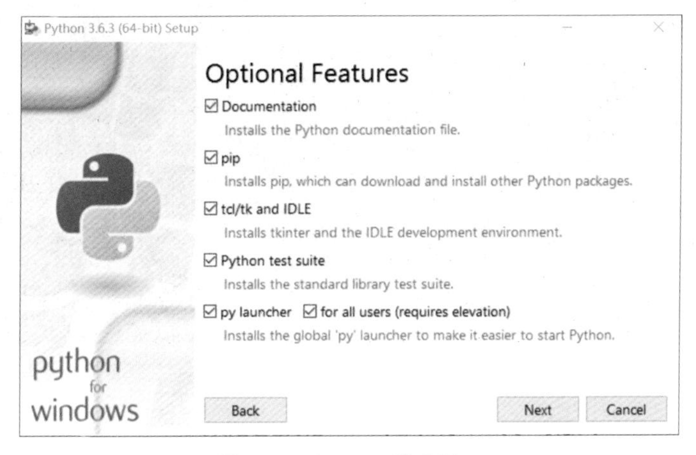

图 7–3　Python 的安装 2

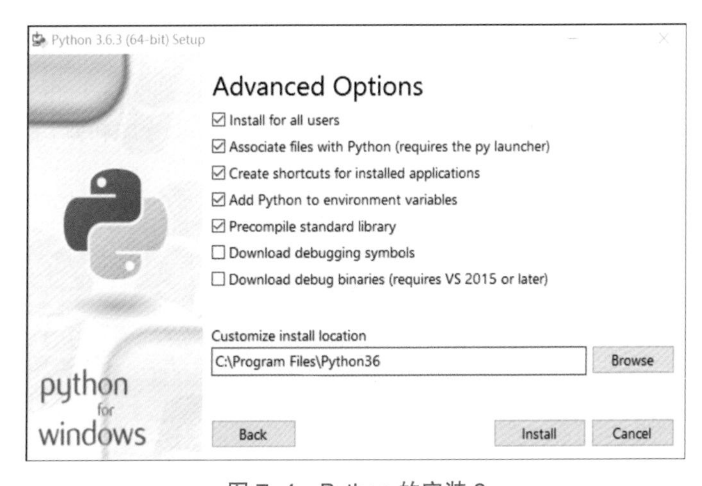

图 7–4　Python 的安装 3

④ 单击 Install 按钮，开始安装，如图 7–5 所示。

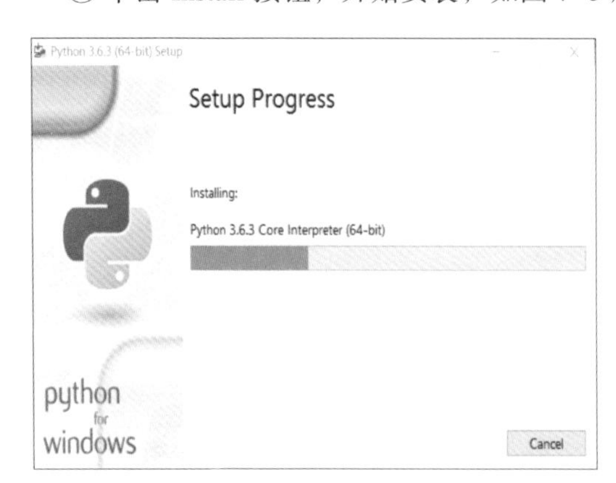

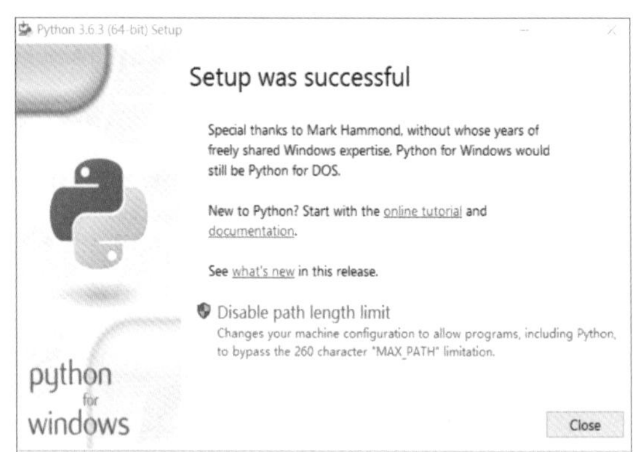

图 7–5　Python 的安装 4

⑤ 验证是否安装成功。打开 cmd，输入 python，出现以下提示，表示安装成功，如图 7–6 所示。

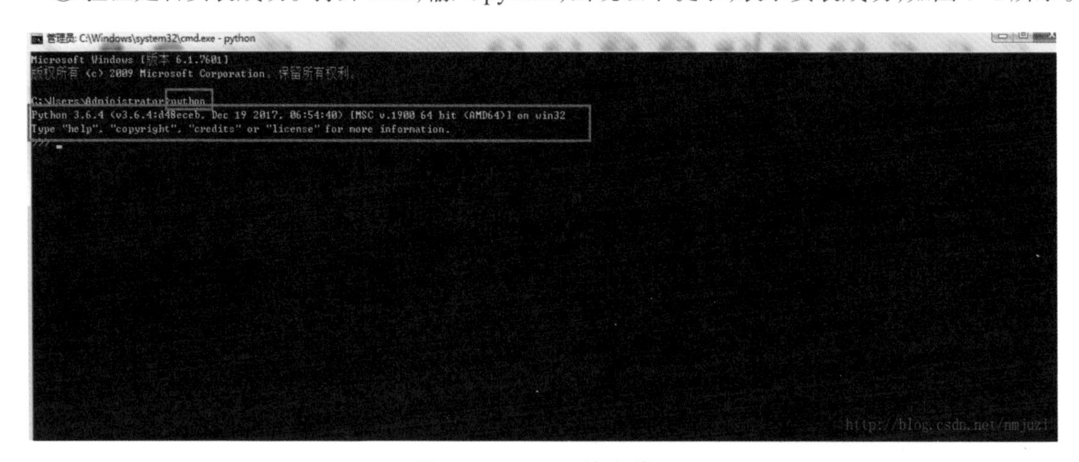

图 7–6　Python 的安装 5

3. PyCharm 的认识

PyCharm 是一种 Python IDE（集成开发环境），带有一整套可以帮助用户在使用 Python 语言开发时提高其效率的工具，比如调试、语法高亮、Project 管理、代码跳转、智能提示、自动完成、单元测试、版本控制。此外，该 IDE 还提供了一些高级功能，以用于支持 Django 框架下的专业 Web 开发。同时支持 Google App Engine、IronPython。这些功能在先进代码分析程序的支持下，使 PyCharm 成为 Python 专业开发人员和刚起步人员使用的有力工具。

4. PyCharm 安装

① 双击打开安装应用程序（如有权限问题，右击选择“以管理员身份运行”命令），单击 Next 按钮，可以选择默认路径，也可以自选安装目录，如图 7–7 所示。

② 根据计算机选择 32 位或 64 位，选择 Python 版本，比如 Python 3.8，单击 Next 按钮，如图 7–8 所示，再单击 Install。

③ 单击 Cancel 按钮（如果已装 3.6 版本），再单击 Finish 按钮，如图 7–9 所示。

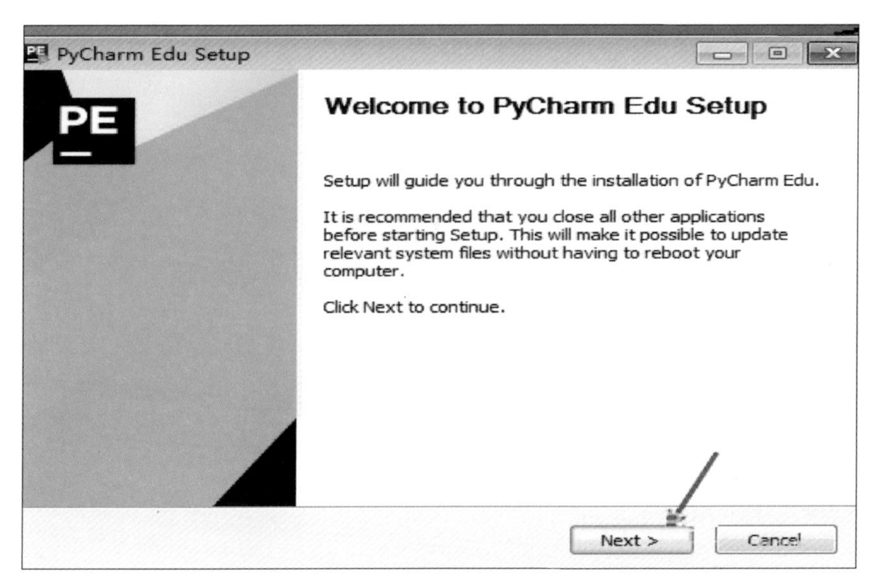

图 7–7　PyCharm 的安装 1

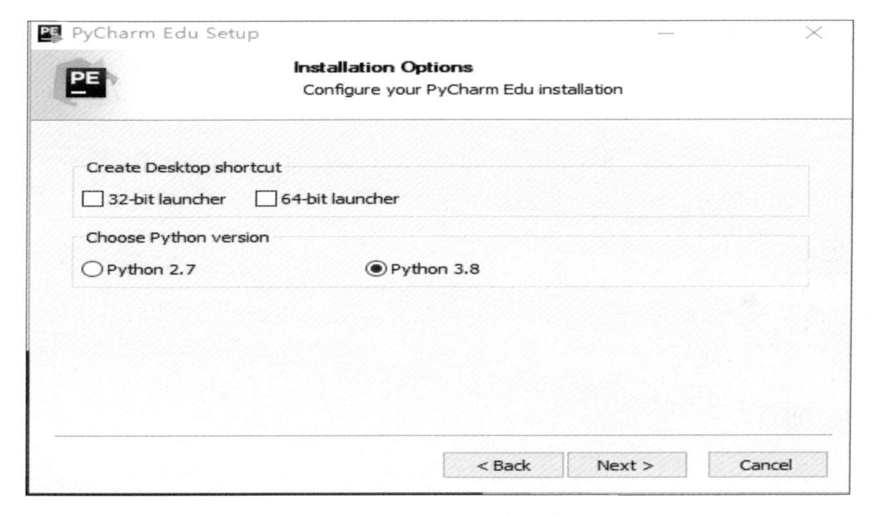

图 7–8　PyCharm 的安装 2

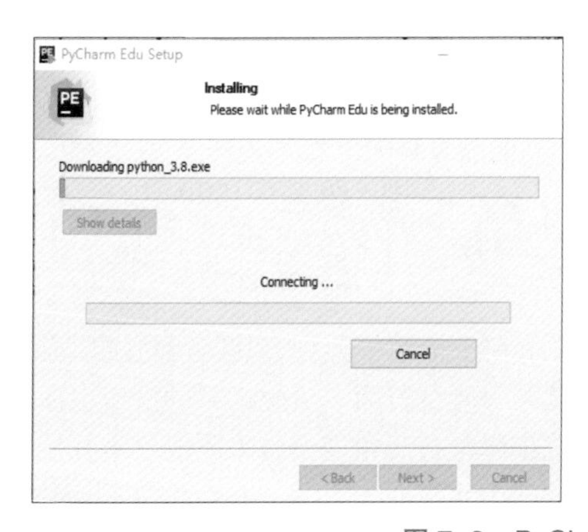

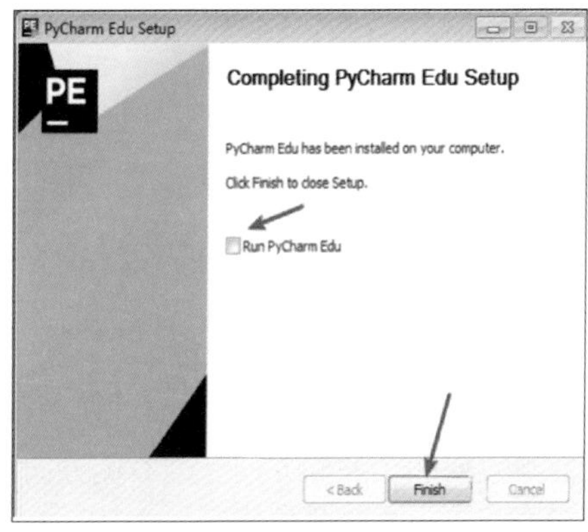

图 7–9　PyCharm 的安装 3

任务二 Turtle 绘图

任务目标

1. 思政元素

2017 年国务院发布的《新一代人工智能发展规划》中明确指出：人工智能成为国际竞争的新焦点，应逐步开展全民智能教育项目，设置人工智能相关课程、逐步推广编程教育、建设人工智能学科，培养复合型人才，形成我国人工智能人才高地。人工智能，关键和基础在于编程。编程素质深刻影响了人工智能的发展水平。青少年应人人具备编程思维，为国家占领未来科学高地而奋斗。

2. 知识目标

① 认识 Turtle 绘图；

② 掌握 Turtle 绘图基础知识。

3. 能力目标

① 掌握绘图原理，学会基本语法，熟悉 Turtle 基本命令；

② 具备自我学习编程能力；

③ 学会运行“小黄人”程序。

4. 素质目标

① 加强与计算机相关的数学能力和英语能力；

② 培养程序阅读能力。

任务描述

通过本任务学习，了解 Turtle 绘图的历史和基础知识，掌握绘图的基本原理和语法。学会运行第一个展示程序“小黄人”。

任务实现

一、名言导入

“hello，world” ——布莱恩 • 柯尼汉（历史上最伟大的十大程序员之一）

二、Turtle 库的介绍

Python 的 Turtle 库是一个直观有趣的图形绘制函数库，Turtle（海龟）图形绘制的概念诞生于 1969 年。由于 Turtle 图形绘制概念十分直观且非常流行，Python 接受了这个概念，形成了一个 Python 的 Turtle 库，并成为标准之一。本任务结合代码实例全面介绍 Turtle 库的使用。

三、Turtle 绘图基础知识和语法

1. 绘图坐标体系

Turtle 库绘制图形有一个基本框架：一个小海龟在坐标系中爬行，其爬行轨迹形成了绘制图形。对于小海龟来说，有“前进”、“后退”、“旋转”等爬行行为，对坐标系的探索也通过“前进方向”、“后退方向”、“左侧方向”、“右侧方向”等小海龟自身角度方位来完成。刚开始绘制时，小海龟位于画面正中央，此处坐标为 (0,0)，行进方向为水平右方。

turtle.setup(width, height, startx, starty) 作用：设置主窗体的大小和位置，如图 7-10 所示。

width：窗口宽度，height：窗口高度，startx：窗口左侧与屏幕左侧的像素距离，starty：窗口顶部与屏幕顶部的像素距离。width，height：输入宽和高为整数时，表示像素；为小数时，表示占据计算机屏幕的比例。startx, starty：如果为空，则窗口位于屏幕中心。

一般认为,X 轴正半轴为 0°，负半轴为 180°。Y 轴正半轴为 90，负半轴为 270°，如图 7–11 所示。

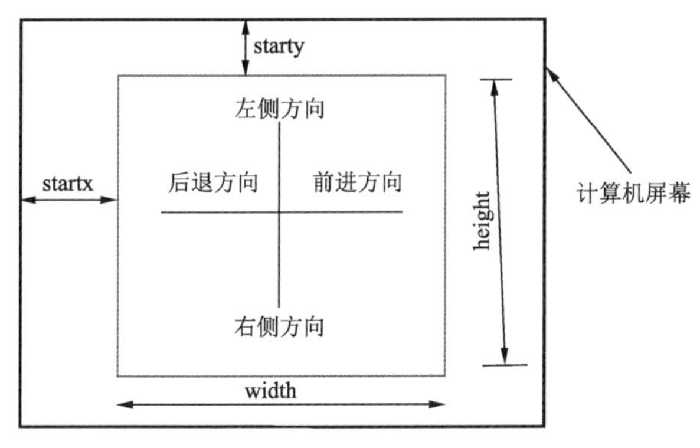

图 7–10　设置主窗体的大小和位置

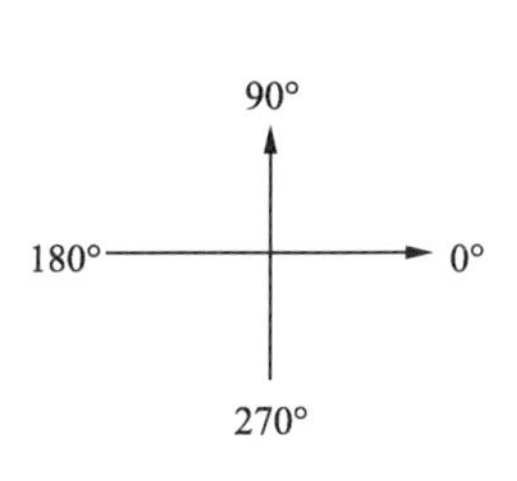

图 7–11　坐标系度数

2. 画笔的运动命令

画笔运动命令控制画笔的行动轨迹，具体说明见表 7–1。

3. 画笔的控制命令

画笔的控制命令为图形补充属性，具体说明见表 7–2。

表 7–1　画笔的运动命令

命　令	说　明
fd(distance)	向当前画笔方向移动 distance 像素长度
backward(distance)	向当前画笔相反方向移动 distance 像素长度
right(degree)	顺时针移动 degree
left(degree)	逆时针移动 degree
pendown()	移动时绘制图形，默认时也为绘制
goto(x,y)	将画笔移动到坐标为 x,y 的位置
penup()	提起笔移动，不绘制图形，用于另起一个地方绘制
circle()	画圆，半径为正（负），表示圆心在画笔的左边（右边）画圆
setx()	将当前 x 轴移动到指定位置
sety()	将当前 y 轴移动到指定位置
seth(angle)	设置当前朝向为 angle 角度
home()	设置当前画笔位置为原点，朝向 x 轴正半轴方向
dot(r)	绘制一个指定直径和颜色的圆点

表 7–2　画笔的控制命令

命　令	说　明
fillcolor(colorstring)	绘制图形的填充颜色
color(color1，color2)	同时设置 pencolor=color1，fillcolor=color2
filling()	返回当前是否在填充状态
begin_fill()	准备开始填充图形
end_fill()	填充完成
hideturtle()	隐藏画笔的 turtle 形状

续表

命　令	说　明
showturtle()	显示画笔的 turtle 形状
pensize(width)	设置画笔宽度
pencolor(colorstring)	设置画笔颜色

4. 部分命令详解

（1）circle 函数

circle(radius，extent=None，steps=None)

描述：以给定半径画圆。

参数：

radius（半径）：半径为正（负），表示圆心在画笔的左边（右边）画圆；

extent（弧度）(optional)；

steps (optional)（做半径为 radius 的圆的内切正多边形，多边形边数为 steps）。

举例：

circle(50) # 整圆；

circle(50,steps=3) # 三角形；

circle(120，180) # 半圆

（2）for 循环语句

for 循环语句使用的语法：

for 变量名 in range(start, stop, step)：

for 循环需要执行的代码流程如图 7-12 所示。

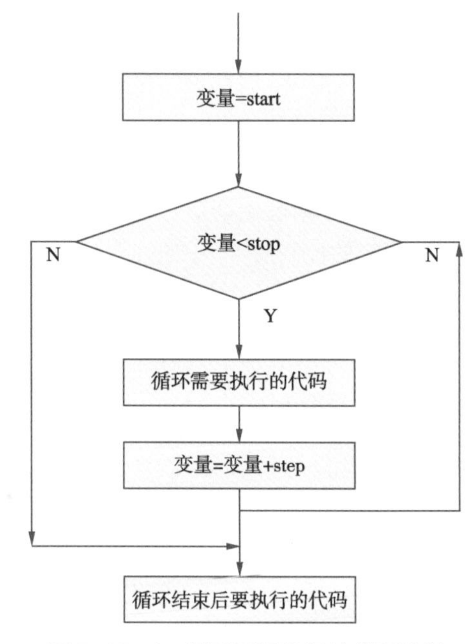

图 7-12　for 循环需要执行的代码流程

功能：从 start 开始产生整数序列 start, start+ step, start+2 × step, …其中，最后一个数小于 stop，即满足公式 start+n × step<stop，start, step, stop 都是整数，且 start<stop, 如 start, step 省略，默认为 0，1。

例如：range(3,10,2) 将产生序列 3,5,7,9；

range(-10,10，4) 将产生序列 -10,-6,-2,2,6。

四、运行“小黄人”程序

① 打开 PyCharm，选择 File → New Project 命令，创建一个新项目，如图 7-13 所示。

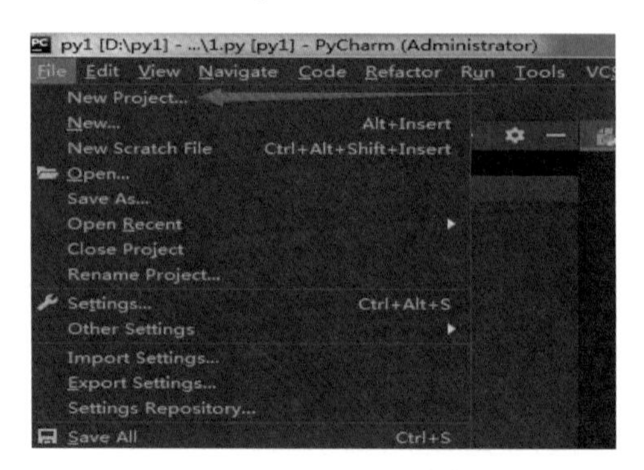

图 7-13　创建一个新项目

② 选择项目保存的位置，如图 7–14 所示。

图 7–14　选择项目保存的位置

③ 选择项目名，右击，选择 New → Python File 命令，如图 7–15 所示。

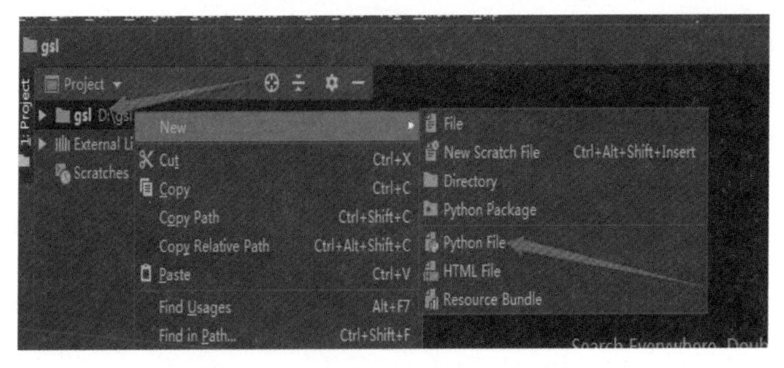

图 7–15　新建 Python File 文件

④ 输入文件名，单击 OK 按钮，如图 7–16 所示。

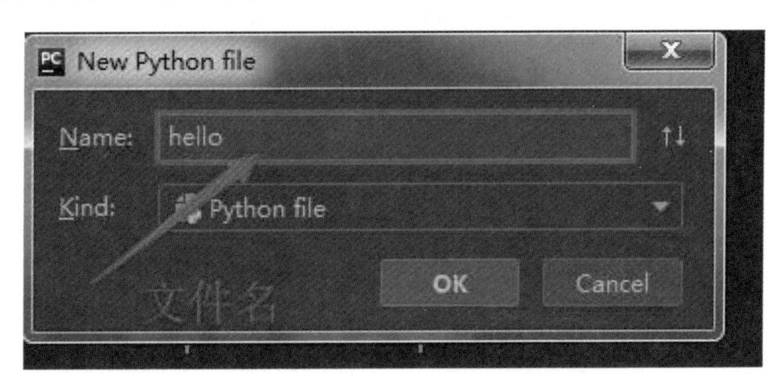

图 7–16　输入文件名

⑤ 在代码区域输入“小黄人”代码，单击运行，代码区域如图 7–17 所示。

图 7–17　代码区域

⑥ 附录：“小黄人”程序清单。

```
import turtle
t = turtle.Turtle()
wn = turtle.Screen()
turtle.colormode(255)
t.hideturtle()
t.speed(10)
t.penup()
t.pensize(4)
t.goto(100,0)
t.pendown()
t.left(90)
t.color((0,0,0),(255,255,0))
# 身体绘制上色
t.begin_fill()
t.forward(200)
t.circle(100,180)
t.forward(200)
t.circle(100,180)
t.end_fill()
# 右眼睛绘制上色
t.pensize(12)
t.penup()
t.goto(-100,200)
t.pendown()
t.right(100)
t.circle(500,23)

t.pensize(3)
t.penup()
t.goto(0,200)
t.pendown()
t.seth(270)
t.color( "black" , "white" )
t.begin_fill()
t.circle(30)
t.end_fill()
t.penup()
t.goto(15,200)
t.pendown()
t.color( "black" , "black" )
t.begin_fill()
t.circle(15)
t.end_fill()
t.penup()
t.goto(35,205)
t.color( "black" , "white" )
t.begin_fill()
t.circle(5)
t.end_fill()
# 左眼睛绘制上色
t.pensize(3)
t.penup()
t.goto(0,200)
t.pendown()
t.seth(90)
t.color( "black" , "white" )
t.begin_fill()
t.circle(30)
t.end_fill()
t.penup()
t.goto(-15,200)
t.pendown()
t.color( "black" , "black" )
t.begin_fill()
t.circle(15)
t.end_fill()
t.penup()
t.goto(-35,205)
t.color( "black" , "white" )
t.begin_fill()
t.circle(5)
t.end_fill()
# 嘴绘制上色
t.penup()
t.goto(-20,100)
t.pendown()
t.seth(270)
t.color( "black" , "white" )
t.begin_fill()
t.circle(20,180)
```

```
t.left(90)
t.forward(40)
t.end_fill()
# 裤子绘制上色
t.penup()
t.goto(-100,0)
t.pendown()
t.seth(0)
t.color("black","blue")
t.begin_fill()
t.forward(20)
t.left(90)
t.forward(40)
t.right(90)
t.forward(160)
t.right(90)
t.forward(40)
t.left(90)
t.forward(20)
t.seth(270)
t.penup()
t.goto(-100,0)
t.circle(100,180)
t.end_fill()
# 左裤子腰带
t.penup()
t.goto(-70,20)
t.pendown()
t.color("black","blue")
t.begin_fill()
t.seth(45)
t.forward(15)
t.left(90)
t.forward(60)
t.seth(270)
t.forward(15)
t.left(40)
t.forward(50)
t.end_fill()
t.left(180)
t.goto(-70,30)
t.dot()
# 右裤腰带
t.penup()
t.goto(70,20)
t.pendown()
t.color("black","blue")
t.begin_fill()
t.seth(135)
t.forward(15)
t.right(90)
t.forward(60)
t.seth(270)
t.forward(15)
t.right(40)
t.forward(50)
t.end_fill()

t.left(180)
t.goto(70,30)
t.dot()
# 脚
t.penup()
t.goto(4,-100)
t.pendown()
t.seth(270)
t.color("black","black")
t.begin_fill()
t.forward(30)
t.left(90)
t.forward(40)
t.seth(20)
t.circle(10,180)
t.circle(400,2)
t.seth(90)
t.forward(20)
t.goto(4,-100)
t.end_fill()

t.penup()
```

```
t.goto(-4,-100)
t.pendown()
t.seth(270)
t.color("black","black")
t.begin_fill()
t.forward(30)
t.right(90)
t.forward(40)
t.seth(20)
t.circle(10,-225)
t.circle(400,-3)
t.seth(90)
t.forward(21)
t.goto(-4,-100)
t.end_fill()
#左手
t.penup()
t.goto(-100,50)
t.pendown()
t.seth(225)
t.color("black","yellow")
t.begin_fill()
t.forward(40)
t.left(90)
t.forward(35)
t.seth(90)
t.forward(50)
t.end_fill()
#右手
t.penup()
t.goto(100,50)
t.pendown()
t.seth(315)
t.color("black","yellow")
t.begin_fill()
t.forward(40)
t.right(90)
t.forward(36)
t.seth(90)
t.forward(50)
t.end_fill()
t.penup()
t.goto(0,-100)
t.pendown()
t.forward(30)
t.penup()
t.goto(0,-20)
t.pendown()
t.color("yellow")
t.begin_fill()
t.seth(45)
t.forward(20)
t.circle(10,180)
t.right(90)
t.circle(10,180)
t.forward(20)
t.end_fill()
t.penup()
t.color("black")
t.goto(-100,-20)
t.pendown()
t.circle(30,90)
t.penup()
t.goto(100,-20)
t.pendown()
t.circle(30,-90)
#头顶
t.penup()
t.goto(2,300)
t.pendown()
t.begin_fill()
t.seth(135)
t.circle(100,40)
t.end_fill()
t.penup()
t.goto(2,300)
t.pendown()
t.begin_fill()
t.seth(45)
t.circle(100,40)
t.end_fill()
```

运行结果如图 7-18 所示。

图 7-18 “小黄人”效果图

任务三　学习程序、编写程序

任务目标

1. 思政元素

通过优秀程序编写者的案例，剖析国内外软件发展历史和从业人员的奋斗历程，培养学生诚信、坚忍不拔、百折不挠的性格。树立正确的技能观、职业观，利用所学知识为中国特色社会主义贡献力量。提高自我学习、持续学习的意识和能力，精益求精，博采众长，在习近平新时代中国特色社会主义思想的引领下，为社会与人民造福，贡献自己的力量。

2. 知识目标

① 读懂相关程序；

② 学会编写简单程序。

3. 能力目标

① 读懂九个 Python 简单程序，理解计算机执行程序的过程；

② 根据所学知识完成编程，并学会调试运行 Turtle 程序。

4. 素质目标

① 形成缜密的逻辑结构，在模仿的基础上培养发散的、联系的创新思维；

② 增强工科素养，学会团结合作，集体讨论解决问题。

任务描述

理解 Python 相关程序运行过程，学会运用所学 Turtle 语句知识完成简单绘图，并学会代码调试和尝试代码优化。

任务实现

一、名言导入

程序应该是写给其他人读的，让机器来运行它只是一个附带功能。

——哈罗德·阿贝尔森和杰拉尔德·杰伊·苏斯曼（计算机科学家、作者）

二、程序理解与绘制

1. 等边三角形的绘制

使用 Turtle 库的中 fd() 和 left( ) 函数绘制一个等边三角形，边长为 200，画笔宽度为 5，画笔颜色为红色，填充颜色为黄色。

程序清单：

```
from turtle import *
setup(500,500)
color( "red" , "yellow" )
pensize(5)
begin_fill()
fd(200)
left(120)
fd(200)
left(120)
fd(200)
end_fill()
```

运行结果如图 7–19 所示。

2. 正五边形的绘制

使用 Turtle 库的中 circle 函数绘制一个正五边形，内切圆半径为 100，画笔宽度为 5，画笔颜色为红色，填充颜色为黄色。

程序清单：

```
from turtle import *
color( "red" , "yellow" )
begin_fill()
pensize(5)
circle(100,steps=5)
end_fill()
done()
```

运行结果如图 7–20 所示。

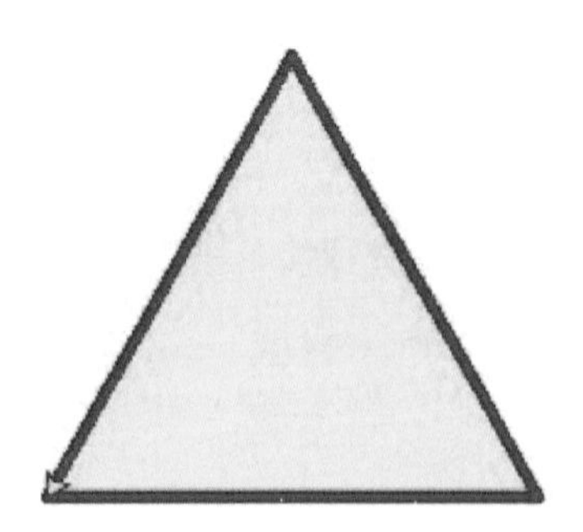

图 7–19　等边三角形程序运行结果

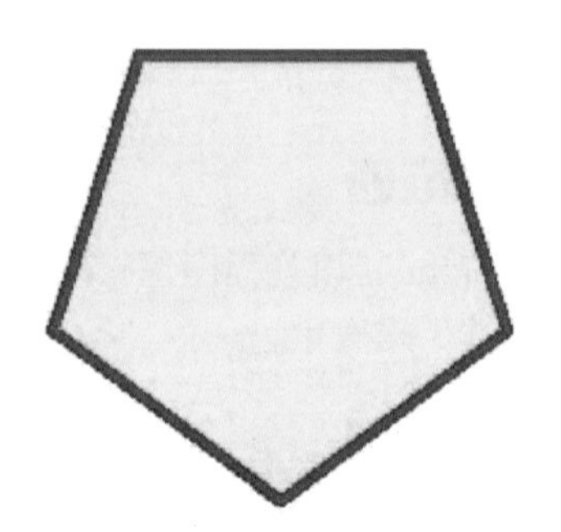

图 7–20　正五边形程序运行结果

3. 六角形绘制

利用 Turtle 库绘制一个六角形。

程序清单：

```
from turtle import *
up()
setpos(-150,20)
down()
left(30)
fd(100)
left(60)
for i in range(5):
    fd(100)
    right(120)
    fd(100)
    left(60)
fd(100)
right(120)
fd(100)
for n in range(6):
    fd(100)
    right(60)
done()
```

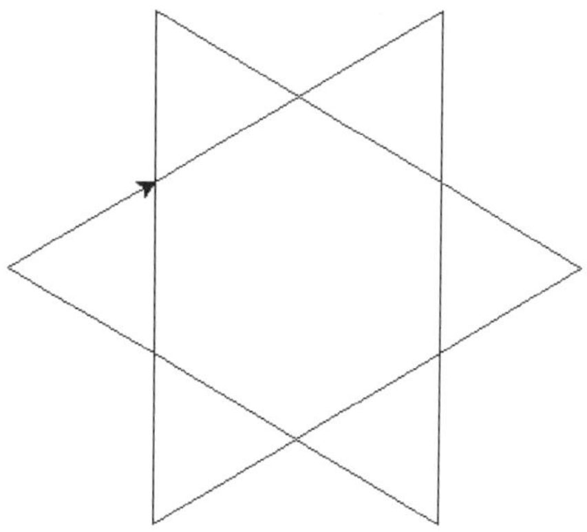

图 7-21　六角形程序运行结果

运行结果如图 7-21 所示。

4. 叠加等边三角形的绘制

利用 Turtle 库中 fd() 函数和 seth() 函数绘制一个叠加等边三角形。

程序清单：

```
from turtle import *
fd(100)
seth(-120)
fd(100)
seth(120)
fd(100)
seth(60)
fd(100)
seth(-60)
fd(200)
seth(-180)
fd(200)
seth(60)
fd(100)
```

```
done()
```

运行结果如图 7-22 所示。

5. 太阳花图形的绘制

程序清单：

```
from turtle import *
setup(500,500,100,100)
color( “red” , “yellow” )
begin_fill()
for i in range(50):
    fd(200)
    left(170)
end_fill()
done()
```

运行结果如图 7-23 所示。

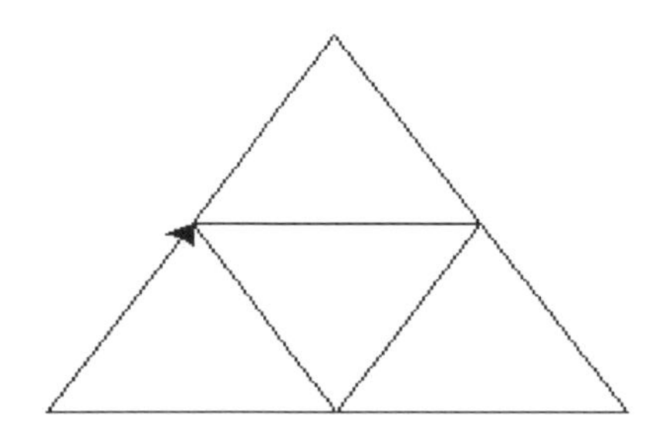

图 7-22　叠加等边三角形程序运行结果

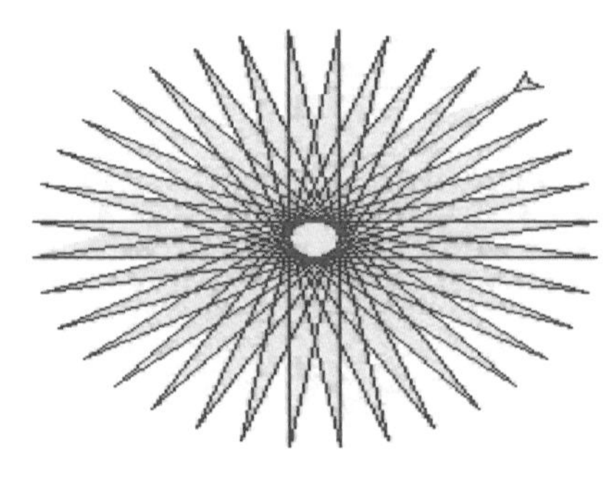

图 7-23　太阳花图形程序运行结果

6. 九九乘法表输出

工整打印输出常用的九九乘法表，格式不限。

程序清单：

```
for i in range(1,10):
  for j in range(1,10):
      print( “{}*{}={}” .format(i,j,i*j),end= “ ” )
print( “” )
```

运行结果如图 7-24 所示。

```
1*1= 1  1*2= 2  1*3= 3  1*4= 4  1*5= 5  1*6= 6  1*7= 7  1*8= 8  1*9= 9
2*1= 2  2*2= 4  2*3= 6  2*4= 8  2*5=10  2*6=12  2*7=14  2*8=16  2*9=18
3*1= 3  3*2= 6  3*3= 9  3*4=12  3*5=15  3*6=18  3*7=21  3*8=24  3*9=27
4*1= 4  4*2= 8  4*3=12  4*4=16  4*5=20  4*6=24  4*7=28  4*8=32  4*9=36
5*1= 5  5*2=10  5*3=15  5*4=20  5*5=25  5*6=30  5*7=35  5*8=40  5*9=45
6*1= 6  6*2=12  6*3=18  6*4=24  6*5=30  6*6=36  6*7=42  6*8=48  6*9=54
7*1= 7  7*2=14  7*3=21  7*4=28  7*5=35  7*6=42  7*7=49  7*8=56  7*9=63
8*1= 8  8*2=16  8*3=24  8*4=32  8*5=40  8*6=48  8*7=56  8*8=64  8*9=72
9*1= 9  9*2=18  9*3=27  9*4=36  9*5=45  9*6=54  9*7=63  9*8=72  9*9=81
```

图 7-24　九九乘法表程序运行结果

7. 五角星的绘制

绘制一个红色的五角星图形。

程序清单：

```
from turtle import *
fillcolor("red")
begin_fill()
for i in range(1,6):
    fd(200)
    right(144)
end fill()
done()
```

运行结果如图 7-25 所示。

8. 绘制一个包含 10 个同心圆的靶盘

程序清单：

```
from turtle import *
color("red","yellow")
begin_fill()
for i in range(10,110,10):
    pensize(2)
    circle(i)
    right(90)
    penup()
    fd(10)
    right(-90)
    pendown()
end_fill()
done()
```

运行结果如图 7-26 所示。

图 7-25 五角星程序运行结果

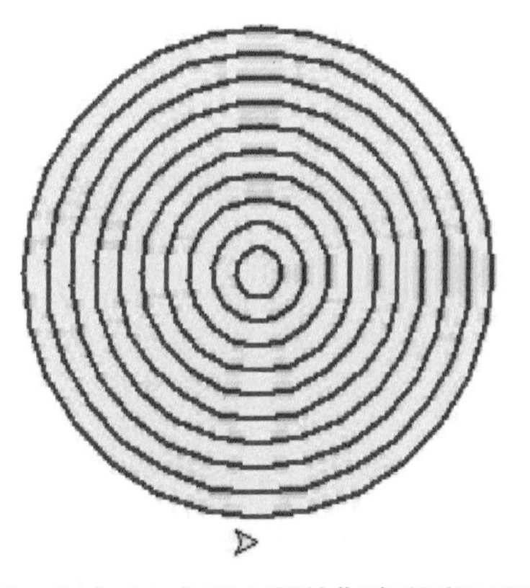

图 7-26 包含 10 个同心圆的靶盘程序运行结果

9. 正方形螺旋线的绘制

利用 Turtle 库绘制一个正方形螺旋线。

程序清单：

```
from turtle import *
left(90)
length = 5
speed = 20
for i in range(30):
    fd(length)
    left(90)
    fd(length)
    left(90)
    length += 5
    fd(length)
done()
```

运行结果如图 7–27 所示。

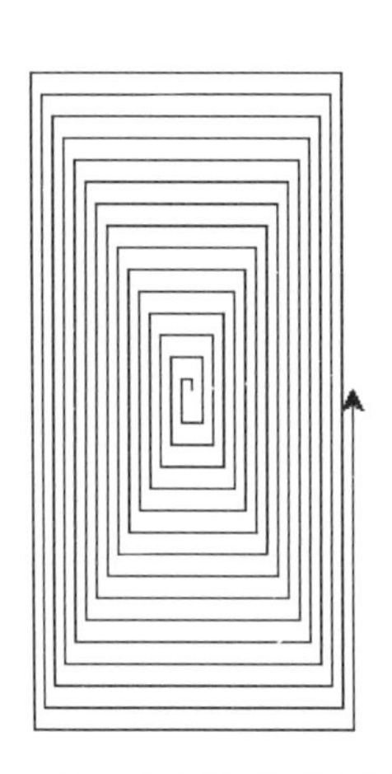

图 7–27　正方形螺旋线程序运行结果

巩固与练习

一、填空题

1. 海龟绘图初始位置坐标为________，行进方向为________。
2. 命令“left(30)”意思是________时针移动________度。
3. for 循环语句中，rang（1,6）将产生序列________。
4. 程序的三种基本结构分别为________、________、________。

二、编程练习

从下面的十幅例图中（见图 7–28）选择或者自己创意至少两幅图形，用 Python 实现并上传至 https://python123.io 中。Python123 是面向工科教学需求的计算机类基础课程教学辅助平台，读者可以把自己绘制的图形在平台上展示交流。

图 7-28　参考例图

项目八 物联网技术

伴随着网络技术、通信技术、智能嵌入技术的迅速发展,“物联网”一词频繁出现在世人眼前。作为网络的重要组成部分之一，物联网受到了学术界、工业界的广泛关注，引起了世界各国的重视，从美国 IBM 的“智慧地球”到我国的“感知中国”，各国纷纷制定了物联网发展规划并付诸实施。业界专家普遍认为，物联网技术将会带来一场新的技术革命，它是继个人计算机、互联网及移动通信网络之后的全球信息产业的第三次浪潮。

任务一 物联网世界探秘

任务目标

1. 思政元素

引导学生树立正确的世界观、人生观、价值观，培养学生具有深厚的爱国情感、国家认同感、中华民族自豪感；崇尚宪法、遵守法律、遵规守纪；具有社会责任感和参与意识。

2. 知识目标

① 理解物联网的概念；

② 理解物联网的特征；

③ 了解物联网的典型应用；

④ 了解华为物联网的架构；

⑤ 掌握华为物联网实验箱的使用。

3. 能力目标

通过物联网相关知识的学习，能分析出生活中各种物联网的架构，熟练叙述物联网系统的数据流向，能运用所学知识解释物联网在生活中的实施案例。

4. 素质目标

增强学生的工科素养，培养学生的团队协作能力、操作规范性和良好的组织纪律性。

任务描述

能够复述物联网的定义及特征，能够讲解物联网的应用领域和典型案例。能够复述华为物联网的架构和物联网系统的数据流向。初步熟悉华为物联网实验箱的使用。

任务实现

一、物联网的概念

目前物联网的确切定义尚未统一。

物联网，作为新技术，定义千差万别。比较有代表性的有如下几种：

（1）百度这样定义物联网：是通过射频识别、红外感应器、全球定位系统、激光扫描器等信息传感设备，按约定的协议，把任何物品与互联网连接起来，进行信息交换和通信，以实现智能识别、定位、跟踪、监控和管理的一种网络。

（2）维基百科这样定义物联网：把所有物品通过射频识别等信息传感设备和互联网连接起来，实现智能化识别和管理；物联网就是把感应器装备嵌入各种物体中，然后将"物联网"与现有的互联网连接起来，实现人类社会与物理系统的整合。

（3）ITU（国际电信联盟）这样定义物联网：By embedding short-range mobile transceivers into a wide array of additional gadgets and everyday items，enabling new forms of communication between people and people，and between people and things，and between things themselves.（在日常用品中通过嵌入到一个额外的小工具和广泛的短距离的移动收发器，使人与人之间、人与事物之间以及事物之间形成信息沟通形式。）From anytime，anyplace connectivity for anyone，we will now have connectivity for anything.（任何时间、任何地点、任何人，我们现在都能够实现相关连接。）

（4）EOPSS（欧洲智能系统集成技术平台）这样定义物联网：Things having identities and virtual personalities operating in smart spaces using intelligent interfaces to connect and communicate within social，environmental，and user contexts.（事物有虚拟人物的身份和经营场所使用的智能接口，在社会环境和用户内容上实现智能连接和沟通。）

二、物联网的特征

（1）全面感知

"感知"是物联网的核心。物联网是具有全面感知能力的物品和人所组成的。为了使物品具有感知能力，需要在物品上安装不同类型的识别装置，例如，电子标签（tag）、条形码与二维码等，或者通过传感器、红外感应器等感知其物理属性和个性化特征。利用这些装置或设备，可随时随地获取物品信息，实现全面感知。

（2）可靠传递

数据传递的稳定性和可靠性是保证物 – 物相连的关键。为了实现物与物之间信息交互，就必须约定统一的通信协议。由于物联网是一个异构网络，不同的实体间协议规范可能存在差异，需要通过相应的软、硬件进行转换，保证物品之间信息的实时、准确传递。

（3）智能处理

物联网不仅仅提供了传感器的连接，物联网的目的是实现对各种物品（包括人）进行智能化识别、定位、跟踪、监控和管理等功能。这就需要智能信息处理平台的支撑，通过云计算、人工智能等智能计算技术，对海量数据进行存储、分析和处理，针对不同的应用需求，对物品实施智能化控制。

三、物联网的起源与发展

1999 年美国麻省理工学院建立了"自动识别中心（Auto-ID）"，提出了"万物皆可通过网络互联”，阐明了物联网的基本含义。早期的物联网是依托射频识别（RFID）技术的物流网络，随着技术和应用的发展，物联网的内涵已经发生了较大变化。物联网的发展如图 8-1 所示。

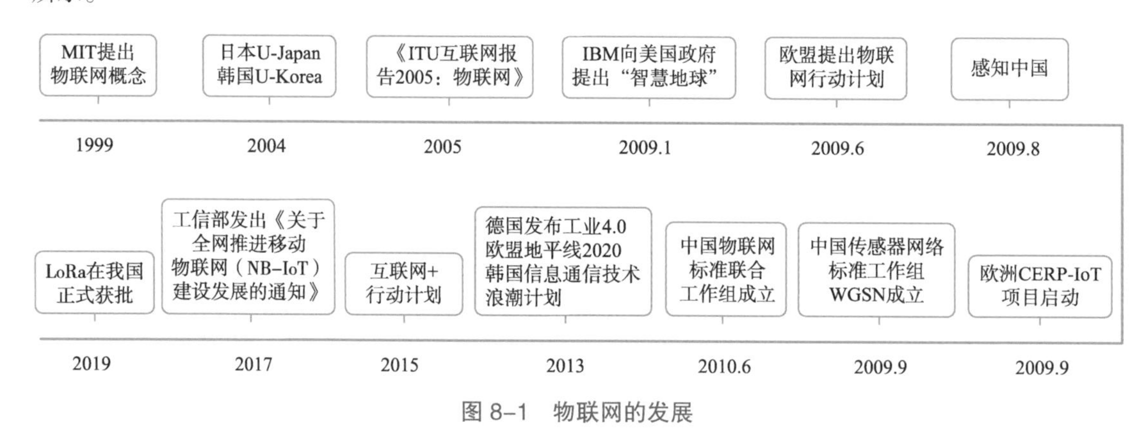

图 8-1　物联网的发展

四、物联网的战略意义

随着物联网的发展，物联网技术得到更加广泛的应用，将使人类社会步入智能化和统一化的时代，物联网产业发展有利于世界各国经济发展。更为重要的是物联网作为一种新的产业模式，其核心的价值除了经济增长之外，还能提升整个社会的运行效率，改变人们的生活方式。

五、物联网的应用

物联网应用层主要面向用户需求，利用所获取的感知数据，经过前期分析和智能处理，为用户提供特定的服务。

目前，物联网应用的研究已经扩展到智能物流、智能交通、绿色建筑、智能电网、环境监测、金融安防、工业监测、智能家居、医疗健康等多个领域。

智能物流：现代物流系统希望利用信息生成设备，如 RFID 设备、感应器或全球定位系统等种种装置与互联网结合起来而形成一个巨大网络，并能够在这个物联化的物流网络中实现智能化的物流管理。

智能交通：通过在基础设施和交通工具当中广泛应用信息、通信技术来提高交通运输系统的安全性、可管理性、运输效能，同时降低能源消耗和对地球环境的负面影响。

绿色建筑：物联网技术为绿色建筑带来了新的力量。通过建立以节能为目标的建筑设备监控网络，将各种设备和系统融合在一起，形成以智能处理为中心的物联网应用系统，有效地为建筑节能减排提供有力的支撑。

智能电网：以先进的通信技术、传感器技术、信息技术为基础，以电网设备间的信息交互为手段，以实现电网运行的可靠、安全、经济、高效、环境友好和使用安全为目的的先进的现代化电力系统。

环境监测：通过对人类和环境有影响的各种物质的含量、排放量，以及各种环境状态参数的检测，跟踪环境质量的变化，确定环境质量水平，为环境管理、污染治理、防灾减灾等工作提供基础信息、方法指引和质量保证。

六、华为物联网实验箱的架构

华为物联网实验箱的架构为“1+2+1”IOT 架构。底层为各种传感设备，通过两种方式接入物联网平台，最后应用层从物联网平台获取数据。示意图如图 8-2 ~ 图 8-4 所示。

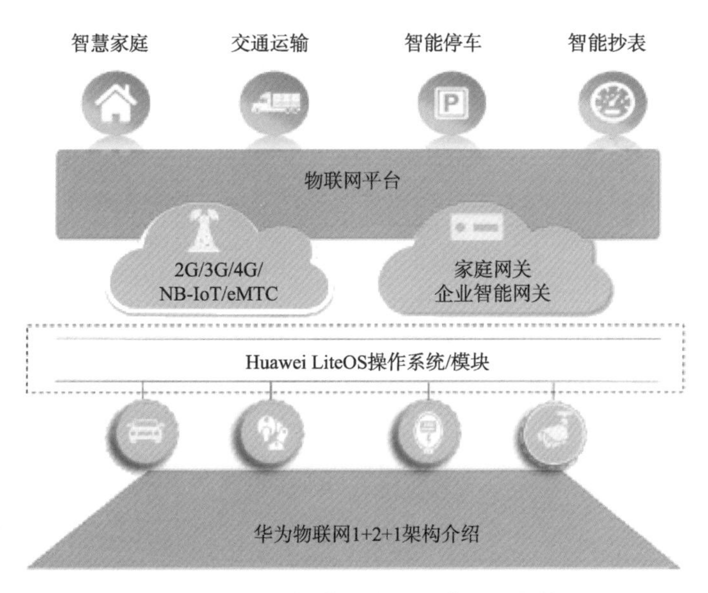

图 8-2　华为物联网“1+2+1”IOT 架构

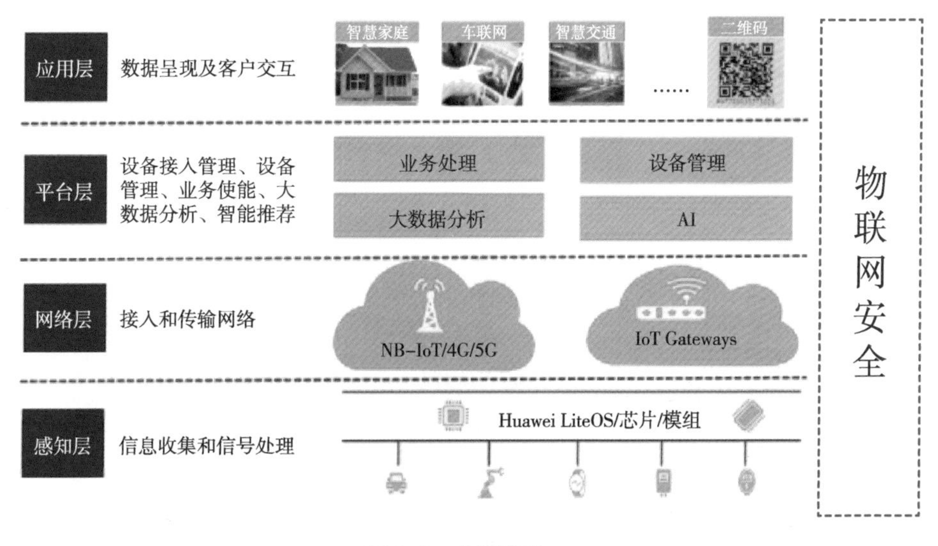

图 8-3　物联架构

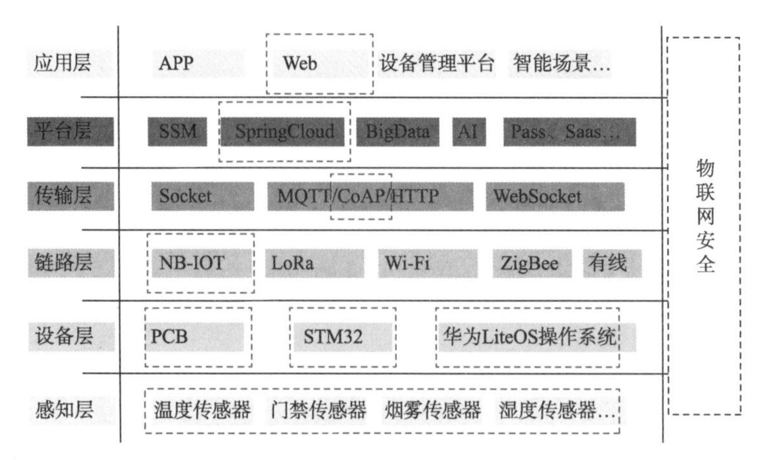

图 8-4　物联架构抽象层

七、华为物联网实验箱的介绍与使用

（1）实验箱介绍

华为实验箱的构成如图 8-5 所示，华为实验箱示意图如图 8-6 所示。华为实验箱中主要有主板电路板（见图 8-7）一块、智慧工业电路板（见图 8-8）一块、智慧家居电路板（见图 8-9）一块、智慧交通电路板（见图 8-10）一块和各种传感器。

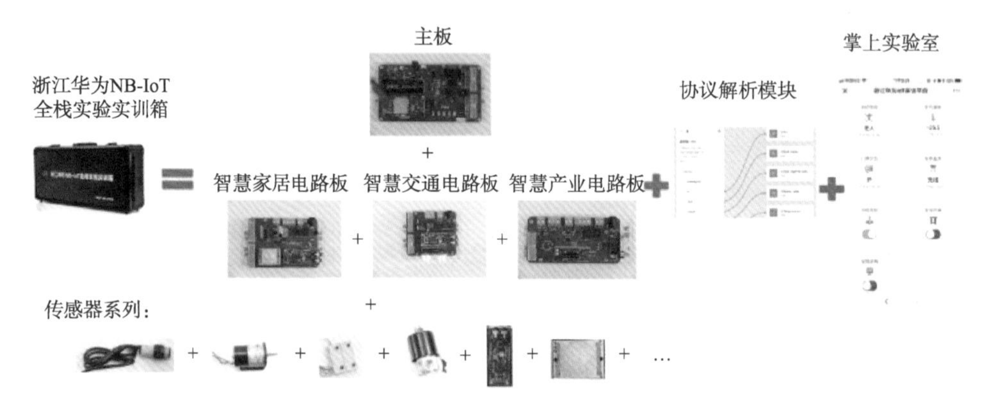

图 8-5　华为实验箱的构成

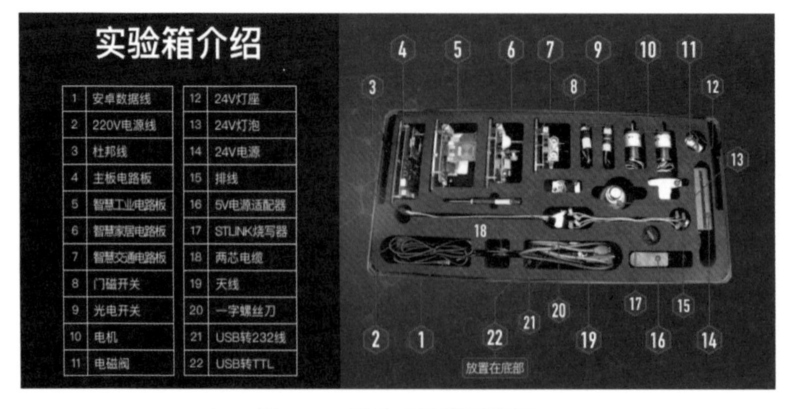

1	安卓数据线	12	24V灯座
2	220V电源线	13	24V灯泡
3	杜邦线	14	24V电源
4	主板电路板	15	排线
5	智慧工业电路板	16	5V电源适配器
6	智慧家居电路板	17	STLINK烧写器
7	智慧交通电路板	18	两芯电缆
8	门磁开关	19	天线
9	光电开关	20	一字螺丝刀
10	电机	21	USB转232线
11	电磁阀	22	USB转TTL

图 8-6　华为实验箱示意图

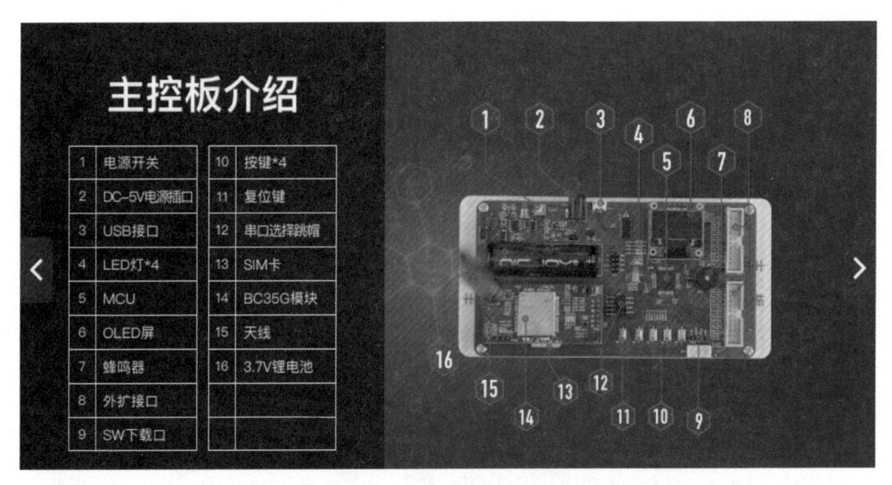

图 8-7　主板电路板示意图

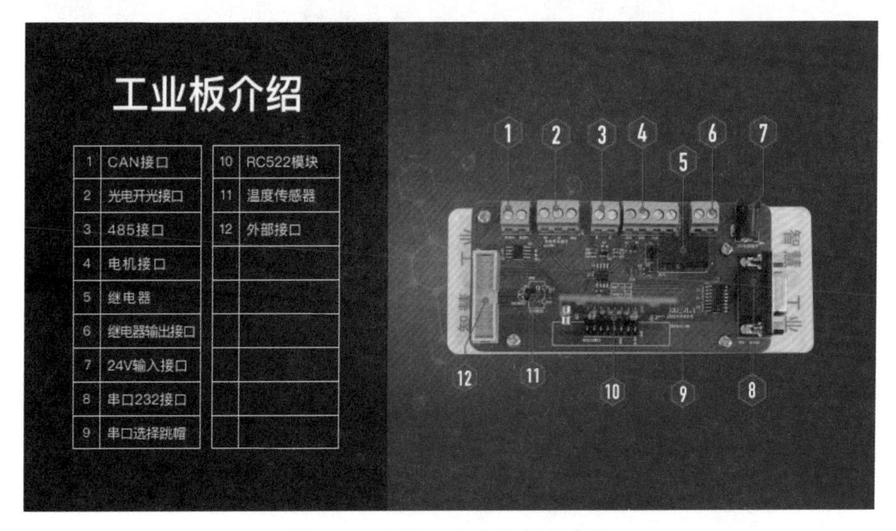

图 8-8　智慧工业电路板示意图

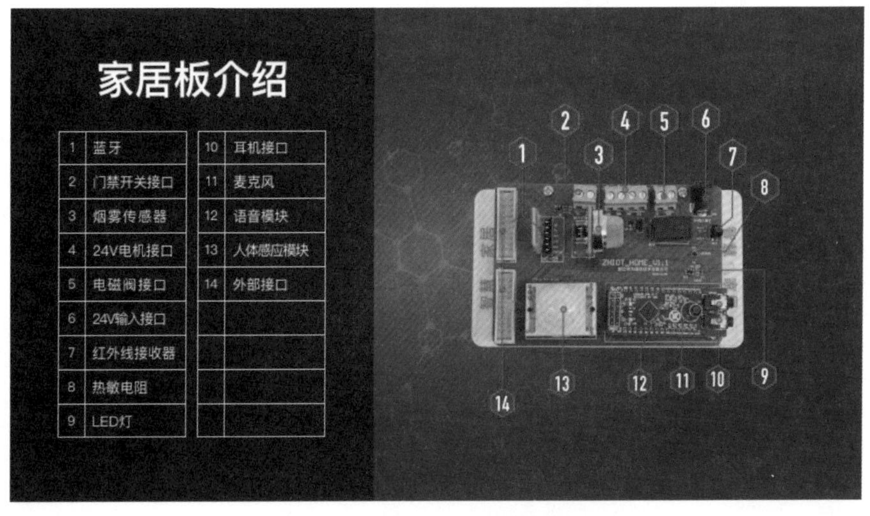

图 8-9　智慧家居电路板示意图

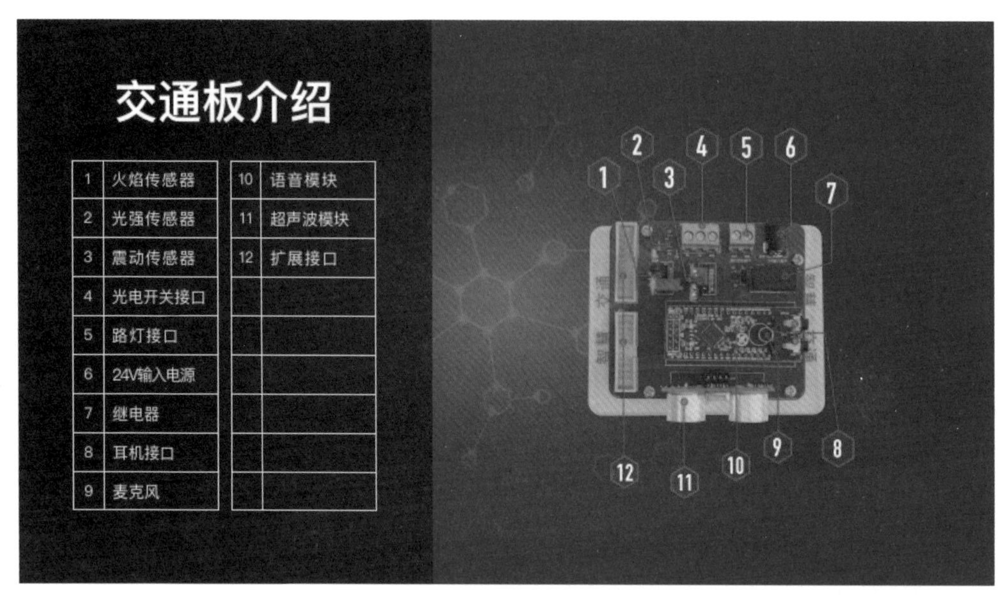

图 8-10　智慧交通电路板示意图

（2）实验模块介绍

NB-IOT 模块主要由 BG35G 模组、SIM 卡、天线等构成，如图 8-11 所示。

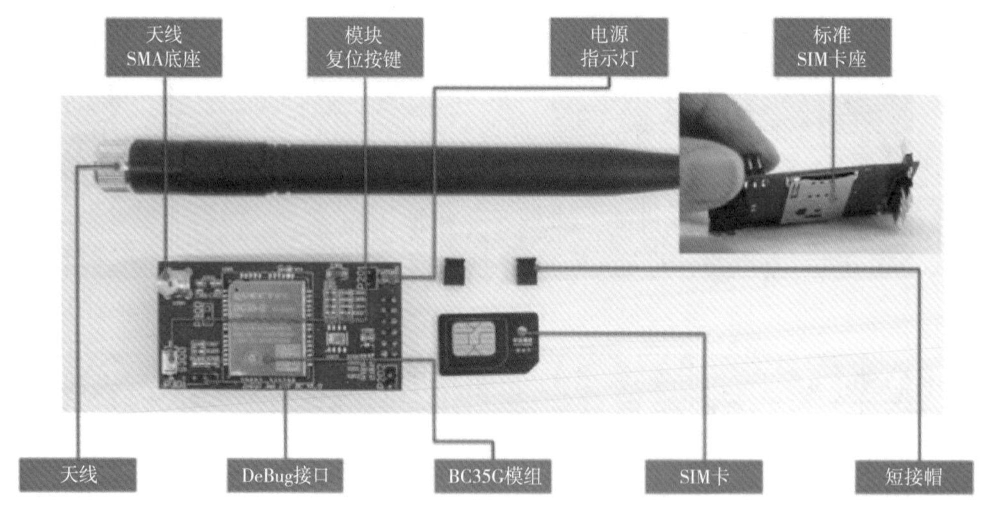

图 8-11　NB-IOT 模块

NB-IOT 模块的安装步骤：

步骤 1：将天线拧紧到天线底座上。

步骤 2：将 SIM 卡插入 SIM 卡插槽中。

步骤 3：将跳线帽连接到 P201 端口和 P202 端口，如图 8-12 所示。

NB-IOT 网络状态说明：

网络正常时，大概需要 16 s，NB-IOT 模块与 OC 平台通信成功，通信成功后，左上角有“*”符号，如图 8-13 所示，右边的 13 为信号值。

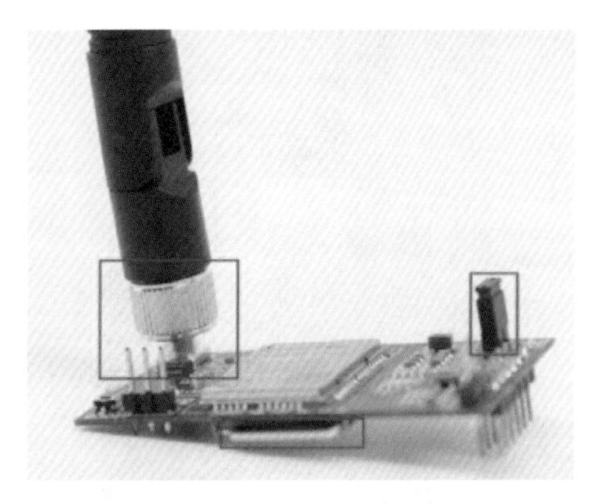

图 8-12 NB-IOT 模块的安装示意图

图 8-13 NB-IOT 网络状态示意图

各信号值表示的含义见表 8-1。

表 8-1 各信号值表示的含义

信 号 值	通信状态	信 号 值	通信状态
0 ~ 10	不稳定	21 ~ 30	稳定
11 ~ 20	良好	99	信道无效

（3）下载程序使用说明

下载器和计算机连接步骤：

步骤 1：准备好如图 8-14 所示的 ST-LINK V2 下载器和杜邦线。

图 8-14 ST-LINK V2 下载器和杜邦线

步骤 2：按照图 8-15 所示进行接线。连接后如图 8-16 所示。

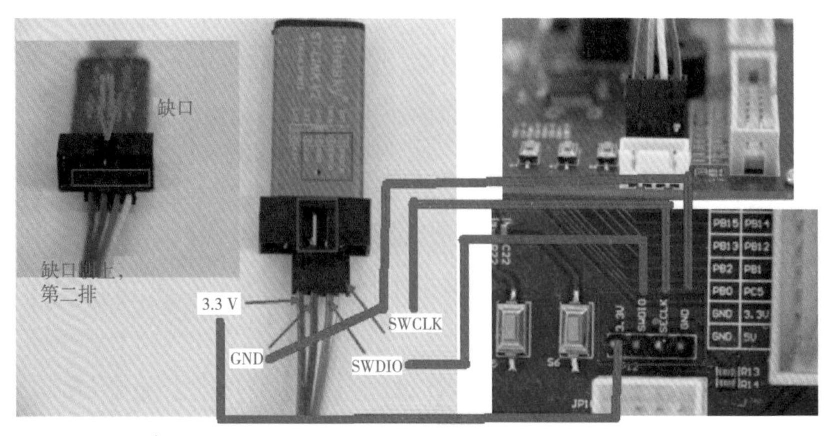

图 8–15　ST–LINK V2 下载器和主控板连接方法示意图

图 8–16　ST–LINK V2 下载器和主控板连接后示意图

步骤 3：下载器连接到计算机，如图 8–17 所示。

图 8–17　ST–LINK V2 下载器和连接到计算机

ST-LINK V2 下载器、主控板和计算机连接完成后，需要配置 keil 软件的下载方式。用 keil5 打开相应的工程文件，然后按照下面步骤进行配置：

步骤 1：打开工程配置选项（参照图 8–18 进行配置）。

步骤 2：打开 Debug 选项（参照图 8–18 进行配置）。

步骤 3：打开可选项（参照图 8–18 进行配置）。

步骤 4：选择 ST-Link Debugger（参照图 8–18 进行配置）。

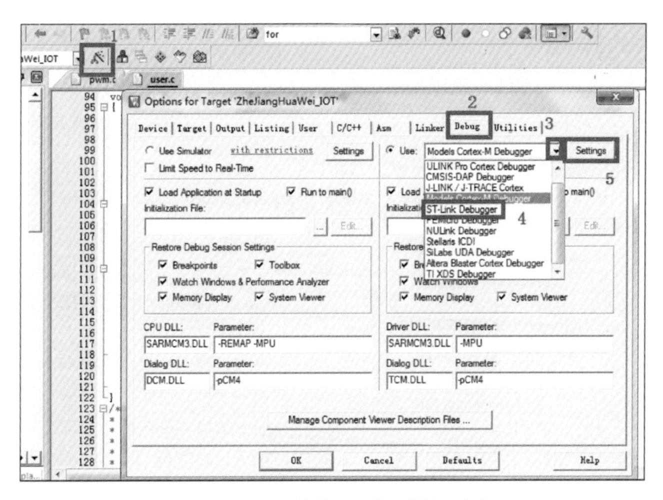

图 8–18　keil 软件下载配置示意图 1

步骤 5：单击 Settings 按钮（见图 8–18）进入图 8–19 所示界面。按图 8–19 所示进行配置，单击“确定”按钮即可。

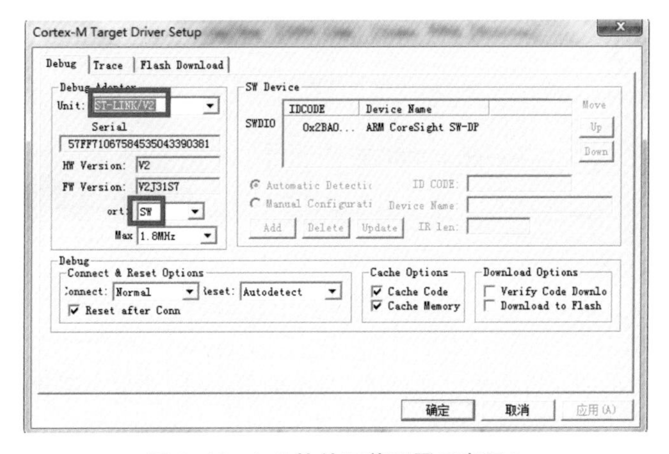

图 8–19　keil 软件下载配置示意图 2

单击 Flash Download，进入图 8–20 所示界面，按图 8–20 所示进行配置，单击“确定”按钮即可。

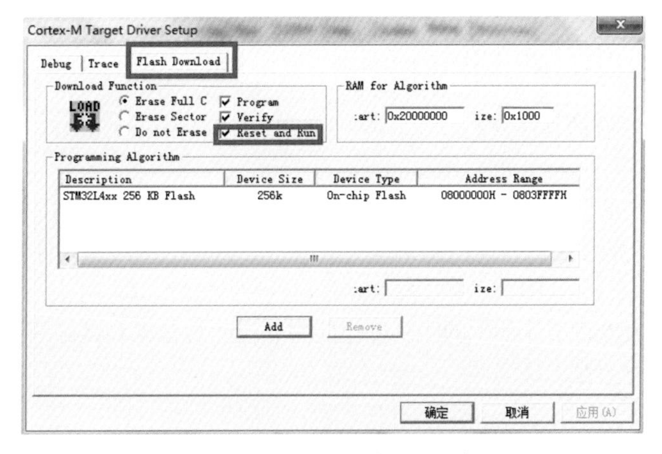

图 8–20　keil 软件下载配置示意图 3

步骤 6：程序下载。

单击图 8-21 所示的 1 处的编译按钮进行编译，编译成功后，单击 2 处的下载按钮进行下载。下载完成示意图如图 8-22 所示。

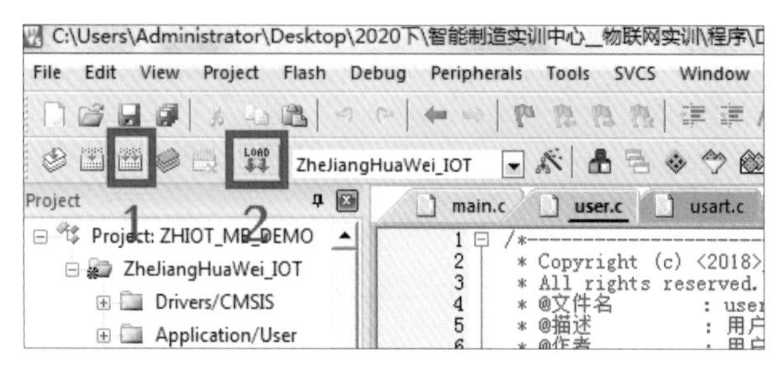

图 8-21　keil 软件编译、下载按钮

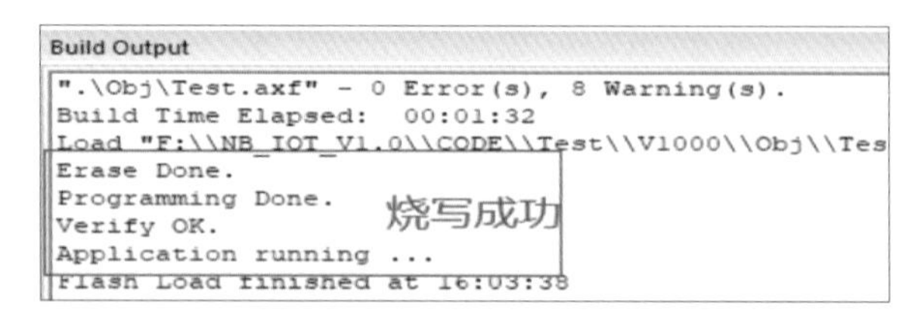

图 8-22　下载完成示意图

任务二　智能门禁系统的设计制作

任务目标

1. 思政元素

引导学生具有良好的职业道德和职业素养。崇德向善、诚实守信、爱岗敬业，具有精益求精的工匠精神；尊重劳动、热爱劳动，具有较强的实践能力；具有质量意识、绿色环保意识、安全意识、信息素养、创新精神；具有较强的集体意识和团队合作精神。

2. 知识目标

① 了解门磁传感器的工作原理；

② 了解智能门禁系统的数据流向；

③ 了解智能门禁系统的软件的编写；

④ 了解智能门禁系统的硬件安装。

3. 能力目标

通过智能门禁系统的设计制作，能分析出智能门禁物联网系统的架构，熟练叙述智能门禁物联网系统的数据流向，能够完成智能门禁系统实验要求的软件的编写和硬件安装。

4. 素质目标

增强学生的工科素养，培养学生的团队协作能力、操作规范性和良好的组织纪律性。

任务描述

完成智能门禁系统实验要求的软件的编写和硬件安装；运用 keil5 软件补齐智能门禁系统的软

件程序；利用华为物联网实验箱完成智能门禁系统的硬件安装，最终实现智能门禁物联网系统。

任务实现

一、原理图解析

由图 8-23 原理图分析可知，JP6 与 MC-51 模块相连接，DI1 与 STM32 的 PB0 口相连接，当 DI1 为低电平时，门关；当 DI1 为高电平时，门开。

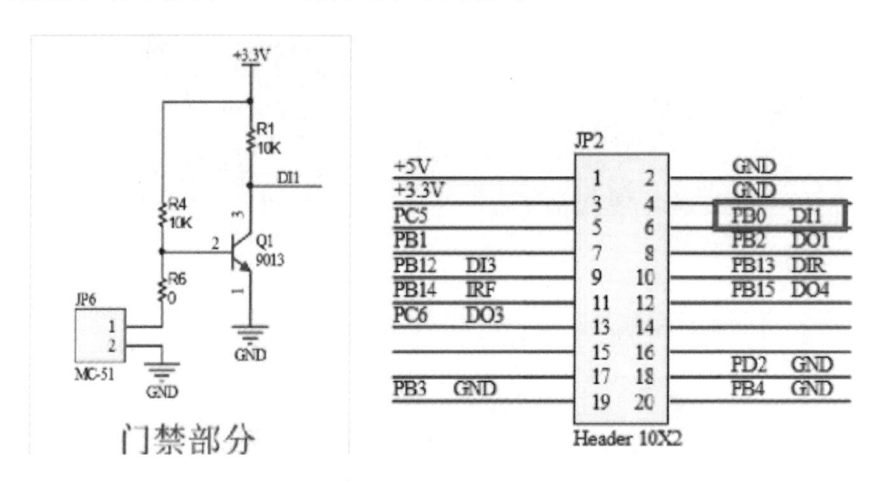

图 8-23　门禁原理图①

根据 JP2 插槽引脚标签可以找到 DI1 与 STM32 芯片的 PB0 引脚相连接，后续代码编写过程中将会对 PB0 引脚进行设置。

二、实验仪器

实验仪器见表 8-2。

表 8-2　实验仪器

序号	名　称	数量	实验室位置序号
1	主板	1	04
2	智慧家居板	1	06
3	NB-IOT 模块	1	04
4	MC-51 门禁模块	1	08
5	STM32 烧写器	1	17
6	天线	1	19
7	排线	2	15
8	杜邦线	1	03
9	5 V 电源	1	16
10	螺丝刀	1	20
11	计算机（安装有 keil 软件、RS-232 串口驱动、STlink 下载驱动、串口调试助手等软件）	1	

① 类似原理图为仿真软件截图，其中元器件的图形符号与国家标准符号不符，其对照关系如下：电阻符号对应标准符号为矩形符号，接地符号对应标准符号为接地符号。

三、硬件连接

主板的 JP8 与智慧家居板的 JP2 相连接，主板的 JP9 与智慧家居板的 JP1 相连接，5 V 电源接到主板，给主板和智慧家居板供电，如图 8-24 所示。

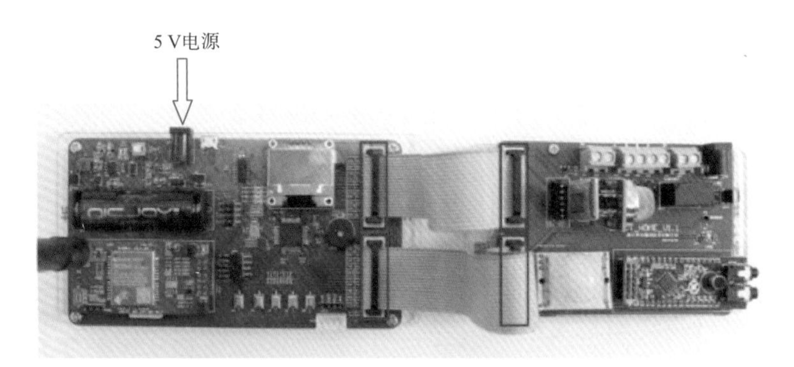

图 8-24　主控板与智慧家居板连接示意图

MC-51 模块接线示意图如图 8-25 所示（两根线无正负极之分）。

图 8-25　MC-51 模块接线示意图

MC-51 模块两部分合在一起为关门，两部分分开为开门，如图 8-26 所示。

图 8-26　MC-51 模块开关门示意图

四、代码的编写

步骤 1：打开工程。打开智慧家居中的代码，Door → MAINBoard_Demo_Student→MDK-ARM→ZHIOT_MB_DEMO 文件，如图 8-27 所示。

图 8-27　ZHIOT_MB_DEMO 文件示意图

步骤 2：编译。编译的目的是将 .c 文件和 .h 文件关联起来，编译代码单击“编译”按钮，如图 8-28 所示。

编译完成示意图，如图 8–29 所示。

图 8–28　编译按钮

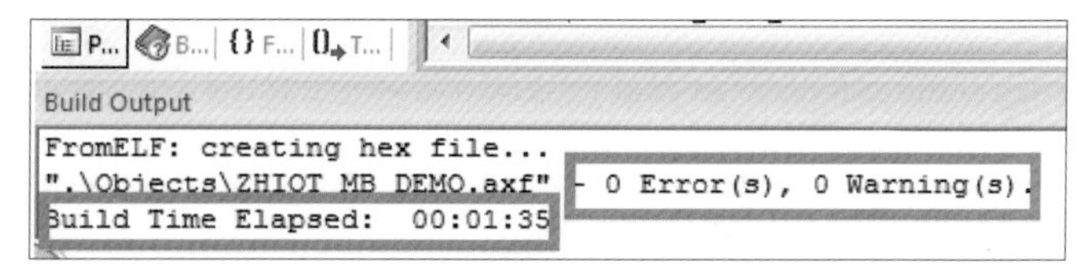

图 8–29　编译完成示意图

步骤 3：编辑 mc51.h 门禁感应模块驱动程序头文件。

双击 mc51.h 文件，打开 mc51.h 文件，如图 8–30 所示。

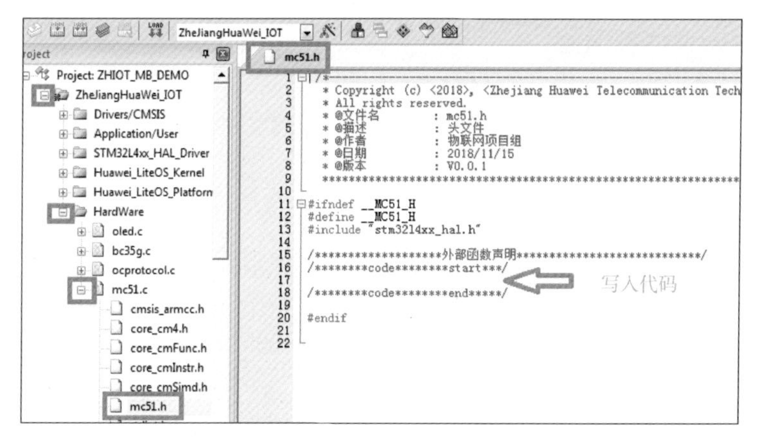

图 8–30　mc51.h 文件

添加如下代码：

```
/*******code*******start***/
void MC51_Init(void);                    // 初始化传感器函数
uint8_t MC51_Read_State(void);           // 传感器状态读取函数
/*******code*******end*****/
```

步骤 4：编辑 mc51.c 文件。

双击 mc51.c 文件，打开 mc51.c 文件，如图 8–31 所示。

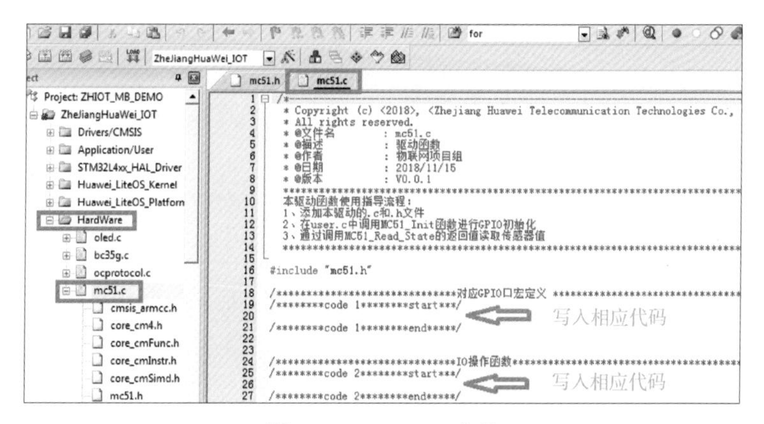

图 8–31　mc51.c 文件

输入代码：引脚声明

```
/************** 对应 GPIO 口宏定义 ******************/
/********code 1********start***/
// 引脚 PB0, 查看 stm32l4xx_hal_gpio.h 文件可以查到其引脚定义为 GPIO_PIN_0
#define MC51_Pin    GPIO_PIN_0
// 端口 PB, 查看 stm32l4xx_hal_gpio.h 文件可以查到其端口定义为 GPIOB
#define MC51_GPIO_Port    GPIOB
/********code 1********end*****/
/**********IO 操作函数 *************************/
/********code 2********start***/
 // 读取 PB0 状态 ，声明读取方法，通过此方法能够及时获取 PB0 引脚的输入状态
#define    MC51_STATE   HAL_GPIO_ReadPin(MC51_GPIO_Port, MC51_Pin)
/********code 2********end*****/
初始化 MC-51 模块，配置引脚
/********code 3********start***/
void MC51_Init(void)
{
    GPIO_InitTypeDef GPIO_InitStruct;                     // 创建 GPIO 结构体
    __HAL_RCC_GPIOB_CLK_ENABLE();                         // 使能 GPIOB 端口的工作时钟
    /* 配置引脚 */
    GPIO_InitStruct.Pin = MC51_Pin;                       // 设置引脚
    GPIO_InitStruct.Mode = GPIO_MODE_INPUT;               // 设置引脚工作模式为输入
    GPIO_InitStruct.Pull = GPIO_NOPULL;                   // 芯片内部无须设置上下拉电压
    HAL_GPIO_Init(MC51_GPIO_Port, &GPIO_InitStruct);      // 初始化 GPIO
}
/********code 3********end*****/
STM32 芯片读取门禁模块状态接口
/********code 4********start***/
uint8_t MC51_Read_State(void)
{
    return MC51_STATE;                                    // 返回门禁状态
}
/********code 4********end*****/
```

步骤 5：编辑 user.c 文件。双击 user.c 文件，打开 user.c 文件，如图 8-32 所示。

引入门禁感应模块驱动头文件：

```
/********code 1******start****/
#include "mc51.h"
/********code 1******end******/
```

调用 user.h 文件中声明的门禁感应模块初始化函数：

```
/********code 2******start****/
 MC51_Init();
/********code 2******end******/
```

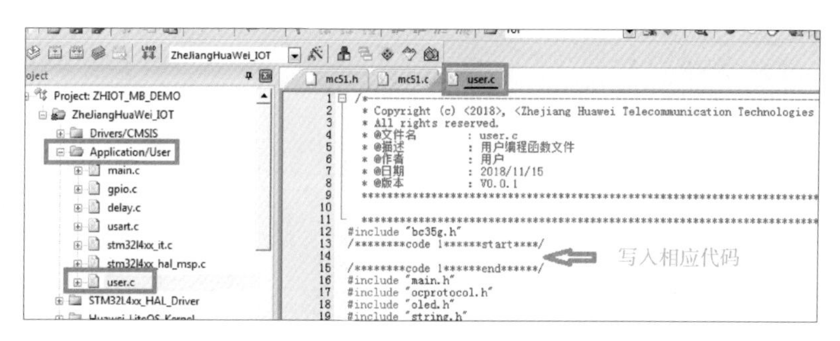

图 8-32　user.h 文件

编写业务逻辑：

当门禁感应模块状态为 0 时代表门关，同时将状态发送到 OC 平台并显示到液晶屏上。

当门禁感应模块状态为 1 时代表门开，同时将状态发送到 OC 平台并显示到液晶屏上。

```
/********code 3******start****/
if(MC51_Read_State() == 1)
      {
         g_pltSendData.dInput_Door = 0;
         printf( "门开 \r\n" );
         if(_BC35G.State == BC35G_Connectted)
         {
            OLED_ShowString(32,5,(unsigned char *)" Door:Open ",16);                }
         }
      else
      {
         g_pltSendData.dInput_Door = 1;
         printf( "门关 \r\n");
         if(_BC35G.State == BC35G_Connectted)
         {
            OLED_ShowString(32,5,(unsigned char *)" Door:Close" ,16);
      }
         }
 /********code 3******end******/
```

五、编译及下载

步骤 1：编译。单击编译按钮，编译代码，如图 8-33 所示。

编译完成，如图 8-34 所示。

如果 0 错误（0 Error）则说明前面编辑的代码没有错误，可以进行下载入硬件。

步骤 2：下载。连接上 ST-LINK 下载器，单击 LOAD 按钮（见图 8-35）下载程序，下载成功示意图如图 8-36 所示。

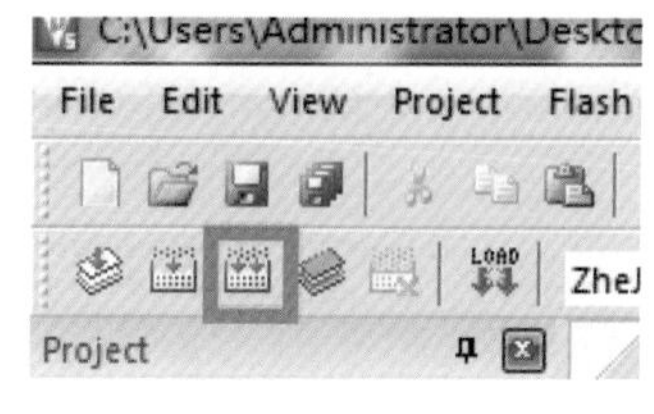

图 8-33　编译按钮

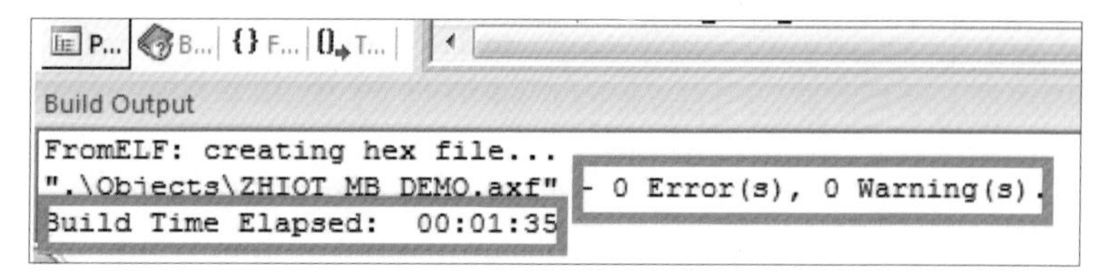

图 8-34　编译完成示意图

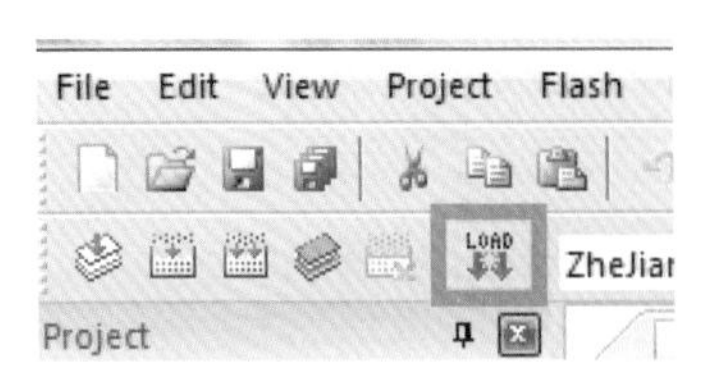

图 8-35　LOAD 按钮

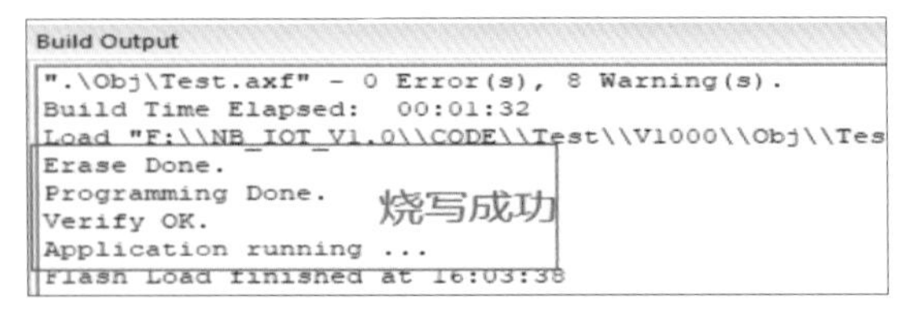

图 8-36　下载成功示意图

六、微信实训平台效果

步骤 1：打开微信，扫描实验箱上左侧的二维码，关注 IoT 掌上实验室，如图 8-37 所示。

图 8-37　实验箱二维码示意图

步骤 2: 进入公众号，选择我的设备，登录教师分配的物联网账号（登录后，后续扫码会自动登录），如图 8-38 所示。

步骤 3: 单击“扫码绑定”，扫描实验箱右侧二维码或手动输入后，点击“提交”按钮进行设备的绑定，如图 8-39 所示。

图 8-38　实训平台登录界面

图 8-39　绑定设备界面

步骤 4：点击“提交”按钮后，页面下方会出现对应的实训场景，点击“查看数据”按钮，如图 8-40 所示。

步骤 5：查看实验结果。

MC-51 模块两部分合在一起时为关门，如图 8-41 所示。

图 8–40　查看数据界面

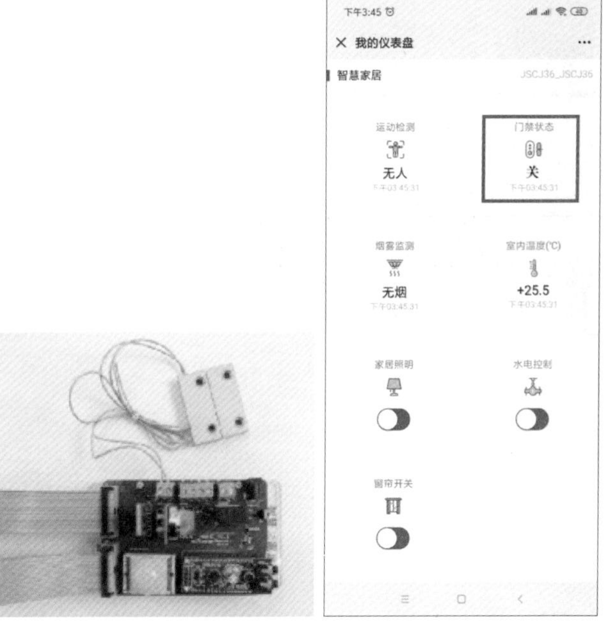

图 8–41　关门实验结果示意图

MC–51 模块两部分分开时为开门，如图 8–42 所示。

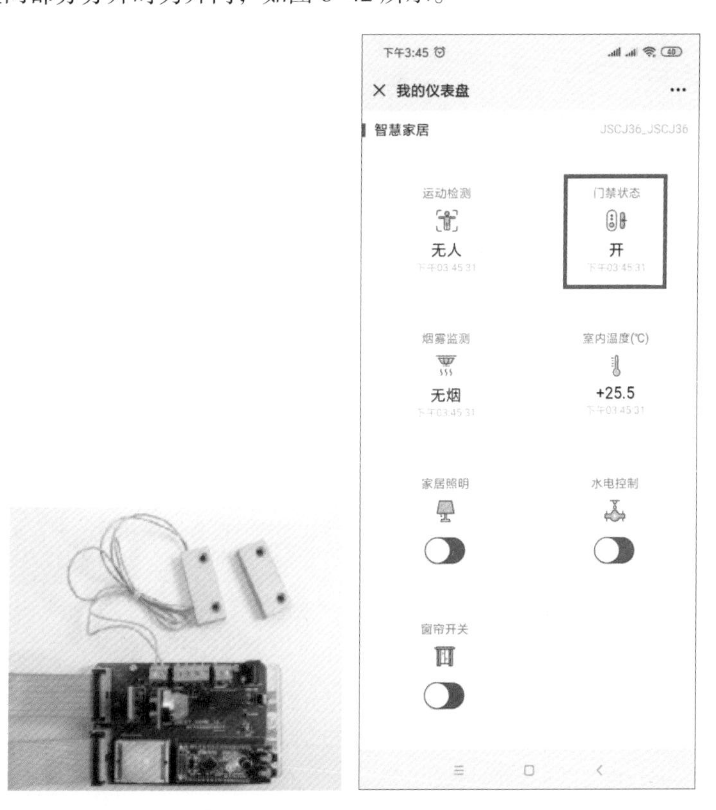

图 8–42　开门实验结果示意图

观察液晶显示屏显示效果，如图 8–43 所示。

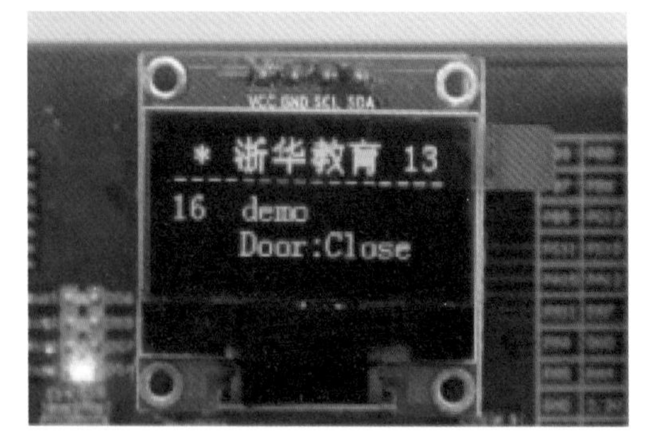

图 8–43　OLED 液晶显示效果

MC-51 门禁模块介绍，如图 8–44、图 8–45 所示。

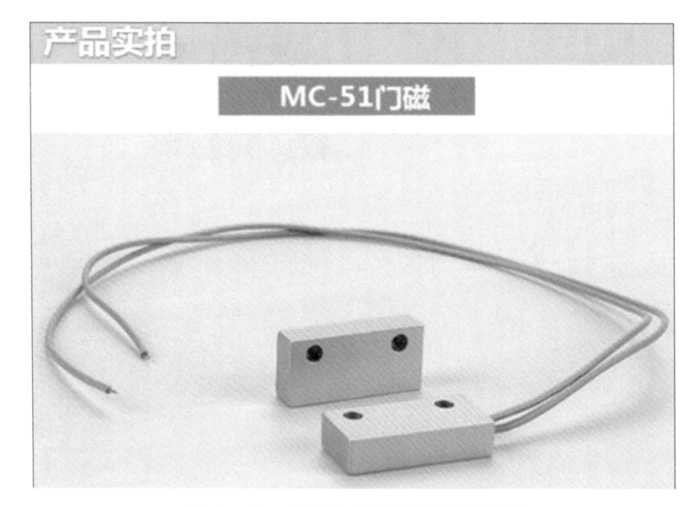

图 8–44　门磁探测器实物示意图

技术参数

有线铁门磁探测器
MC-51门磁

- 尺寸：32 mm×15 mm×8 mm
- 感应距离：20 ~ 30 mm
- 孔距离：15 mm
- 开关形式：常闭型、常开型、转换型
- 电气参数：最大功率10 W、最高电压100 V
  最大电流0.5 A
- 外壳材质：锌合金，银灰电镀

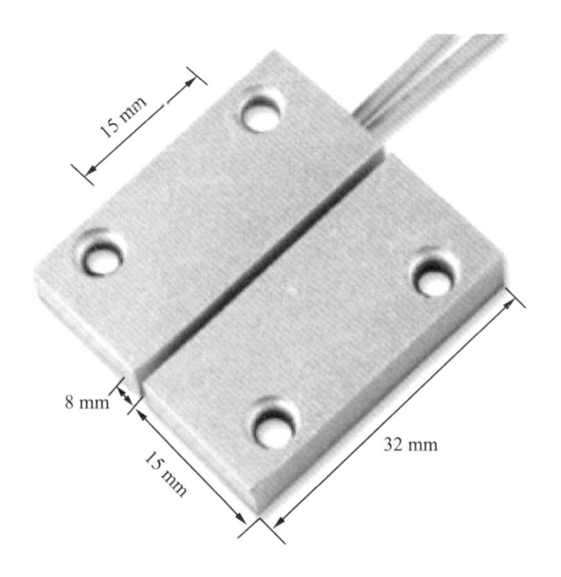

图 8–45　门磁探测器参数示意图

任务三　智能窗帘系统的设计制作

任务目标

1. 思政元素

引导培养学生热爱祖国，具有民族自尊心、自信心、自豪感；树立国家观念、道德观念、法制观念；讲科学、不迷信；具有自尊自爱、诚实正直、积极进取、不怕困难的品质。

2. 知识目标

① 了解直流电动机的工作原理；

② 了解智能窗帘系统的数据流向；

③ 了解智能窗帘系统的软件的编写；

④ 了解智能窗帘系统的硬件安装。

3. 能力目标

通过智能窗帘系统的设计制作，能分析出智能窗帘物联网系统的架构，熟练叙述智能窗帘物联网系统开关指令的数据流向，能够完成智能窗帘系统实验要求的软件的编写和硬件安装。

4. 素质目标

增强学生的工科素养，培养学生的团队协作能力、操作规范性和良好的组织纪律性。

任务描述

完成智能窗帘系统实验要求的软件的编写和硬件安装；运用 keil5 软件补齐智能窗帘系统的软件程序；利用华为物联网实验箱完成智能窗帘系统的硬件安装，最终实现智能窗帘物联网系统。

任务实现

一、原理图解析

由图 8-46 原理图分析可知，直流电动机的控制引脚是 PWM1，通过查看 JP1 插槽发现其引脚连接到标号为 PA5 的引脚。根据 JP1 插槽的引脚标签可知其引脚接到 STM32 芯片的 PA5，后续代码编写过程中将会对芯片的 PA5 引脚进行 PWM 功能的配置。

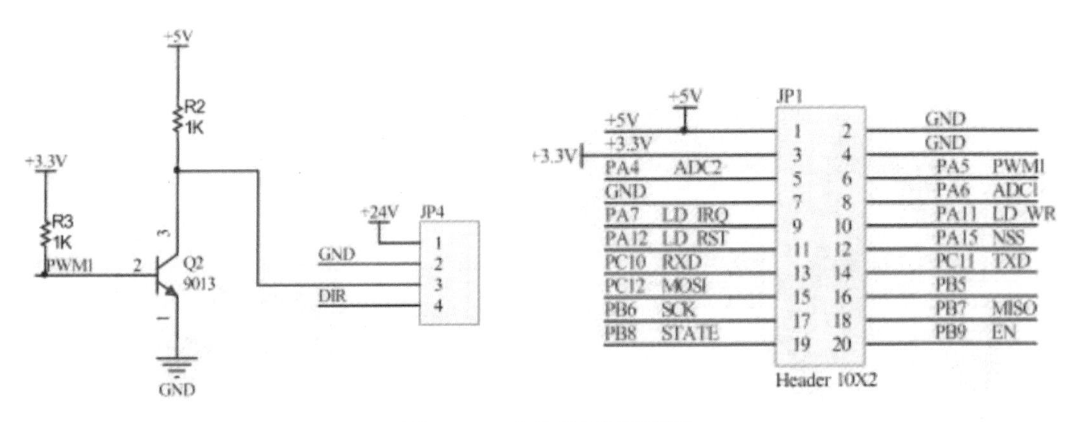

图 8-46　电动机控制原理图

二、实验仪器

实验仪器见表 8-3。

表 8-3　实验仪器

序　号	名　称	数　量	实验室位置序号
1	主板	1	04
2	智慧家居板	1	06
3	NB-IOT 模块	1	04
4	直流电动机	1	10
5	STM32 烧写器	1	17
6	天线	1	19
7	排线	2	15
8	杜邦线	1	03
9	5 V 电源	1	16
10	24 V 电源	1	14
11	螺丝刀	1	20
12	计算机（安装有 keil 软件、RS-232 串口驱动、STlink 下载驱动、串口调试助手等软件）	1	

三、硬件连接

主板的 JP8 与智慧家居板的 JP2 相连接，主板的 JP9 与智慧家居板的 JP1 相连接，5V 电源接到主板，给主板和智慧家居板供电；24 V 电源接到智慧家居板，给直流电动机供电，如图 8-47 所示。注意：24 V 电源应该在所有实验器材连接完成后运行时再通电。

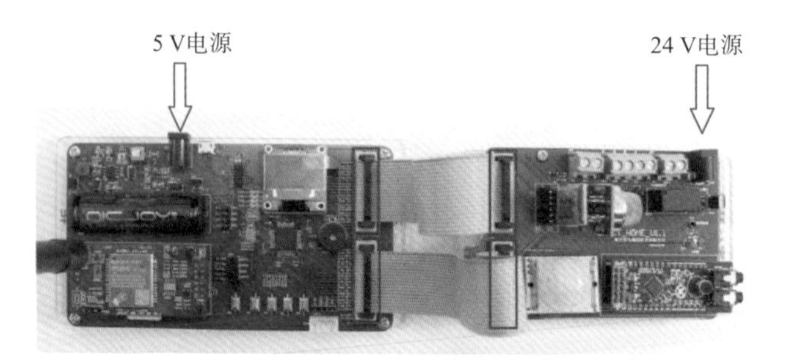

图 8-47　主控板与智慧家居板连接示意图

直流电动机接线的颜色与主板上的文字要一一对应，如图 8-48、图 8-49 所示。

图 8-48　直流电动机接线示意图 1

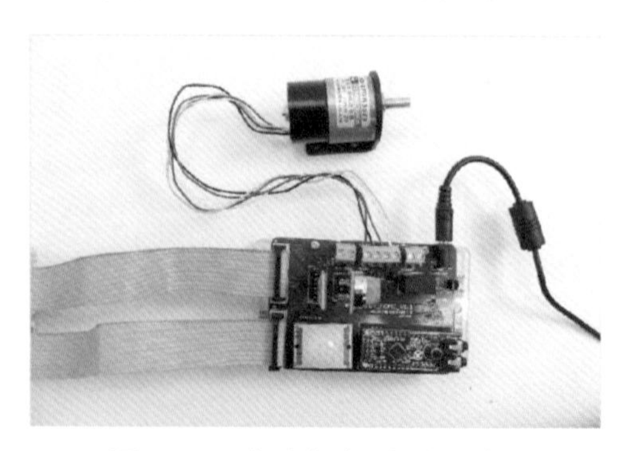

图 8-49　直流电动机接线示意图 2

四、代码的编写

步骤 1：打开工程。打开智慧家居中的代码，Motor → MAINBoard_Demo_Student → MDK-ARM → ZHIOT_MB_DEMO 文件，如图 8-50 所示。

步骤 2：编译。编译的目的是将 .c 文件和 .h 文件关联起来，编译代码单击编译按钮，如图 8-51 所示。

图 8-50 ZHIOT_MB_DEMO 文件示意图

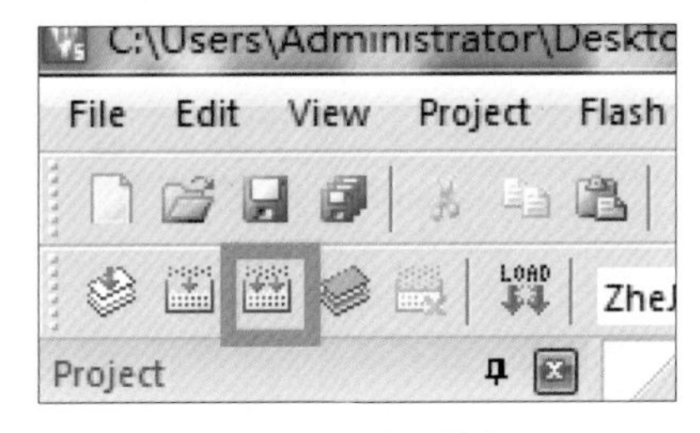

图 8-51 编译按钮

编译完成，如图 8-52 所示。

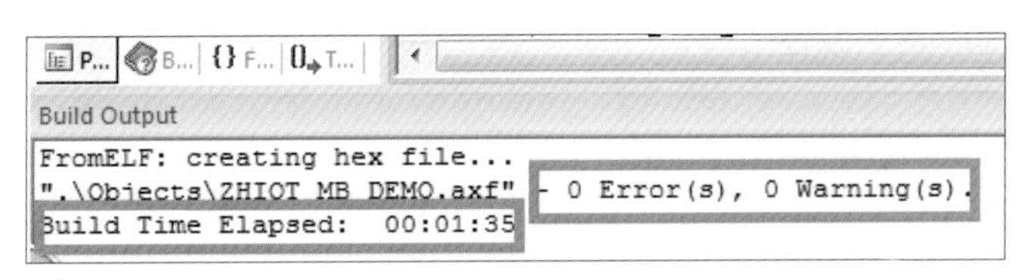

图 8-52 编译完成示意图

步骤 3：编辑 pwm.h 直流电动机驱动程序头文件。

双击 pwm.h 文件，如图 8-53 所示，打开 pwm.h 文件，如图 8-54 所示。

添加 pwm 初始化函数声明和 pwm 设置函数声明。

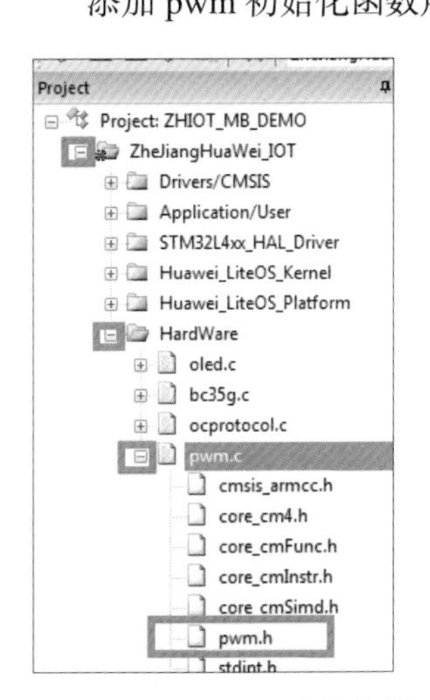

图 8-53 pwm.h 文件位置

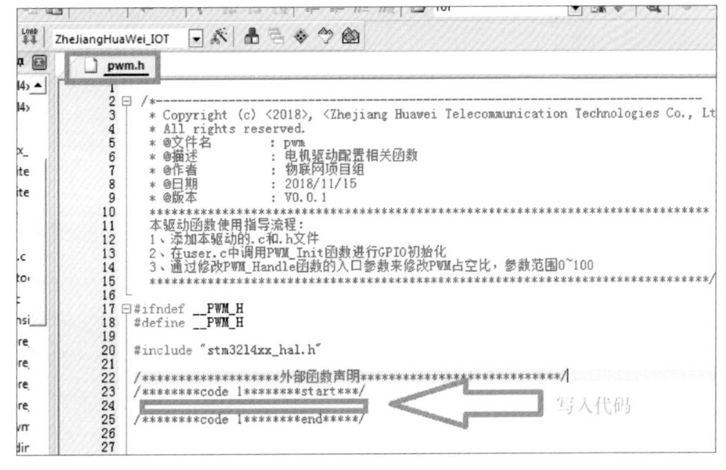

图 8-54 pwm.h 文件

```
/********code 1********start***/
extern  void  PWM_Init(void);                          // 初始化函数声明
Extern  void  Motor_Duty_Set(uint8_t duty); 动态设置直流电动机转速
/********code 1********end*****/
```

步骤 4：编辑 pwm.c 文件。

双击 pwm.c 文件，打开 pwm.c 文件，如图 8-55 所示。

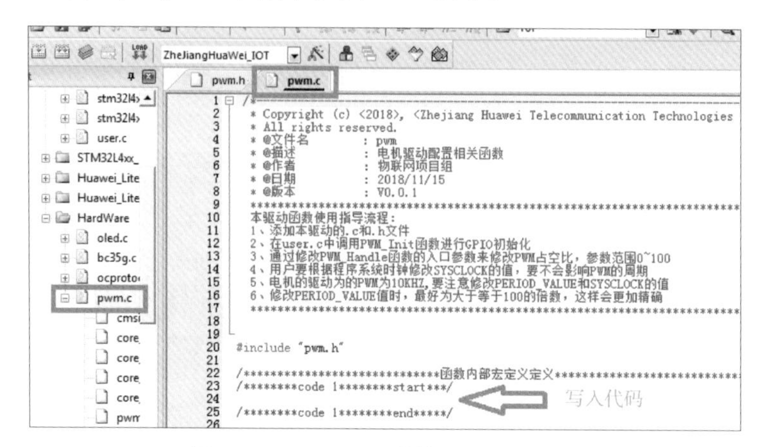

图 8-55　pwm.c 文件第一段代码位置

时钟、分频、pwm 频率设置：

```
/********code 1********start***/
#define  SYSCLOCK 16
 // 系统时钟，用于延时，需要用户根据系统时钟进行修改，单位 MHz
#define  PRESCALER_VALUE (SYSCLOCK - 1)
 // 预频器值，即 SYSCLOCK / (PRESCALER_VALUE + 1) = 1M
#define  PERIOD_VALUE 99
 // PWM 周期参数，PWM fclk=1M / (99 + 1) = 10kHz
/********code 1********end*****/
```

设置初始化预频器，编写第二段代码，如图 8-56 所示。

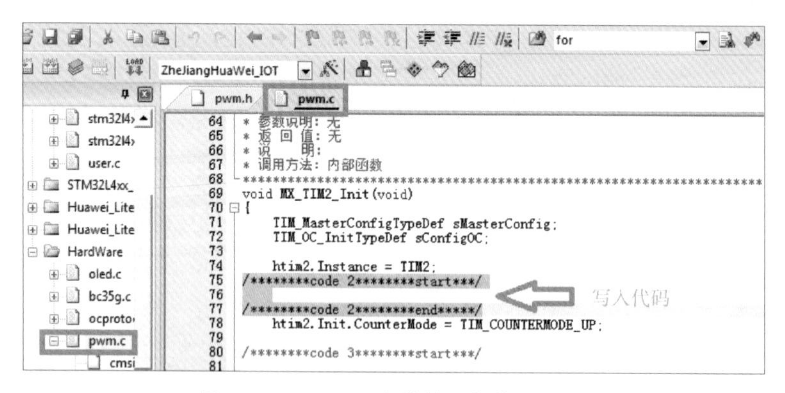

图 8-56　pwm.c 文件第二段代码位置

```
/********code 2********start***/
 htim2.Init.Prescaler=PRESCALER_VALUE;
/********code 2********end*****/
```

设置初始化 PWM 周期，直流电动机驱动频率为 10kHz

```
/********code 3********start***/
  htim2.Init.Period=PERIOD_VALUE;
```

```
/********code 3********end*****/
```

初始化 PWM。

```
/********code 4********start***/
void  PWM_Init(void)
{
   MX_TIM2_Init();   // 初始化定时器 2
   TIM2->CCR1=100;   // 设置直流电动机停止
   HAL_TIM_PWM_Start(&htim2, TIM_CHANNEL_1);  // 启动 PWM
}

 /********code 4******end******/
```

动态设置直流电动机转速

```
/********code 5********start***/
void  Motor_Duty_Set(uint8_t duty)
{
   if(duty>=100)
       duty=100;
     duty=100 -duty;
   TIM2->CCR1=(uint32_t)(duty * (PERIOD_VALUE + 1))/100;
}
/********code 5******end******/
```

步骤 5：编辑 user.c 文件。双击 user.c 文件，打开 user.c 文件，如图 8-57 所示。

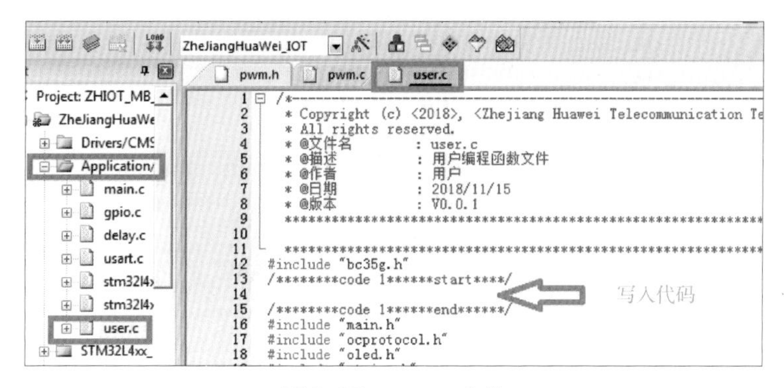

图 8-57　user.c 文件

引入 PWM 驱动头文件：

```
/********code 1******start****/
#include "pwm.h"
/********code 1******end******/
```

调入 pwm.h 声明的 PWM 初始化函数

```
/********code 2******start****/
 PWM_Init();
/********code 2******end******/
```

OLED 液晶显示屏显示直流电动机状态

```
/********code 3******start****/
 if(g_pltSendData.Motor_Duty==1)    // 直流电机为开时，电机转动，窗帘打开
```

```
        {
            OLED_ShowString(32,5,(unsigned char *)"Motor:Open",16);
        }
        else if(g_pltSendData.Motor_Duty==0)
        {
            OLED_ShowString(32,5,(unsigned char *)"Motor:Close",16);
        }
/********code 3******end******/
```

远程接收数据处理函数为 ptl_Receive_OCData_Handle(char* data)，我们在此通过远程控制指令控制直流电机的转动和停止。

```
/********code 4******start****/
if(PwmOpenFlag==0)
{
        Motor_Duty_Set(0);
  }
        else if(PwmOpenFlag==1)
{
        Motor_Duty_Set(100);
  }
/********code 4******end******/
```

五、编译及下载

步骤 1：编译。单击编译按钮，如图 8–58 所示，编译代码。

编译完成，如图 8–59 所示。

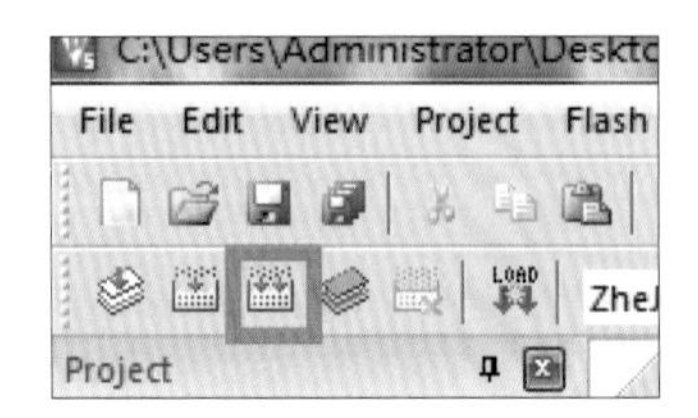

图 8–58　编译按钮

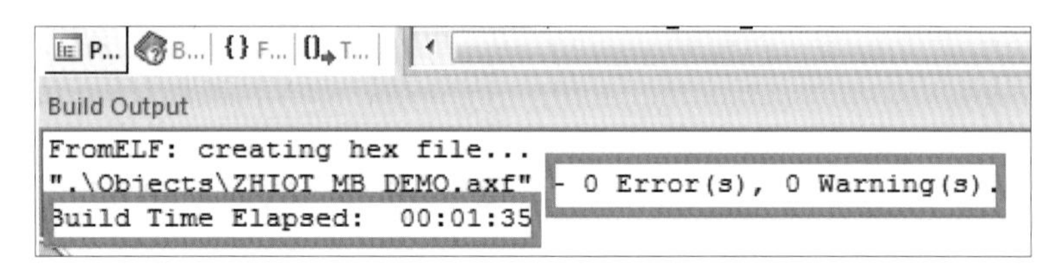

图 8–59　编译完成示意图

如果 0 错误（0 Error）则说明前面编辑的代码没有错误，可以进行下载入硬件。

步骤 2：下载。连接上 ST-LINK 下载器，单击 LOAD 按钮（见图 8–60），下载程序。下载成功示意图如图 8–61 所示。

图 8–60　下载按钮

```
Build Output
".\Obj\Test.axf" - 0 Error(s), 8 Warning(s).
Build Time Elapsed:  00:01:32
Load "F:\\NB_IOT_V1.0\\CODE\\Test\\V1000\\Obj\\Tes
Erase Done.
Programming Done.
Verify OK.
Application running ...
Flash Load finished at 16:03:38
```

烧写成功

图 8–61　下载成功示意图

六、微信实训平台效果

步骤 1：打开微信，扫描实验箱左侧二维码，如图 8-62 所示，关注 IoT 掌上实验室。

图 8-62　实验箱上的二维码

步骤 2：进入公众号，选择我的设备，登录教师分配的物联网账号（登录后，后续扫码会自动登录），如图 8-63 所示。

步骤 3：点击“扫码绑定”，扫描实验箱右侧二维码或手动输入后，点击“提交”按钮进行设备的绑定，如图 8-64 所示。

图 8-63　实训平台登录界面

图 8-64　绑定设备界面

步骤 4：点击“提交”按钮后，页面下方会出现对应的实训场景，点击“查看数据”按钮，如图 8-65 所示。

步骤 5：控制窗帘。点击手机屏幕的窗帘开关，如图 8-66 所示，可以控制直流电动机的转动和停止。

图 8–65　查看数据界面

图 8–66　电动机开关示意图

观察液晶显示屏显示效果，如图 8–67 所示。

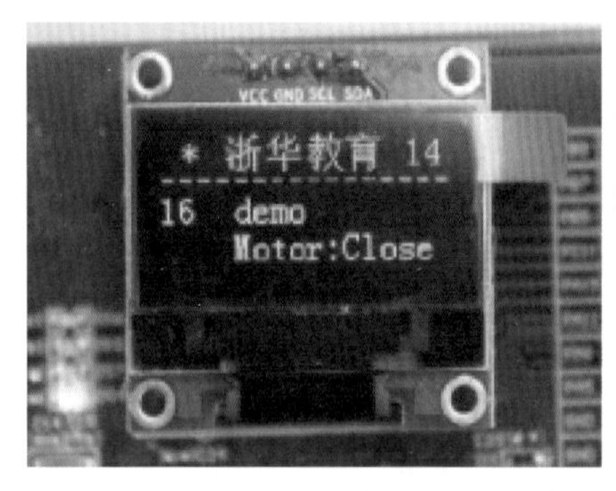

图 8–67　观察液晶显示屏显示效果

巩固与练习

一、填空题

1. 首次提出物联网概念的著作是________。

2. 物联网系统的目标是________。

3. 人们把物体通过传感设备和无线通信技术，与互联网相连，其目的是使物体的有关信息能及时地通过互联网为需要这些信息的对象所获悉，以便对方能随时对物体进行识别、定位、跟踪、监控和管理，从而达到________的第一步。

二、选择题

1. 物联网的概念最早是（　　）提出来的。

A. 中国　B. 日本　C. 美国　D. 英国

2. 物联网的核心是（　　）。

A. 应用　B. 产业　C. 技术　D. 标准

3.（　　）年中国把物联网发展写入了政府工作报告。

A. 2000　B. 2008　C. 2009　D. 2010

4. 下列（　　）系统是物联网系统。

A. 淘宝网站　B. 智能大棚管理系统

C. 空调　D. 食品追溯系统

5. 三层结构类型的物联网不包括（　　）。

A. 感知层　B. 网络层　C. 应用层　D. 会话层

三、问答题

1. 简述物联网典型的行业应用领域包括哪些？
2. 简述物联网安全涉及的范围有哪些？
3. 谈谈你对物联网的理解以及物联网对你生活的影响。

参 考 文 献

[1]中国电子技术标准化研究院 . 智能制造标准化 [M]. 北京 ：清华大学出版社，2019.
[2]王芳，赵中宁 . 智能制造基础与应用 [M]. 北京 ：机械工业出版社，2018.
[3] 布劳克曼 . 智能制造 ：未来工业模式和业态的颠覆与重构 [M]. 北京 ：机械工业出版社，2015.
[4]米勒 M R，米勒 R. 工业机器人系统及应用 [M]. 北京 ：机械工业出版社，2019.
[5]蒋正炎 . 工业机器人安装与调试 [M]. 北京 ：机械工业出版社，2017.
[6]刘朝华 . 工业机器人机械结构与维护 [M]. 北京 ：机械工业出版社，2020.
[7]李杰，倪军，王安正 . 从大数据到智能制造 [M]. 上海 ：上海交通大学出版社，2016.
[8]许磊. 物联网工程导论 [M]. 北京 ：高等教育出版社，2018.
[9]桂小林. 物联网技术导论 [M]. 2 版. 北京 ：清华大学出版社，2018.